Kosten- und Leistungsrechnung

Arbeitsbuch
mit Aufgaben – Testfragen – Fallstudien
und Lösungen

von
Professor
Dr. Johann Steger

2., aktualisierte und erweiterte Auflage

Oldenbourg Verlag München

Bibliografische Information der Deutschen Nationalbibliothek

Die Deutsche Nationalbibliothek verzeichnet diese Publikation in der Deutschen Nationalbibliografie; detaillierte bibliografische Daten sind im Internet über <http://dnb.d-nb.de> abrufbar.

Rosenheimer Straße 145, D-81671 München
Telefon: (089) 45051-0
oldenbourg.de

Lektorat: Wirtschafts- und Sozialwissenschaften, wiso@oldenbourg.de
Herstellung: Anna Grosser
Coverentwurf: Kochan & Partner, München
Gedruckt auf säure- und chlorfreiem Papier
Druck: Grafik + Druck, München
Bindung: Thomas Buchbinderei GmbH, Augsburg

ISBN 978-3-486-58997-9

Wir behalten an unseren Studien
am Ende doch nur das,
was wir praktisch anwenden
(J. W. von Goethe)

Vorwort zur 2. Auflage

In der 2. Auflage wurden für alle Abschnitte Testfragen mit Lösungen integriert. Zusätzlich wurden weitere Aufgaben mit ausführlichen Lösungen sowie die Fallstudie der *Kramer GmbH* mit Lösung zur mehrstufigen Deckungsbeitragsrechnung aufgenommen.

Die bewährte Grundkonzeption des Arbeitsbuches wurde beibehalten.

Das vorliegende Arbeitsbuch ist als Ergänzung zu dem ebenfalls im Oldenbourg Verlag erschienenen Lehrbuch:

Kosten- und Leistungsrechnung
Einführung in das betriebliche Rechnungswesen, Grundlagen der Vollkosten-, Teilkosten-, Plankosten- und Prozesskostenrechnung
von Johann Steger, 4., überarbeitete Auflage, München, Wien 2006

konzipiert.

Das Arbeitsbuch enthält zu allen Teilgebieten der Kosten- und Leistungsrechnung ***Aufgaben*** und ***Testfragen*** mit ausführlichen ***Lösungen***, die eine systematische Überprüfung und Vertiefung der theoretisch erworbenen Kenntnisse ermöglichen.

Die ***Fallstudien*** der *Kramer GmbH* mit ***Lösungen*** sind den Kapiteln Vollkostenrechnung, Direct Costing, Mehrstufige Deckungsbeitragsrechnung und Plankostenrechnung zugeordnet. Aufbauend auf denselben Grunddaten sollen sie in verrechnungstechnische Abläufe Einblick gewähren und Zusammenhänge innerhalb der Kostenrechnungssysteme aufzeigen.

Alle Aufgaben, Testfragen und Fallstudien des Arbeitsbuches sind durch Lehrveranstaltungen zur Kosten- und Leistungsrechnung erprobt.

Das vorliegende Arbeitsbuch eignet sich insbesondere für Studierende an Universitäten, Duale Hochschulen, Fachhochschulen, Verwaltungs- und Wirtschaftsakademien sowie für Teilnehmer an Aus- und Weiterbildungseinrichtungen.

Dozenten bietet es Material zur Gestaltung ihrer Vorlesungen, Übungen und Seminare.

Für die Unterstützung bei der Veröffentlichung möchte ich dem Lektor des Verlages, Herrn Dr. Jürgen Schechler, danken.

Stuttgart Johann Steger

Hinweise zur Nutzung des Arbeitsbuches

Die Gliederung des Arbeitsbuches stimmt mit der Stoffgliederung des Lehrbuches "Kosten- und Leistungsrechnung" überein.

Es bietet sich an:

- die ***Aufgaben*** und ***Testfragen*** im Anschluss an die entsprechenden Abschnitte im Lehrbuch,
- die ***Fallstudien*** der *Kramer GmbH* hingegen erst nach Durcharbeitung des gesamten Kapitels zur Vollkostenrechnung, Direct Costing, Mehrstufige Deckungsbeitragsrechnung bzw. Plankostenrechnung

zu bearbeiten.

Alle Aufgaben, Testfragen und Fallstudien sind zur besseren Orientierung mit folgenden Informationen versehen:

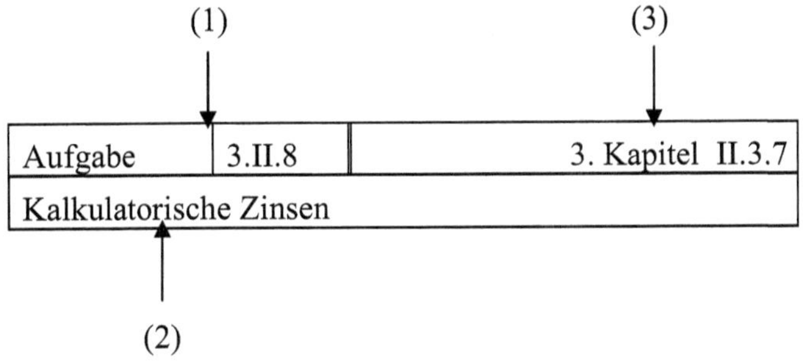

(1) Aufgabe mit Nummer/Testfragen/Fallstudie

(2) Themenbezug der Aufgabe/Testfragen/Fallstudie

(3) Zuordnung der Aufgabe/Testfragen/Fallstudie zum entsprechenden Kapitel und Abschnitt des Lehrbuches "Kosten- und Leistungsrechnung"

Im Inhaltsverzeichnis sind die Aufgaben, Testfragen und Fallstudien jeweils mit Nummern, Themenbezug und Seitenzahl aufgeführt.
Lösungen befinden sich unmittelbar im Anschluß an die Aufgaben, Testfragen bzw. Fallstudien.

Inhaltsübersicht

Inhaltsverzeichnis

Abkürzungsverzeichnis

AB .... Anfangsbestand
Abs. .... Absatz
AG .... Abgang
AK .... Anschaffungskosten
AP .... Angebotspreis
ARAP .... aktive Rechnungsabgrenzungsposten

BAB .... Betriebsabrechnungsbogen
bil. .... bilanziell
BNK .... betriebsnotwendiges Kapital
BNV .... betriebsnotwendiges Vermögen
BVP .... Barverkaufspreis
bzw. .... beziehungsweise

cbm. .... Kubikmeter
const. .... constant (konstant)

d.h. .... das heißt

EB .... Endbestand
EK .... Einzelkosten
EUR .... Euro

FEK .... Fertigungseinzelkosten
FEK_{Ist} .... Ist-Fertigungseinzelkosten
ff. .... folgende Seiten
FGK .... Fertigungsgemeinkosten
FGK_{Ist} .... Ist-Fertigungsgemeinkosten
FGK_{prop} .... proportionale Fertigungsgemeinkosten
FGK_{Soll} .... Soll-Fertigungsgemeinkosten
fix .... fixe Kosten

Fifo .... first in - first out
FK .... Fertigungskosten
FK_{prop} .... proportionale Fertigungskosten
FRestGK .... Fertigungsrestgemeinkosten

ges. .... gesamt
GK .... Gemeinkosten
GK_{fix} .... fixe Gemeinkosten
GK_{prop} .... proportionale Gemeinkosten
GKV .... Gesamtkostenverfahren
GmbH .... Gesellschaft mit beschränkter Haftung
G + V .... Gewinn- und Verlustrechnung

HGB .... Handelsgesetzbuch
Hifo .... highest in - first out
HiKSt .... Hilfskostenstelle
hk .... Stückherstellkosten
hl .... Hektoliter
HK .... Herstellkosten (gesamt)
HK Prod .... Herstellkosten der Produktion
HK $Prod_{Ist}$ .... Ist-Herstellkosten der Produktion
HK $Prod_{prop}$ .... proportionale Herstellkosten der Produktion
HK $Prod_{Soll}$ .... Soll-Herstellkosten der Produktion
HK Ums .... Herstellkosten des Umsatzes
HK Ums_{Ist} .... Ist-Herstellkosten des Umsatzes
HK Ums_{prop} .... proportionale Herstellkosten des Umsatzes
HK Ums_{Soll} .... Soll-Herstellkosten des Umsatzes
HKSt .... Hauptkostenstelle
HP .... Hauptprozess

i.d.R. .... in der Regel

kalk. .... kalkulatorisch
Kap. .... Kapitel
kg .... Kilogramm
KG .... Kommanditgesellschaft
KLR .... Kosten- und Leistungsrechnung

km .... Kilometer
Krab .... Kundenrabatt
KsK .... Kundenskonto
kW .... Kilowatt
kWh .... Kilowattstunde

Lifo .... last in - first out
Lofo .... lowest in - first out
L. u. L. .... Lieferung und Leistung
lmi .... leistungsmengeninduziert
lmn .... leistungsmengenneutral

ME .... Mengeneinheit
MEK .... Materialeinzelkosten
MEK_{Ist} .... Ist-Materialeinzelkosten
MGK .... Materialgemeinkosten
MGK_{Ist} .... Ist-Materialgemeinkosten
MGK_{prop} .... proportionale Materialgemeinkosten
MGK_{Soll} .... Soll-Materialgemeinkosten
Min .... Minute
Mio .... Millionen
Mj .... Mannjahre
MK .... Materialkosten
MK_{prop} .... proportionale Materialkosten
mtl. .... monatlich
MWSt .... Mehrwertsteuer

Netto-AP .... Netto-Angebotspreis
Nr. .... Nummer

PKR .... Plankostenrechnung
ProKR .... Prozesskostenrechnung
prop .... proportional

RE .... Rechnungseinheit
RBW .... Restbuchwert
RW .... Restwert (Liquidationswert/Schrottwert)

S. .... Seite
SEK .... Sondereinzelkosten
SEKF .... Sondereinzelkosten der Fertigung
SEKV .... Sondereinzelkosten des Vertriebs
SK .... Selbstkosten
SK_{prop}..................... proportionale Selbstkosten
SK_{Ums} .... Selbstkosten des Umsatzes
Std. .... Stunde
St. .... Stück

t .... Tonne
TEUR .... Tausend Euro
TKR .... Teilkostenrechnung
TP .... Teilprozess

UKV .... Umsatzkostenverfahren

var. .... variabel
vgl. .... vergleiche
VKR .... Vollkostenrechnung
VtGK .... Vertriebsgemeinkosten
$VtGK_{prop}$ .... proportionale Vertriebsgemeinkosten
$VtGK_{Soll}$ .... Soll-Vertriebsgemeinkosten
VtK .... Vertriebskosten
VwGK .... Verwaltungsgemeinkosten
$VwGK_{prop}$ .... proportionale Verwaltungsgemeinkosten
$VwGK_{Soll}$ .... Soll-Verwaltungsgemeinkosten
VwK .... Verwaltungskosten

WBW .... Wiederbeschaffungswert

ZB .... Zwischenbestand
z.B. oder Z.B. .... zum Beispiel
ZG .... Zugang
ZVP .... Zielverkaufspreis

Symbolverzeichnis

a	Abschreibungsbetrag
A	Abschreibungsgrundlage/Bemessungsgrundlage
ä	Äquivalenzziffer
b	Beschäftigungsgrad/Kapazitätsnutzungsgrad
B	Beschäftigung (siehe x)
B^I	Istbeschäftigung (siehe x^I)
B^P	Planbeschäftigung (siehe x^P)
BA	Beschäftigungsabweichung
BA_V	Beschäftigungsabweichung auf Basis variabler Kosten
D	Degressionsbetrag
db	Stückdeckungsbeitrag
db_{Soll}	Soll-Stückdeckungsbeitrag
DB	Gesamtdeckungsbeitrag
dbzs	Deckungsbeitragszuschlagssatz (stückbezogen)
DBzs	Deckungsbeitragszuschlagssatz (gesamt)
df	Deckungsfaktor (stückbezogen)
DF	Deckungsfaktor (gesamt)
e	Stückerlös
E	Gesamterlös/Umsatzerlös
E′	Grenzerlös
E_{max}	Erlösmaximum
g	Stückgewinn
G	Gesamtgewinn
G_{max}	Gewinnmaximum/Erfolgsoptimum
GA	Gesamtabweichung
i	Index der Kostenträgerart/Erzeugnisart

j	Index der Kostenstelle
k	Stückkosten
k^P	Plankalkulationssatz (Plankostenverrechnungssatz) auf Vollkostenbasis
k_f	fixe Stückkosten
k_{HK}	Stückherstellkosten
k_{prop}	proportionale (variable) Stückkosten
k_v	variable Stückkosten
k^P_v	Plankalkulationssatz auf Basis variabler Kosten/ Grenz-Plankalkulationssatz
k_{VwVt}	Stückverwaltungskosten und -vertriebskosten
K	Gesamtkosten
K'	Grenzkosten
K^I	Istkosten
K^P	Plankosten
K^S	Sollkosten
K^P_f	fixe Plankosten
K_f	fixe Gesamtkosten
K^I_{IKR}	Istkosten bewertet zu Istpreisen
K_{HK}	gesamte Herstellkosten
K_L	Leerkosten
K_N	Nutzkosten
K^I_{PKR}	Istkosten bewertet zu Planpreisen
$K^I_{PKR\,f}$	fixe Istkosten bewertet zu Planpreisen
$K^I_{PKR\,v}$	variable Istkosten bewertet zu Planpreisen
K^I_v	variable Istkosten
K_v	variable Kosten
K^P_v	variable Plankosten
K^S_v	variable Sollkosten
K^P_{verr}	verrechnete Plankosten
$K^P_{v\,verr}$	verrechnete variable Plankosten
L	Gesamtleistung
L_p	Periodengesamtleistung
L_{pt}	Periodengesamtleistung der Periode t

MA .... Mengenabweichung

n .... Anzahl der Nutzungsjahre/Nutzungsdauer

p .... Stückpreis/Angebotspreis
p_{Ist} .... Istpreis
p_{Plan} .... Planpreis
Δp .... Preisdifferenz
PA .... Preisabweichung

q .... Abschreibungssatz

RestA .... Restabweichung
RBW .... Restbuchwert
RW .... Restwert (Schrottwert)

s_n .... Summe der arithmetischen Reihe von $1 + 2 + 3 \ldots n$
SI_{ME} .... Sicherheitsabstand in Mengeneinheiten
SI_U .... Sicherheitsabstand in EUR Umsatz
SIK_{ME} .... Mengenbezogener Sicherheitskoeffizient
SIK_U .... Umsatzbezogener Sicherheitskoeffizient

t .... Periodenindex

U .... Umsatzerlös
U_0 .... Break-Even-Umsatz

v .... Verrechnungssatz (Verrechnungspreis)
v_{prop} .... proportionaler Verrechnungssatz (Verrechnungspreis)
V .... Variator
VA .... Verbrauchsabweichung
VA_v .... variable Verbrauchsabweichung

x .... Leistungs-/Ausbringungsmenge/Beschäftigung (siehe auch B)
x_{Ist} .... Istverbrauchsmenge
x^I .... Istbeschäftigung/erbrachte Leistungsmenge (siehe auch B^I)
x_{Plan} .... Planverbrauchsmenge

x^P .... Planbeschäftigung/geplante Leistungsmenge (siehe auch B^P)
x_0 .... Leistungsmenge im Break-Even-Point/an der Gewinnschwelle
x_{Kap} .... Leistungsmenge an der Kapazitätsgrenze
x_{max} .... maximale Leistungsmenge
x_{Prod} .... produzierte Leistungsmenge
x_{Ums} .... abgesetzte Leistungsmenge
Δx .... Beschäftigungsdifferenz (Mengendifferenz)

α .... Winkelmaß
= .... Gleichheitszeichen
≡ .... entspricht
+ .... plus
− .... minus
• .... mal
: .... geteilt
% .... Prozent, von Hundert
Σ .... Summenzeichen
Δ .... Veränderungszeichen/Differenz

1. Kapitel

Einführung in das betriebliche Rechnungswesen

Aufgaben und Testfragen
Lösungen

I. Abschnitt: Das System des betrieblichen Rechnungswesens

Testfragen	**1. Kapitel I.1 - I.4**
Das System des betrieblichen Rechnungswesens	

Die folgenden Aussagen sind auf ihre Richtigkeit zu überprüfen, wobei mehrere Aussagen richtig bzw. falsch sein können.

Kennzeichnen Sie die Aussagen mit:

(+) Aussage ist richtig
(−) Aussage ist falsch

1) Das Rechnungswesen:
   a) ( ) sieht Betrieb und Unternehmung primär unter verrechnungstechnischen Gesichtspunkten
   b) ( ) umfasst sämtliche Methode, welche die wirtschaftlich wesentlichen Gegebenheiten und Vorgänge innerhalb der Unternehmung sowie deren Beziehungen zu ihrer Umwelt zahlenmäßig erfassen und überwachen
   c) ( ) kann qualifizierbare Prozesse abbilden und diese, soweit sie ökonomisch relevant sind, mengen- und/oder wertmäßig darstellen
   d) ( ) bezieht sich begrifflich auf das betriebliche/ industrielle Rechnungswesen und das nichtbetriebliche Rechnungswesen

2) Die Aufgaben des betrieblichen Rechnungswesens sind:
   a) ( ) Dokumentations- und Rechenschaftslegung
   b) ( ) Dispositionsaufgaben
   c) ( ) Wirtschaftlichkeitskontrolle
   d) ( ) Informationsaufgaben

3) Das betriebliche Rechnungswesen beinhaltet nach den "Richtlinien zur Organisation der Buchhaltung" von 1937:
a) (+) Buchhaltung und Bilanz
b) (–) Kostenrechnung
c) (+) Planungsrechnung
d) (+) Betriebswirtschaftliche Statistik

4) Das externe Rechnungswesen:
a) (–) ist ein instrumentelles Rechnungswesen
b) (+) liefert Informationen an externe Empfänger
c) (–) stellt den Betriebsablauf in zukunftsbezogener Form zur Kontrolle und Steuerung des Produktionsprozesses dar
d) (–) stellt Informationen nach den jeweiligen Erfordernissen der Informationsempfänger bereit

5) Das interne Rechnungswesen:
a) (+) hat die Aufgabe Informationen an interne Empfänger zu liefern
b) (–) ist ein dokumentarisches Rechnungswesen
c) (–) dient der Rechenschaftslegung über Vermögens-, Finanz- und Ertragslage der Unternehmung
d) (+) dient zur Kontrolle und Steuerung des Produktionsprozesses

6) Die Gliederung des betrieblichen Rechnungswesens erfolgt nach:
a) (+) Aufgabengebieten
b) (+) Informationsempfängern
c) (+) primären Rechnungszwecken
d) (–) Bestandsgrößen

7) Auszahlungen sind:
a) (+) die tatsächlichen Zahlungsmittelabflüsse aus der Unternehmung
b) (–) die Summe aus Kassenbeständen und verfügbaren Bankguthaben
c) (+) Entnahmen von Gewinnen durch den Unternehmer (Barauszahlung)
d) (+) Bartilgungen eines in früheren Perioden empfangenen Finanzkredites

8) Einzahlungen sind:
a) (+) die tatsächlichen Zuflüsse an Zahlungsmittel in die Unternehmung
b) (+) Bareinlagen des Unternehmers zur Erhöhung des Kapitalanteils
c) (–) Verkauf von Produkten an einen Gläubiger bei Verrechnung mit der bestehenden Schuld
d) (+) Erhalt von Darlehen durch Gläubiger

9) Einnahmen:
a) ( ) erhöhen das Reinvermögen der Unternehmung
b) ( ) werden in der Betriebsbuchführung erfasst
c) ( ) entstehen durch den Verkauf von Produkten, die in früheren Perioden hergestellt worden sind
d) ( ) entstehen durch den Verkauf von Leistungen, die in der Perioden hergestellt worden sind

10) Ausgaben:
a) ( ) vermindern das Geldvermögen einer Unternehmung
b) ( ) sind Privatentnahmen aus der Kasse
c) ( ) entstehen beim Kauf von nicht abnutzbaren Anlagen
d) ( ) sind Gewinnentnahmen (Barauszahlungen) durch den Unternehmer

11) Das Geldvermögen errechnet sich aus:
a) ( ) der Summe der Kassenbestände und jederzeit verfügbaren Bankguthaben einer Periode
b) ( ) Einnahmen und Ausgaben einer Periode
c) ( ) Zahlungsmittelbeständen und Bestand an Forderungen sowie Verbindlichkeiten innerhalb einer Periode
d) ( ) den in einer Rechnungsperiode anfallenden Ein- und Auszahlungen

12) Aufwand:
a) ( ) ist die Summe von Geld- und Sachvermögen einer Unternehmung
b) ( ) stellt den Wertverbrauch einer Unternehmung dar
c) ( ) ist als periodisierte, erfolgswirksame Ausgabe zu sehen
d) ( ) vermindert das Geldvermögen einer Unternehmung innerhalb einer Rechnungsperiode

13) Zu dem betrieblichen Aufwand zählen:
a) ( ) Verlust aus Bürgschaften
b) ( ) Verkauf einer Maschine unter Buchwert
c) ( ) Verbrauch von Rohstoffe in der Produktion
d) ( ) Sturm und Diebstahlschäden

14) Neutrale Aufwendungen sind:
a) ( ) Lohn- und Gehaltsnachzahlungen
b) ( ) kalkulatorische Miete
c) ( ) nachzuholende Abschreibungen
d) ( ) Gerichtsstrafen

15) Zweckertrag ist:
   a) (+) der Ertrag aus dem Verkauf von Gütern und Dienstleistungen einer Unternehmung
   b) (–) nur der Umsatzerlös, für den in der betreffenden Periode Einzahlungen erfolgen
   c) (+) die Erhöhung der Bestände an Fertig- und Unfertigerzeugnisse
   d) (+) mit der Grundleistung deckungsgleich

16) Kosten sind:
   a) (+) der bewertete Güterverbrauch, der einer Periode wirtschaftlich zuzurechnen ist
   b) (–) die Wertminderungen, die durch den Verkauf einer Maschine unter Buchwert entstehen
   c) (+) die mit der Entscheidung über das betrachtete Objekt ausgelösten Ausgaben
   d) (+) die mit Herstellung und Absatz einer Erzeugniseinheit, bzw. einer Periode verbundenen Ausgaben

17) Leistungen sind:
   a) (+) ausschließlich auf den unternehmensinternen Bereich der Güterentstehung bezogen
   b) (–) die in einer Periode aus der Produktion hervorgegangenen Mengengrößen
   c) (–) identisch mit dem Zweckertrag, bzw. Betriebsertrag
   d) (+) bewertete Güterentstehungen, die einer Periode wirtschaftlich zuzurechnen sind

18) Grundkosten sind:
   a) (–) aufwandsungleiche Kosten
   b) (+) mit den Zweckaufwendungen identisch
   c) (+) der betriebsbedingte Wertverbrauch innerhalb einer Rechnungsperiode, dem in gleicher Höhe Aufwendungen gegenüberstehen
   d) (–) immer ausgabewirksam, bzw. auszahlungswirksam

19) Kalkulatorische Kosten:
   a) (+) setzen sich aus Anderskosten und Zusatzkosten zusammen
   b) (–) sind immer zahlungswirksam
   c) (–) brauchen nur bei der Vorkalkulation eines Auftrages berücksichtigt werden
   d) (–) sind aufwandsgleiche Kosten

20) Stimmt es, dass:
   a) (+) Erlös der in Geld ausgedrückte Gegenwert der verkauften Leistungen ist?
   b) (+) Umsatz der Geldwert eingetauschter Güter darstellt?
   c) (–) Kapitalgesellschaften den Erlös in der Gewinn- und Verlustrechnung als Umsatzerlös ausweisen können?
   d) (+) Kapitalgesellschaften den Umsatz als Nettoumsatz ausweisen?

21) Stimmt es, dass:
   a) (+) der Gewinn i.d.R. für einen Zeitraum ermittelt und auf einen Zeitpunkt bezogen wird?
   b) (–) das Ergebnis ein Werturteil beinhaltet?
   c) (+) der Erfolg Ergebnisse beinhaltet, die den Handlungszielen entsprechen?
   d) (–) das Ergebnis nur einen positiven Ausdruck und der Erfolg auch einen negativen Ausdruck annehmen kann?

22) Der kalkulatorischer Gewinn:
   a) (–) ist der Geldwert eingetauschter Güter einer Unternehmung innerhalb einer Rechnungsperiode
   b) (–) wird als Differenz zwischen Gesamtertrag und Gesamtaufwand einer Rechnungsperiode ausgewiesen
   c) (+) stellt den kalkulatorischen Erfolg einer Unternehmung dar
   d) (+) wird als Betriebsgewinn bezeichnet

23) Bestandsgrößen sind :
   a) (+) die an einem bestimmten Zeitpunkt ermittelten wirtschaftlichen Wertgrößen
   b) (+) Eigenkapital, bzw. Reinvermögen oder Nettovermögen
   c) (+) Wertgrößen, die sich am Ende einer Periode in der Bilanz niederschlagen
   d) (–) Einzahlungen und Auszahlungen sowie Einnahmen und Ausgaben

24) Stromgrößen:
   a) (+) bilden wirtschaftliche Veränderungen innerhalb einer Rechnungsperiode in monetärer Form ab
   b) (+) stellen zeitraumbezogene (periodenbezogene) Rechnungen dar
   c) (–) sind die an einem bestimmten Zeitpunkt ermittelten wirtschaftlichen Wertgrößen
   d) (+) sind Einzahlungen und Auszahlungen sowie Einnahmen und Ausgaben

Lösung: Testfragen	1. Kapitel I.1 - I.4
Das System des betrieblichen Rechnungswesens	

Aufgabe	a)	b)	c)	d)
1)	+	+	–	+
2)	+	+	+	+
3)	+	–	+	+
4)	–	+	–	–
5)	+	–	–	+
6)	+	+	+	–
7)	+	–	+	+
8)	+	+	–	+
9)	–	–	+	+
10)	+	+	+	–
11)	–	+	+	–
12)	–	+	+	–
13)	–	–	+	–
14)	+	–	+	+
15)	+	–	+	+
16)	+	–	+	+
17)	+	–	–	+
18)	–	+	+	–
19)	+	–	–	–
20)	+	+	–	+
21)	+	–	+	–
22)	–	–	+	+
23)	+	+	+	–
24)	+	+	–	+

Aufgabe	1.I.1	1. Kapitel I.3 - I.4

Abgrenzungen: Auszahlungen, Ausgaben, Aufwendungen, Kosten
Einzahlungen, Einnahmen, Erträge, Leistungen
Stromgrößen- und Bestandsgrößenrechnung

Sachverhalt:

In einer Unternehmung (GmbH) wurden für die Rechnungsperiode 08 folgende Geschäftsvorfälle aufgezeichnet:

a) 10.03: Die GmbH übereignet rechtswirksam ein zum Betriebsvermögen gehörendes, außerhalb des Betriebsgeländes liegendes, unbebautes Grundstück an einen Dritten. Der Preis beträgt 120.000 EUR und ist 60 Tage nach Vertragsunterzeichnung zu zahlen. Sämtliche Nebenkosten werden vom Käufer getragen. Der Buchwert des Grundstückes beträgt 70.000 EUR. (Hinweis: Umsätze, die unter das Grunderwerbsteuergesetz fallen, sind umsatzsteuerfrei).
b) 01.07: Die Kraftfahrzeugsteuer für ein Firmenfahrzeug in Höhe von 1.200 EUR wird für den Zeitraum 01.07.08 bis 30.06.09 überwiesen.
c) 15.09: Barverkauf von im September erzeugten Produkten im Gesamtwert von 15.400 EUR (einschl. 10 % MWSt.).
d) 17.09: Das Unternehmen überweist eine Spende von 5.000 EUR an eine gemeinnützige Einrichtung.
e) 11.10: Die GmbH stellt einem verbundenen Unternehmen technische Beratungsleistungen im Wert von 198.000 EUR (einschl. 10 % MWSt.) in Rechnung.

Aufgaben:

1) Ermitteln Sie mit Hilfe der Tabelle die Höhe der Auszahlungen, Ausgaben, Aufwendungen und Kosten sowie Einzahlungen, Einnahmen, Erträge und Leistungen für die Periode 08.
2) Ermitteln Sie die Veränderungen der entsprechenden Bestandsgrößen.
3) Welche Aussagen haben die in Aufgabe 2) ermittelten Salden im betrieblichen Rechnungswesen ?

Tabelle:

Fall	Aus-zahlung	Aus-gabe	Auf-wand	Kosten	Ein-zahlung	Ein-nahme	Ertrag	Leistung
a)								
b)								
c)								
d)								
e)								
Σ								

Lösung 1.I.1

Aufgabe 1)

Fall	Aus-zahlung	Aus-gabe	Auf-wand	Kosten	Ein-zahlung	Ein-nahme	Ertrag	Leistung
a)						120.000	50.000	
b)	1.200	1.200	600	600				
c)		1.400			15.400	15.400	14.000	14.000
d)	5.000	5.000	5.000					
e)		18.000				198.000	180.000	180.000
Σ	6.200	25.600	5.600	600	15.400	333.400	244.000	194.000

Erläuterungen:

a) 50.000 EUR: außerordentlicher Ertrag (Verkauf über Buchwert)

b) 01.07.08 - 31.12.08: 600 EUR betrieblicher Aufwand (Zweckaufwand= Grundkosten)
31.12.08: 600 EUR aktive Rechnungsabgrenzung (ARAP);
01.01.09 - 30.06.09: 600 EUR betrieblicher Aufwand in der Periode 09

c) 14.000 EUR: Absatzleistung/Umsatzerlös (Zweckertrag = Grundleistung)
1.400 EUR (10 % MWSt.): Ausgabe
(Umsatzsteuer = Verbindlichkeit gegenüber dem Finanzamt)

d) 5.000 EUR: betriebsfremder Aufwand

e) 180.000 EUR: Absatzleistung/Umsatzerlös (Zweckertrag = Grundleistung)
18.000 EUR (10 % MWSt.): Ausgabe
(Umsatzsteuer = Verbindlichkeit gegenüber dem Finanzamt)

Aufgabe 2)

Rechnungs-ebenen	Stromgrößen	Bestandsgrößen
1. Ebene	Einzahlung – Auszahlung 15.400 – 6.200 = + 9.200	Erhöhung Zahlungsmittelbestand
2. Ebene	Einnahme – Ausgabe 333.400 – 25.600 = + 307.800	Erhöhung Geldvermögen
3. Ebene	Ertrag – Aufwand 244.000 – 5.600 = + 238.400	Erhöhung Reinvermögen
4. Ebene	Leistung – Kosten 194.000 – 600 = + 193.400	Erhöhung betriebsnotwendiges Vermögen

Aufgabe 3)

Saldo der 1. Ebene: *Zahlungssaldo*
gibt Auskunft über die Liquiditätssituation der GmbH

Saldo der 2. Ebene: *Finanzsaldo*
gibt Auskunft über die Veränderung des Forderungs- und Verbindlichkeitsbestandes in der Unternehmung

Saldo der 3. Ebene: *Gesamtergebnis*
entspricht dem bilanziellen Erfolg (Gesamtgewinn) der GmbH

Saldo der 4. Ebene: *Betriebsergebnis*
zeigt den kalkulatorischen Erfolg (Betriebsgewinn) der GmbH

Aufgabe	1.I.2	1. Kapitel I.3 - I.4
Ermittlung: Geldvermögen		

Sachverhalt:

In einer Unternehmung liegen zum 01.01 der Rechnungsperiode 10 folgende Bestände vor:

- Kasse: 10.000 EUR
- Forderungen aus Lieferung u. Leistung: 45.000 EUR
- Verbindlichkeiten aus Lieferung u. Leistung: 12.000 EUR

Im Januar der Periode 10 treten folgende Geschäftsvorfälle auf (alle Angaben ohne Mehrwertsteuer):

a) 03.01: Forderungen in Höhe von 32.000 EUR werden bar bezahlt

b) 05.01: Verkauf von Fertigerzeugnisse in Höhe von 265.000 EUR. Dabei werden vom Käufer 200.000 EUR sofort bezahlt

c) 10.01: Verbindlichkeiten in Höhe von 10.000 EUR werden bezahlt

d) 12.01: Kauf von Rohstoffe in Höhe von 85.000 EUR, wobei 50.000 EUR nicht sofort bezahlt werden

e) 25.01: Verkauf einer gebrauchten Maschine für 7.500 EUR auf Ziel. Der Verkaufspreis liegt 1.200 EUR unter dem Buchwert

Aufgabe:

Ermitteln Sie in einer übersichtlichen Darstellung die Höhe des Geldvermögens aus seinen einzelnen Bestandteilen zum 31.01 der Periode 10.

Lösung 1.I.2

Kasse	AB 01.01	10.000 EUR	
	+ ZG 03.01	32.000 EUR	
	+ ZG 05.01	200.000 EUR	
	– AG 10.01	10.000 EUR	
	– AG 12.01	35.000 EUR	
	= EB 31.01	197.000 EUR	+ 197.000 EUR
+ Forderungen	AB 01.01	45.000 EUR	
	– AG 03.01	32.000 EUR	
	+ ZG 05.01	65.000 EUR	
	+ ZG 25.01	7.500 EUR	
	= EB 31.01	85.500 EUR	+ 85.500 EUR
– Verbindlichkeiten	AB 01.01	12.000 EUR	
	– AG 10.01	10.000 EUR	
	+ ZG 12.01	50.000 EUR	
	= EB 31.01	52.000 EUR	– 52.000 EUR
= Geldvermögen am 31.01			+ 230.500 EUR

Aufgabe	1.I.3	1. Kapitel I.3 - I.4
Abgrenzungen: Einzahlungen, Einnahmen, neutrale Erträge, Zweckerträge, Grundleistungen, Andersleistungen, Zusatzleistungen		

Sachverhalt:

In einer Unternehmung liegen für die abgelaufene Rechnungsperiode 08 folgende Geschäftsvorfälle vor (alle Angaben ohne Mehrwertsteuer):

1) Ein Arbeitnehmer überweist ein ihm gewährtes Darlehen von 6.000 EUR und angefallene Zinsen für das laufende Jahr in Höhe von 300 EUR auf das Bankkonto der Unternehmung.
2) Barverkauf einer Maschine für 25.800 EUR, die in der Periode 08 hergestellt wurde.
3) Eine gebrauchte Maschine, die mit 1 EUR zu Buche steht, wird für 650 EUR verkauft und ist nach 30 Tagen zu zahlen.
4) Das Unternehmen verwendet ein gerade fertiggestelltes Fahrrad für betriebliche Zwecke. Die Herstellungskosten betragen 850 EUR.
5) Für einen am Betriebsgebäude entstandenen Brandschaden überweist die Versicherung einen Betrag von 45.000 EUR auf das Bankkonto der Unternehmung.
6) Die in der Vorperiode produzierten Fertigerzeugnisse der Produktgruppe "A" werden vom Lager auf Ziel für 60.000 EUR verkauft. Die Fertigerzeugnisse der Produktgruppe "A" waren mit 55.000 EUR in der Bilanz bewertet.
7) An Kunden wurden unentgeltlich Produktproben im Wert von 5.000 EUR abgegeben.
8) Das Unternehmen hatte in früheren Jahren überschüssige finanzielle Mittel in den Wohnungsbau investiert. Die Mieter, die nicht im Betrieb beschäftigt sind, überweisen 7.000 EUR Miete für den laufenden Monat auf das Bankkonto der Unternehmung.
9) Das Unternehmen hat Räume von ihrem Betriebsgebäude an die "Rad-Fahr-Manufaktur" vermietet. Diese überweist 12.000 EUR Miete. Davon betreffen 6.000 EUR das laufende Geschäftsjahr 08 und 6.000 EUR das Geschäftsjahr 09.
10) Verkauf eines Produktes, das in der Vorperiode hergestellt wurde, für 35.000 EUR gegen bar. Das Produkt war in der Bilanz mit 35.000 EUR bewertet.

11) Fertigerzeugnisse sind in der Bilanz zu 65.500 EUR bewertet worden. In der Kostenrechnung werden diese zu 75.000 EUR angesetzt.
12) Gesellschafter A leistet die vereinbarte Einlage in Höhe von 50.000 EUR.

Aufgabe:

Geben Sie für die Geschäftsvorfälle an, ob und in welcher Höhe Einzahlungen, Einnahmen, neutrale Erträge, Zweckerträge (Betriebserträge), Grundleistungen (Betriebsleistungen), Andersleistungen und Zusatzleistungen vorliegen:

Sachverhalt	Einzahlungen	Einnahmen	neutraler Ertrag	Zweckertrag	Grundleistung	Andersleistung	Zusatzleistung
1)							
2)							
3)							
4)							
5)							
6)							
7)							
8)							
9)							
10)							
11)							
12)							

Lösung 1.I.3

Sachverhalt	Einzahlungen	Einnahmen	neutraler Ertrag	Zweckertrag	Grundleistung	Andersleistung	Zusatzleistung
1)	6.300	300	300				
2)	25.800	25.800		25.800	25.800		
3)		650	650				
4)				850	850		
5)	45.000	45.000	45.000				
6)		60.000		5.000	5.000		
7)							5.000
8)	7.000	7.000	7.000				
9)	12.000	12.000	6.000				
10)	35.000	35.000					
11)				65.500	65.500	9.500	
12)	50.000	50.000					

Aufgabe	1.I.4	1. Kapitel I.3 - I.4
Abgrenzungen: neutrale Aufwendungen, Zweckaufwendungen, Grundkosten, Anderskosten, Zusatzkosten		

Sachverhalt:

In einer Unternehmung liegen für die abgelaufene Rechnungsperiode 08 folgende Geschäftsvorfälle vor (alle Angaben ohne Mehrwertsteuer):

1) Überweisung einer Spende an eine gemeinnützige Einrichtung in Höhe von 1.200 EUR.
2) Brandschaden in Höhe von 14.500 EUR im Materiallager, das nicht versichert war.
3) Verkauf einer Maschine für 1.500 EUR. Der Buchwert der Maschine betrug 2.000 EUR.
4) Einkauf von Roh- und Hilfsstoffen für 2.550 EUR, die für den sofortigen Verbrauch in der Produktion bestimmt waren.
5) Die bilanzmäßigen Abschreibungen betragen 80.000 EUR. Kalkulatorisch werden 75.500 EUR angesetzt.
6) Spende an eine politische Partei in Höhe von 900 EUR.
7) Die Kfz-Versicherung für ein betrieblich genutztes Fahrzeug beträgt 1.800 EUR.
8) Die Betriebsräume gehören dem Unternehmer; eine Vermietung würde 1.200 EUR erbringen.
9) Überweisung von 4.500 EUR im April der Rechnungsperiode 08 an das Finanzamt. Darin sind 3.200 EUR Gewerbesteuer für das laufende Geschäftsjahr enthalten, der restliche Betrag ist eine Steuernachzahlung für die Rechnungsperiode 06.
10) Die tatsächlich gezahlten Schuldzinsen betragen 14.500 EUR. Kalkulatorisch werden 20.000 EUR angesetzt.
11) Der Unternehmer setzt für seine eigene Mitarbeit im Betrieb einen kalkulatorischen Lohn von 25.500 EUR an.
12) Verluste aus Wertpapiergeschäften von 10.000 EUR.
13) Der kalkulatorische Ansatz der Wagnisse beträgt 2.500 EUR. Tatsächlich sind Wagnisverluste in Höhe von 5.000 EUR eingetreten.
14) Überweisung von Löhne und Gehälter in Höhe von 45.000 EUR sowie Urlaubslöhne von 5.000 EUR.
15) Abschreibung einer uneinbringlichen Forderung von 15.000 EUR.

16) Außergewöhnliche Reparatur an der firmeneigenen Wohnung des Hausmeisters in Höhe von 35.500 EUR.

Aufgabe:

Stellen Sie für die Geschäftsvorfälle fest, ob und in welcher Höhe neutrale Aufwendungen, Zweckaufwendungen, Grundkosten, Anderskosten und Zusatzkosten angefallen sind:

Sach-verhalt	neutrale Aufwendungen	Zweck-aufwendungen	Grundkosten	Anderskosten	Zusatzkosten
1)					
2)					
3)					
4)					
5)					
6)					
7)					
8)					
9)					
10)					
11)					
12)					
13)					
14)					
15)					
16)					

Lösung	1.I.4

Sachverhalt	neutrale Aufwendungen	Zweckaufwendungen	Grundkosten	Anderskosten	Zusatzkosten
1)	1.200				
2)	14.500				
3)	500				
4)		2.550	2.550		
5)	4.500	75.500	75.500		
6)	900				
7)		1.800	1800		
8)					1.200
9)	1.300	3.200	3.200		
10)		14.500	14.500	5.500	
11)					25.500
12)	10.000				
13)	2.500	2.500	2.500		
14)		50.000	50.000		
15)	15.000				
16)	35.500				

II. Abschnitt: Organisatorische Ausgestaltung des betrieblichen Rechnungswesens

Testfragen	**1. Kapitel II.1 - II.3**
Organisatorische Ausgestaltung des betrieblichen Rechnungswesens	

Die folgenden Aussagen sind auf ihre Richtigkeit zu überprüfen, wobei mehrere Aussagen richtig bzw. falsch sein können.

Kennzeichnen Sie die Aussagen mit:
(+) **Aussage ist richtig**
(–) **Aussage ist falsch**

1) Der Kontenrahmen:
   a) (+) ist ein Organisations- und Gliederungsplan für eine ordnungsgemäße Erfassung und Verarbeitung von Daten im betrieblichen Rechnungswesen
   b) (–) ist durch Gutenberg 1927 eingeführt worden
   c) (+) folgt in seiner Grundstruktur dem Abschlussgliederungsprinzip
   d) (+) folgt in seiner Grundstruktur dem Prozessgliederungsprinzip

2) Der Industriekontenrahmen:
   a) (–) hat den Vorteil, dass die Finanz- und Betriebsbuchführung keiner besonderen Abstimmung bedürfen
   b) (–) ist nach dem Ablaufgliederungsprinzip aufgebaut
   c) (+) verfügt über die Kontenklassen 0 bis 8, die für die Durchführung der Finanzbuchführung belegt sind
   d) (–) verfügt über die Kontenklasse 9, die für die Betriebsbuchführung, unter Anwendung des Abschlussgliederungsprinzips, vorbehalten ist

3) Der Gemeinschaftskontenrahmen der Industrie:
   a) (+) sieht eine von Kontenklasse zu Kontenklasse fortschreitende Abrechnungssystematik vor
   b) (+) verfügt über die Kontenklasse 4, 5, 6 und 7, die für die Abbildung des betriebsinternen Leistungserstellungsprozesses bestimmt sind
   c) (–) verfügt über die Kontenklasse 9, die Aufwendungen von Kosten und neutrale Erträge von Betriebserträgen in sachlicher und zeitlicher Hinsicht abgrenzt
   d) (–) bietet den Vorteil, dass die Finanz- und Betriebsbuchführung nicht gemeinsam abgeschlossen werden müssen

4) Das Zweikreissystem:
   a) ( ) ist nach dem Prozessgliederungsprinzip aufgebaut
   b) ( ) bietet den Vorteil, dass die Finanz- und Betriebsbuchführung fließend ineinander übergehen
   c) ( ) kann als Spiegelbildsystem erfolgen
   d) ( ) kann in statistisch-tabellarischer Form durchgeführt werden

5) Die Abgrenzungsrechnung:
   a) (+) ist eine notwendige Vorstufe der Kosten- und Leistungsrechnung
   b) (–) dient der Ermittlung des Unternehmenserfolges
   c) (–) erfolgt in der Kontenklasse 8 des IKR
   d) (–) erfolgt sowohl im Einkreis- als auch im Zweikreissystem

6) Die unternehmensbezogene Abgrenzung:
   a) (+) erfolgt im Rechnungskreis II
   b) (–) erfasst die betrieblichen Aufwendungen und die betrieblichen Erträge
   c) (–) weißt das neutrale Ergebnis aus
   d) (–) dient zur Kontrolle und Steuerung des Produktionsprozesses

7) In den betriebsbezogenen Abgrenzungen werden:
   a) (+) kostenrechnerische Korrekturen vorgenommen
   b) (+) die kalkulatorischen Kosten ausgewiesen
   c) (–) neutrale Aufwendungen und neutrale Erträge gegenübergestellt
   d) (+) bestimmte Aufwendungen aus der Gewinn- und Verlustrechnung ausgewiesen

8) Stimmt es, dass:
a) (+) das neutrale Ergebnis aus der Differenz von Gesamtergebnis und Betriebsergebnis ermittelt wird?
b) (+) die kalkulatorischen Kosten lediglich den Rechnungskreis II berühren?
c) (+) Anderskosten den Saldo der kostenrechnerischen Korrektur in der Abgrenzungsrechnung erhöhen oder vermindern können?
d) (–) Anderskosten in gleicher Höhe im Rechnungskreis I und in der Betriebsergebnisrechnung anfallen?

Lösung: Testfragen — 1. Kapitel II.1 - II.3

Organisatorische Ausgestaltung des betrieblichen Rechnungswesens

Aufgabe	a)	b)	c)	d)
1)	+	–	+	+
2)	–	–	+	–
3)	+	+	–	–
4)	–	–	+	+
5)	+	–	–	–
6)	+	–	–	–
7)	+	+	–	+
8)	+	+	+	–

Aufgabe	1.II.1	1. Kapitel II.1 - II.3
Ermittlung: Gesamtergebnis, Betriebsergebnis, neutrales Ergebnis		

Sachverhalt:

Die *Müller KG* beliefert vorwiegend eine Ladenkette von regionaler Bedeutung in Süddeutschland mit Toastbrot.
Aus dem Rechnungswesen liegen für die Abrechnungsperiode 05 folgende Angaben vor:

	EUR
- verschiedene Erträge (aus vermieteten Grundstücken)	5.000
- Bestand an Fertigerzeugnissen	30.000
- Materialaufwand	260.000
- Fertigungslöhne	280.000
- verschiedene kostenwirksame Aufwendungen	210.000
- bilanzielle Abschreibungen	100.000
- selbsterstellte Anlage	35.000
- Zinsaufwendungen (betriebsnotwendige Fremdkapitalzinsen)	50.000
- Wertpapiererträge	6.000
- Verlust aus Wertpapierverkäufen	10.000

Die Kapazität der *Müller KG* liegt derzeit bei 200.000 Toastbrotpackungen pro Monat. Bei einem Preis von 0,55 EUR pro Packung betrug der Absatz in der Periode 05 zwei Millionen Packungen.

Unter kalkulatorischen Gesichtspunkten ist für die Periode 05 folgendes zu beachten:
- der kalkulatorische Unternehmerlohn war mit 80.800 EUR angesetzt
- kalkulatorisch wurden 120.000 EUR abgeschrieben
- die kalkulatorischen Zinsen betragen 79.200 EUR.

Aufgaben:

1) Bestimmen Sie anhand der Angaben das Betriebsergebnis und das Gesamtergebnis (Unternehmungsergebnis) der *Müller KG* in statistisch-tabellarischer Form.
2) Ermitteln Sie anhand der Ergebnisse aus Aufgabe 1) das neutrale Ergebnis.

	Erfolgsrechnung (G + V)		Betriebsergebnis-rechnung (KLR)	
Bezeichnung	Aufwen-dungen EUR	Erträge EUR	Kosten EUR	Leistun-gen EUR
	Gesamtergebnis		Betriebsergebnis	

Lösung 1.II.1

Aufgabe 1)

Bezeichnung	Erfolgsrechnung (G + V)		Betriebsergebnisrechnung (KLR)	
	Aufwendungen EUR	Erträge EUR	Kosten EUR	Leistungen EUR
Umsatzerlöse		1.100.000		1.100.000
verschiedene Erträge		5.000		
Wertpapiererträge		6.000		
Bestand an Fertigerzeugnissen		30.000		30.000
selbsterstellte Anlage		35.000		35.000
Materialaufwand	260.000		260.000	
Fertigungslöhne	280.000		280.000	
versch. kostenw. Aufwendungen	210.000		210.000	
bilanzielle Abschreibung	100.000			
Verlust aus Wertpapierverkäufen	10.000			
Zinsaufwendungen	50.000			
kalkulatorische Zinsen			79.200	
kalkulatorische Abschreibungen			120.000	
kalkulatorischer Unternehmerlohn			80.800	
Σ	910.000 + 266.000	1.176.000	1.030.000 + 135.000	1.165.000
	1.176.000	1.176.000	1.165.000	1.165.000
	Gesamtergebnis *Gesamtgewinn:* 266.000		Betriebsergebnis *Betriebsgewinn:* 135.000	

Aufgabe 2)

Gesamtergebnis	266.000 EUR	(Gesamtgewinn)
– Betriebsergebnis	– 135.000 EUR	(Betriebsgewinn)
= neutrales Ergebnis	131.000 EUR	(neutraler Gewinn)

Aufgabe	1.II.2	1. Kapitel II.3
Abgrenzungsrechnung		

Sachverhalt:

Die *Elektromotorenfabrik Volt GmbH* schließt zum 31.12.01 die Gewinn- und Verlustrechnung mit folgenden Aufwendungen und Erträgen ab:

		TEUR
1.	Umsatzerlöse für Fertigerzeugnisse	23.550
2.	Bestandserhöhung an Fertig- und Unfertigerzeugnissen	1.850
3.	aktivierte Eigenleistungen (selbstgenutzte Anlagen)	135
4.	Aufwendungen für Roh-, Hilfs- und Betriebsstoffe	1.550
5.	Löhne und Gehälter	10.825
6.	soziale Abgaben und Aufwendungen	3.125
7.	Abschreibungen des Anlagevermögens	1.185
8.	sonstige betriebliche Aufwendungen	1.545
9.	Erträge aus Beteiligungen	38
10.	Erträge aus Wertpapieren und Ausleihungen des Finanzanlagevermögens	17
11.	Zinsen und ähnliche Erträge	9
12.	Abschreibungen auf Finanzanlagen des Umlaufvermögens	8
13.	betriebliche Zinsaufwendungen	32
14.	Verlust aus dem Abgang von Gegenständen des Anlagevermögen	11
15.	außerordentliche Erträge	37
16.	außerordentliche Aufwendungen	25
17.	Steuern	1.850

Aus der Kosten- und Leistungsrechnung der *Elektromotorenfabrik Volt GmbH* liegen folgende Angaben vor:

		TEUR
18.	kalkulatorische Wagnisse	45
-	kalkulatorische Abschreibungen für das Anlagevermögen	975
-	kalkulatorische Zinsen	36
-	Position 17 sind kostenwirksame Gewerbesteuerbeträge	
-	die sonstigen betrieblichen Aufwendungen sind in voller Höhe kostenwirksam	

Aufgabe:

Ermitteln Sie das Betriebsergebnis, das neutrale Ergebnis und das Gesamtergebnis (Unternehmensergebnis) der *Elektromotorenfabrik Volt GmbH* mit Hilfe der statistisch-tabellarischer Abgrenzungsrechnung.

<table>
<tr><th colspan="3">Rechnungskreis I</th><th colspan="6">Rechnungskreis II</th></tr>
<tr><th rowspan="3">Pos.</th><th colspan="2">Erfolgs-
rechnung (G+V)</th><th colspan="4">Abgrenzungs-
rechnung</th><th colspan="2">Betriebsergebnis-
rechnung (KLR)</th></tr>
<tr><th colspan="2">Aufwands- und
Ertragsarten</th><th colspan="2">unternehmensbez.
Abgrenzung</th><th colspan="2">betriebsbezogene
Abgrenzung</th><th colspan="2">Kosten- und
Leistungsarten</th></tr>
<tr><th>Aufwen-
dungen
TEUR</th><th>Erträge

TEUR</th><th>neutrale
Aufw.
TEUR</th><th>neutrale
Erträge
TEUR</th><th>Aufwen-
dungen
TEUR</th><th>verrech.
Kosten
TEUR</th><th>Kosten

TEUR</th><th>Leistun-
gen
TEUR</th></tr>
<tr><td>1</td><td></td><td></td><td></td><td></td><td></td><td></td><td></td><td></td></tr>
<tr><td>2</td><td></td><td></td><td></td><td></td><td></td><td></td><td></td><td></td></tr>
<tr><td>3</td><td></td><td></td><td></td><td></td><td></td><td></td><td></td><td></td></tr>
<tr><td>4</td><td></td><td></td><td></td><td></td><td></td><td></td><td></td><td></td></tr>
<tr><td>5</td><td></td><td></td><td></td><td></td><td></td><td></td><td></td><td></td></tr>
<tr><td>6</td><td></td><td></td><td></td><td></td><td></td><td></td><td></td><td></td></tr>
<tr><td>7</td><td></td><td></td><td></td><td></td><td></td><td></td><td></td><td></td></tr>
<tr><td>8</td><td></td><td></td><td></td><td></td><td></td><td></td><td></td><td></td></tr>
<tr><td>9</td><td></td><td></td><td></td><td></td><td></td><td></td><td></td><td></td></tr>
<tr><td>10</td><td></td><td></td><td></td><td></td><td></td><td></td><td></td><td></td></tr>
<tr><td>11</td><td></td><td></td><td></td><td></td><td></td><td></td><td></td><td></td></tr>
<tr><td>12</td><td></td><td></td><td></td><td></td><td></td><td></td><td></td><td></td></tr>
<tr><td>13</td><td></td><td></td><td></td><td></td><td></td><td></td><td></td><td></td></tr>
<tr><td>14</td><td></td><td></td><td></td><td></td><td></td><td></td><td></td><td></td></tr>
<tr><td>15</td><td></td><td></td><td></td><td></td><td></td><td></td><td></td><td></td></tr>
<tr><td>16</td><td></td><td></td><td></td><td></td><td></td><td></td><td></td><td></td></tr>
<tr><td>17</td><td></td><td></td><td></td><td></td><td></td><td></td><td></td><td></td></tr>
<tr><td>18</td><td></td><td></td><td></td><td></td><td></td><td></td><td></td><td></td></tr>
<tr><td rowspan="4">Σ</td><td></td><td></td><td></td><td></td><td></td><td></td><td></td><td></td></tr>
<tr><td></td><td></td><td></td><td></td><td></td><td></td><td></td><td></td></tr>
<tr><td colspan="2">Gesamtergebnis</td><td colspan="4">neutrales Ergebnis</td><td colspan="2">Betriebsergebnis</td></tr>
<tr><td colspan="2">Gesamtergebnis
Rechnungskreis I</td><td colspan="6">Gesamtergebnis
Rechnungskreis II</td></tr>
</table>

Lösung 1.II.2

	Rechnungskreis I		Rechnungskreis II					
	Erfolgsrechnung (G+V)		Abgrenzungsrechnung				Betriebsergebnisrechnung (KLR)	
	Aufwands- und Ertragsarten		unternehmensbez. Abgrenzung		betriebsbezogene Abgrenzung		Kosten- und Leistungsarten	
Pos.	Aufwendungen TEUR	Erträge TEUR	neutrale Aufw. TEUR	neutrale Erträge TEUR	Aufwendungen TEUR	verrech. Kosten TEUR	Kosten TEUR	Leistungen TEUR
1		23.550						23.550
2		1.850						1.850
3		135						135
4	1.550						1.550	
5	10.825						10.825	
6	3.125						3.125	
7	1.185				1.185	975	975	
8	1.545						1.545	
9		38		38				
10		17		17				
11		9		9				
12	8		8					
13	32				32	36	36	
14	11		11					
15		37		37				
16	25		25					
17	1.850						1.850	
18						45	45	
Σ	20.156	25.636	44	101	1.217	1.056	19.951	25.535
	+ 5.480		*+ 57*			*– 161*	*+ 5.584*	
	25.636	25.636	101	101	1.217	1.217	25.535	25.535
	Gesamtergebnis *Gesamtgewinn: 5.480 TEUR*		neutrales Ergebnis *neutraler Verlust: 104 TEUR*				Betriebsergebnis *Betriebsgewinn: 5.584 TEUR*	
	Gesamtergebnis Rechnungskreis I 5.480 TEUR		Gesamtergebnis Rechnungskreis II 5.480 TEUR					

Aufgabe	1.II.3	1. Kapitel II.3
Abgrenzungsrechnung		

Sachverhalt:

In einem Unternehmen liegen für die abgelaufene Rechnungsperiode folgende Angaben vor:

		EUR
1)	Umsatzerlöse	475.000
2)	Personalkosten	250.400
3)	Materialkosten	78.000
4)	verschiedene Gemeinkosten	45.500
5)	kalkulatorische Wagnisse	4.700
6)	kalkulatorische Abschreibungen	38.400
7)	kalkulatorische Zinsen	13.150
8)	Brandschaden (Schadensfall war nicht versichert)	30.500
9)	Spende an eine gemeinnützige Einrichtung	2.800
10)	Erhöhung Bestand an Fertigerzeugnissen	25.200
11)	bilanzielle Zinsen	3.750
12)	bilanzielle Abschreibungen	47.100
13)	Minderung Bestand an Unfertigerzeugnissen	12.000
14)	selbsterstellte Anlage	33.450
15)	Mieterträge (aus nicht betriebsnotwendigem Vermögen)	6.500

Aufgaben:

1) Bestimmen Sie anhand der Angaben das Betriebsergebnis und das neutrale Ergebnis der Unternehmung in statistisch-tabellarischer Form.
2) Ermitteln Sie anhand der Ergebnisse aus Aufgabe 1) das Gesamtergebnis (Unternehmensergebnis).

Bezeichnung	Abgrenzungsrechnung				Betriebsergebnisrechnung	
	unternehmensbez. Abgrenzung		betriebsbezogene Abgrenzung		Kosten- und Leistungsarten	
	neutrale Aufw. EUR	neutrale Erträge EUR	Aufwendungen EUR	verrech. Kosten EUR	Kosten EUR	Leistungen EUR
1)						
2)						
3)						
4)						
5)						
6)						
7)						
8)						
9)						
10)						
11)						
12)						
13)						
14)						
15)						
Σ						
	neutrales Ergebnis:				Betriebsergebnis:	

Lösung 1.II.3

Aufgabe 1)

	Abgrenzungsrechnung				Betriebsergebnisrechnung	
	unternehmensbez. Abgrenzung		betriebsbezogene Abgrenzung		Kosten- und Leistungsarten	
Bezeichnung	neutrale Aufw. EUR	neutrale Erträge EUR	Aufwendungen EUR	verrech. Kosten EUR	Kosten EUR	Leistungen EUR
1) Umsatzerlöse						475.000
2) Personalkosten					250.400	
3) Materialkosten					78.000	
4) versch. Gemeink.					45.500	
5) kalk. Wagnisse				4.700	4.700	
6) kalk. Abschreib.				38.400	38.400	
7) kalk. Zinsen				13.150	13.150	
8) Brandschaden	30.500					
9) Spende	2.800					
10) Erhöh. Fertigerz.						25.200
11) bil. Zinsen			3.750			
12) bil. Abschreibung			47.100			
13) Mind. Unfertigerz.					12.000	
14) selbsterst. Anlage						33.450
15) Mieterträge		6.500				
Σ	33.300	6.500	50.850	56.250	442.150	533.650
		– 26.800	+ 5.400		+ 91.500	
	33.300	33.300	56.250	56.250	533.650	533.650
	neutrales Ergebnis *neutraler Verlust:* 21.400				Betriebsergebnis *Betriebsgewinn:* 91.500	

Aufgabe 2)

Betriebsergebnis	+ 91.500 EUR	(Betriebsgewinn)
+ neutrales Ergebnis	– 21.400 EUR	(neutraler Verlust)
= Gesamtergebnis	+ 70.100 EUR	(Gesamtgewinn)

2. Kapitel

Kosten- und Leistungsrechnung als Teilgebiet des betrieblichen Rechnungswesens

Aufgaben und Testfragen
Lösungen

I. Abschnitt: Allgemeine Grundlagen der Kosten- und Leistungsrechnung

Testfragen	**2. Kapitel I.1 - I.6**
Allgemeine Grundlagen der Kosten- und Leistungsrechnung	

Die folgenden Aussagen sind auf ihre Richtigkeit zu überprüfen, wobei mehrere Aussagen richtig bzw. falsch sein können.

Kennzeichnen Sie die Aussagen mit:

(+) **Aussage ist richtig**

(−) **Aussage ist falsch**

1) Die Kosten- und Leistungsrechnung ist durch folgende, zwingende Merkmale gekennzeichnet:
   a) (+) die Kosten- und Leistungsrechnung ist eine Erfolgsrechnung
   b) (−) die Kosten- und Leistungsrechnung ermittelt den Unternehmenserfolg
   c) (+) die Kosten- und Leistungsrechnung dient der Wirtschaftlichkeitskontrolle
   d) (+) die Kosten- und Leistungsrechnung ist eine kalkulatorische Rechnung

2) Die Kosten- und Leistungsrechnung ist eine:
   a) (+) grundsätzlich freiwillige Rechnung
   b) (−) vorwiegend unregelmäßig erstellte Rechnung
   c) (−) pagatorische Rechnung
   d) (−) vorwiegend langfristige Rechnung

3) Die Kosten- und Leistungsrechnung liefert Informationen:
   a) (+) für die Festlegung der Preisobergrenze für Beschaffungsgüter
   b) (−) über die Liquidität der Unternehmung
   c) (+) für die Bestimmung von Preisuntergrenzen für Absatzgüter
   d) (+) zur Beurteilung und Entscheidung über Zusatzaufträge

4) Zu den internen Aufgaben der Kosten- und Leistungsrechnung gehören die:
   a) (−) Ermittlung von Selbstkostenerstattungspreisen
   b) (−) Ermittlung des Unternehmensergebnisses
   c) (+) Ermittlung der Preisuntergrenze im Absatzbereich
   d) (−) Ermittlung der Preisobergrenze für innerbetriebliche Leistungen

5) Zu den externen Aufgaben der Kosten- und Leistungsrechnung gehören:
   a) (+) Bemessung von Verrechnungswerten
   b) (−) Ermittlung der Preisobergrenze im Beschaffungsbereich
   c) (−) Entscheidung zwischen Eigenfertigung und Fremdbezug
   d) (−) Ermittlung des neutralen Ergebnisses

6) Stimmt es, dass:
   a) (+) Maschinenlaufstunden eine direkte Bezugsgröße für Fertigungsgemeinkosten darstellen?
   b) (−) die Raumtemperatur eine indirekte Bezugsgröße für Fertigungsgemeinkosten ist?
   c) (−) Sozialkosten eine direkte Bezugsgröße für Löhne und Gehälter sind?
   d) (−) die Herstellkosten des Umsatzes eine geeignete Bezugsgröße für die Sondereinzelkosten des Vertriebs sind?

7) Die Verrechnung der Einzelkosten erfolgt nach dem:
   a) (−) Durchschnittsprinzip
   b) (+) Verursachungsprinzip (Kausalitätsprinzip)
   c) (−) Proportionalitätsprinzip
   d) (−) Tragfähigkeitsprinzip

8) Stimmt es, dass:
   a) (+) Kostenstelleneinzelkosten nach dem Verursachungsprinzip auf die Kostenstellen verteilt werden?
   b) (+) das betriebsnotwendige Kapital ein Kostenschlüssel sein kann?
   c) (−) bei der Verrechnung von variablen Kosten keine Zurechnungsprobleme bestehen?
   d) (+) Wertschlüssel inflationsempfindlich sind?

9) Hauptforderungen an eine Kosten- und Leistungsrechnung mit Ermittlungs- und Dokumentationsfunktion sind Anforderungen nach:
   a) (+) Vollständigkeit
   b) (-) Anschaffungspreisbewertung
   c) (+) Einmaligkeit
   d) (+) Genauigkeit

10) Kosten nach Art der verbrauchten Produktionsfaktoren sind:
   a) (+) Fremdleistungskosten
   b) (-) Verwaltungskosten
   c) (+) Energiekosten
   d) (-) Vertriebskosten

11) Einzelkosten:
   a) (+) sind Kosten, die sich einem Bezugsobjekt direkt zuordnen lassen
   b) (+) sind direkte Kosten
   c) (-) sind immer variable Kosten
   d) (-) sind Kosten, die bei Einzelfertigung anfallen

12) Zu den Einzelkosten zählen:
   a) (+) Fertigungslöhne
   b) (+) Lizenzgebühren
   c) (-) Gehalt des Abteilungsleiters
   d) (+) Vertreterprovision

13) Gemeinkosten:
   a) (+) sind indirekte Kosten
   b) (+) können Kostenstelleneinzelkosten sein
   c) (+) sind Kostenträgergemeinkosten
   d) (-) sind Kosten, die nur mittels Verteilungsschlüssel auf Kostenstellen zugerechnet werden können

14) Zu den Gemeinkosten zählen:
   a) (+) Fertigungsbetriebsstoffe
   b) (+) Transportkosten
   c) (-) Fertigungslöhne
   d) (-) Vertreterprovision

15) Zu den unechten Gemeinkosten zählen:
- a) (+) geringwertige Materialien
- b) (–) Versicherungskosten
- c) (–) kalkulatorische Zinsen
- d) (+) Hilfsstoffe

16) Kosten gegliedert nach dem Ort der Kostenentstehung sind:
- a) (–) Energiekosten
- b) (–) Lagerhaltungskosten
- c) (+) Verwaltungskosten
- d) (–) Sekundäre Kosten

17) Primäre Kosten:
- a) (+) entstehen durch den Verbrauch von Produktionsfaktoren vom Beschaffungsmarkt
- b) (+) können als Einzelkosten direkt auf die Kostenträger verrechnet werden
- c) (–) sind Kosten, deren Höhe mit der Beschäftigung variiert
- d) (–) werden immer über die Kostenstellen auf die Kostenträger verrechnet

18) Sekundäre Kosten:
- a) (–) entstehen abrechnungstechnisch bedingt innerhalb der Kostenträgerrechnung
- b) (+) sind zusammengesetzte Kosten
- c) (+) entstehen für den Verbrauch innerbetrieblicher Leistungen
- d) (–) sind Kosten, deren Höhe mit der Beschäftigung nicht variiert

19) Die Aufteilung der Kosten in Einzel- und Gemeinkosten:
- a) (–) setzt die Kenntnis von kostenbestimmenden Faktoren voraus
- b) (–) ist abhängig von der Herkunft der Kostengüter
- c) (+) ist abhängig von der Zurechenbarkeit auf Bezugsobjekte
- d) (–) ist Voraussetzung für die Wirtschaftlichkeitskontrolle der Unternehmung

20) Plankosten:
- a) (+) stimmen dann mit den Sollkosten überein, wenn die Istbeschäftigung der vorausgeplanten Beschäftigung entspricht
- b) (+) lassen sich in Standard- und Budgetkosten unterscheiden
- c) (–) kann man auch als ex-post Kosten bezeichnen
- d) (+) kann man auch als ex-ante Kosten bezeichnen

21) Sollkosten:
a) (+) sind die für ein Bezugsobjekt in der Abrechnungsperiode für die jeweilige Istbeschäftigung geplanten Kosten
b) (-) kann man auch als ex-ante Kosten bezeichnen
c) (+) kann man auch als ex-post Kosten bezeichnen
d) (+) sind das Produkt der geplanten Verbrauchsmenge auf der Basis der Istbeschäftigung und der geplanten Preise der Produktionsfaktoren

22) Stimmt es, dass:
a) (+) zur Ermittlung der Standardkosten die Vorgabe von Verbrauchsmengen als technische Standards erforderlich ist?
b) (-) Standardkosten sowohl im Hinblick auf die Mengen- als auch auf die Preiskomponente zukünftig erwartete Kosten sind?
c) (+) bei den Istkosten sowohl der Produktionsfaktorverbrauch als auch der Produktionsfaktorpreis eine Istgröße darstellt?
d) (+) Teilkosten die einem Bezugsobjekt, nach bestimmten Merkmalen abgegrenzten Kostenteile, zurechenbare Kosten sind?

23) Stimmt es, dass:
a) (+) Budgetkosten sowohl im Hinblick auf die Mengen- als auch auf die Preiskomponente zukünftig erwartete Kosten sind?
b) (+) Opportunitätskosten nur für knappe Produktionsfaktoren entstehen?
c) (-) irrelevante Kosten ausschließlich durch eine ganz bestimmte Entscheidungsalternative verursacht werden?
d) (-) Bereitschaftskosten abhängig von der Beschäftigung der Unternehmung anfallen und daher synonym auch als fixe Kosten bezeichnet werden?

24) Stimmt es, dass:
a) (+) Leistungskosten den variablen Kosten entsprechen?
b) (-) Zinsen auf das betrieblich genutzte Anlagevermögen Leistungskosten sind?
c) (-) man relevante Kosten in der amerikanischen Fachliteratur "sunk costs" nennt?
d) (+) die Opportunitätskosten ein Spezialfall relevanter Kosten darstellen?

Lösung: Testfragen	2. Kapitel I.1 - I.6
Allgemeine Grundlagen der Kosten- und Leistungsrechnung	

Aufgabe	a)	b)	c)	d)
1)	+	–	+	+
2)	+	–	–	–
3)	+	–	+	+
4)	–	–	+	–
5)	+	–	–	–
6)	+	–	–	–
7)	–	+	–	–
8)	+	+	–	+
9)	+	–	+	+
10)	+	–	+	–
11)	+	+	–	–
12)	+	+	–	+
13)	+	+	+	–
14)	+	+	–	–
15)	+	–	–	+
16)	–	–	+	–
17)	+	+	–	–
18)	–	+	+	–
19)	–	–	+	–
20)	+	+	–	+
21)	+	–	+	+
22)	+	–	+	+
23)	+	+	–	–
24)	+	–	–	+

II. Abschnitt: Kostentheoretische Grundlagen

Testfragen	**2. Kapitel II.1 - II.5**
Kostentheoretische Grundlagen	

Die folgenden Aussagen sind auf ihre Richtigkeit zu überprüfen, wobei mehrere Aussagen richtig bzw. falsch sein können.

Kennzeichnen Sie die Aussagen mit:
(+) **Aussage ist richtig**
(–) **Aussage ist falsch**

1) Gesamtkosten:
   a) (   ) sind Kosten, die sich automatisch mit Art, Menge und Wert der produzierten und abgesetzten Leistungen ändern
   b) (   ) sind die Summe aller Kosten, die innerhalb einer Unternehmung für einen oder mehrere Kostenträger anfallen
   c) (   ) lassen sich in Abhängigkeit von Kosteneinflussgrößen darstellen
   d) (   ) lassen sich in Bezug auf die Änderung der Beschäftigung in fixe und variable Kosten einteilen

2) Stimmt es, dass:
   a) (   ) Durchschnittskosten sowohl für die Gesamtkosten als auch für die fixen und variablen Gesamtkosten ermittelt werden können?
   b) (   ) lineare Kostenverläufe immer konstante Grenzkosten aufweisen?
   c) (   ) die Kostenelastizität die absolute Änderung der Kostenhöhe bei Änderung der Beschäftigung angibt?
   d) (   ) Grenzkosten unabhängig von den Fixkosten sind?

3) Grenzkosten:
   a) ( ) messen die relative Kostenänderung als Folge einer Beschäftigungsänderung
   b) ( ) sind die Kosten, die mit der Änderung um eine Einheit eines Kostenbestimmungsfaktors verbundene Kostenänderung anfallen
   c) ( ) sind bei steigendem Gesamtkostenverlauf immer positiv
   d) ( ) sind bei steigendem Gesamtkostenverlauf immer konstant

4) Kostenbestimmungsfaktoren sind:
   a) ( ) Beschäftigung
   b) ( ) Preis der verkauften Leistungsmengen
   c) ( ) Unternehmensgröße
   d) ( ) Qualität der Produktionsfaktoren

5) Stimmt es, dass:
   a) (+) die Beschäftigung als kostenbestimmender Faktor betrieblich die größte Bedeutung hat?
   b) (+) die Beschäftigung die Inanspruchnahme der Kapazität darstellt?
   c) (–) die Normalkapazität das Leistungsvermögen bei größtmöglicher Ausnutzung von Anlagen und Maschinen und höchstmöglichem Einsatz aller Mitarbeiter ist?
   d) (–) der Beschäftigungsgrad die effektive Ausnutzung des Leistungsvermögens einer Unternehmung, gemessen in Leistungseinheiten ist?

6) Fixe Kosten:
   a) ( ) sind Zeitkosten
   b) ( ) entstehen durch Minderleistung von neu eingestelltem Personal
   c) ( ) fallen durch Materialverbrauch bei Lernprozessen an
   d) ( ) sind Zinsen auf das Anlagevermögen

7) Fixe Kosten:
   a) ( ) sind immer Gemeinkosten
   b) ( ) sind immer Einzelkosten
   c) ( ) sind beschäftigungsunabhängige Kosten
   d) ( ) können im Zeitablauf langfristig variabel sein

8) Stimmt es, dass:
   a) ( ) bei Überschreitung der Kapazitätsgrenze immer sprungfixe Kosten anfallen?
   b) ( ) intervallfixe Kosten innerhalb eines Beschäftigungsintervalls unelastisch sind?
   c) ( ) die Nutzkosten bei Vollauslastung gleich den Fixkosten sind?
   d) ( ) Nutz- und Leerkosten betragsmäßig immer ungleich sind?

9) Überproportionale Kosten sind:
   a) ( ) Materialverbrauch bei Lernprozessen
   b) ( ) Energieverbrauch bei Überbeschäftigung
   c) ( ) Heizkosten im Theater/Kino
   d) ( ) Rabattwirkung beim Rohstoffeinkauf

10) Stimmt es, dass:
   a) ( ) bei degressiven Kosten der Elastizitätsgrad kleiner 1 und größer 0 ist?
   b) ( ) bei proportionalen Kosten der Elastizitätsgrad gleich 0 ist?
   c) ( ) bei progressiven Kosten der Elastizitätsgrad kleiner 1 ist?
   d) ( ) bei fixe Kosten der Elastizitätsgrad gleich 1 ist?

11) Mischkosten:
   a) ( ) setzen sich sowohl aus Einzelkosten als auch aus Gemeinkosten zusammen
   b) ( ) sind Lohnkosten infolge von Überstundenzuschlägen
   c) ( ) bestehen sowohl aus leistungsabhängigen als auch aus zeitabhängigen Kostenanteilen
   d) ( ) sind Gehälter mit Prämienzuschlag

12) Degressive Kosten sind:
   a) ( ) stückbezogene Lizenzgebühren
   b) ( ) Rabattwirkung beim Rohstoffeinkauf
   c) ( ) Verschleiß von Werkzeugen durch Erhöhung der Produktionsgeschwindigkeit
   d) ( ) Energieverbrauch bei Überbeschäftigung

13) Kostenremanenz:
   a) ( ) kann nur bei fixen Kosten auftreten
   b) ( ) hat zur Folge, dass die Stückkosten bei rückläufiger Beschäftigung sinken
   c) ( ) entsteht dann, wenn der Kostenabbau hinter dem Beschäftigungsrückgang bleibt
   d) ( ) führt dazu, dass die Gewinnzone bereits früher als bisher beginnt

14) Stimmt es, dass:
   a) ( ) das Steigungsmaß bei linearem Gesamtkostenverlauf mit den variablen Kosten pro Bezugsgrößeneinheit identisch ist?
   b) ( ) bei linearem Gesamtkostenverlauf die Grenzkosten den variablen Gesamtkosten entsprechen?
   c) ( ) bei linearer Erlösfunktion der Durchschnittserlös auch Stückpreis genannt wird?
   d) ( ) die lineare Erlöskurve ihren Ursprung im Nullpunkt hat?

15) Stimmt es, dass bei linearer Kosten- und Erlösfunktion:
   a) ( ) die Gewinnschwelle durch Gleichsetzung der variablen Kostenfunktion mit der Erlösfunktion bestimmt wird?
   b) ( ) das Gewinnmaximum theoretisch im unendlichen Bereich liegt?
   c) ( ) das Erlösmaximum erreicht ist, wenn der Grenzerlös gleich Null ist?
   d) ( ) das Betriebsoptimum auch als Stückkostenminimierung bezeichnet wird?

16) Stimmt es, dass der Break-even-Umsatz:
   a) ( ) durch Multiplikation des Absatzpreises mit der Break-even-Menge bestimmt wird?
   b) ( ) die Mindestabsatzmenge angibt, bei der die Unternehmung keinen Gewinn, aber auch keinen Verlust erzielt ?
   c) ( ) durch Gleichsetzung der Erlösfunktion mit der Kostenfunktion bestimmt wird?
   d) ( ) den kostendeckenden Gesamtumsatz repräsentiert?

17) Stimmt es, dass:
   a) ( ) der Deckungsfaktor den relativen Anteil des Stückdeckungsbeitrags am Stückgewinn angibt?
   b) ( ) der Break-even-Umsatz durch Division der Fixkosten durch den Stückdeckungsbeitrag errechnet werden kann?
   c) ( ) der Sicherheitsabstand die Strecke zur Gewinnzone ausdrückt?
   d) ( ) der Sicherheitsabstand aus dem Gewinn abgeleitet werden kann?

18) Der Sicherheitskoeffizient:
   a) ( ) drückt die Distanz zur Grenze der Gewinnzone aus
   b) ( ) setzt den Sicherheitsabstand in Beziehung zum Umsatz
   c) ( ) kann auch Sicherheitsgrad genannt werden
   d) ( ) wird aus dem Verhältnis von Gewinn und Deckungsfaktor ermittelt

19) Der Sicherheitsabstand:
   a) ( ) kann in Umsatz (EUR) gemessen werden
   b) ( ) kann in Mengeneinheiten (x) gemessen werden
   c) ( ) wird aus dem Verhältnis von Gewinn und Stückdeckungsbeitrag ermittelt
   d) ( ) stellt die Differenz zwischen dem Gesamtumsatz/Gesamterlös und dem Break-even-Umsatz dar

Lösung: Testfragen	2. Kapitel II.1 - II.5
Kostentheoretische Grundlagen	

Aufgabe	a)	b)	c)	d)
1)	–	+	+	+
2)	+	+	–	+
3)	–	+	+	+
4)	+	+	+	+
5)	+	+	–	–
6)	+	–	–	+
7)	–	–	+	+
8)	–	+	+	–
9)	–	+	–	–
10)	+	–	–	–
11)	–	–	+	+
12)	–	+	–	–
13)	–	–	+	–
14)	+	–	+	+
15)	–	+	+	+
16)	+	–	–	+
17)	–	–	+	+
18)	–	+	+	–
19)	+	+	+	+

Aufgabe	2.II.1	2. Kapitel II.1 - II.4
Ermittlung: Gesamt- und Stückkosten, fixe und variable Kosten, Nutz- und Leerkosten		

Sachverhalt:

Ein Unternehmen beabsichtigt ein Fotokopiergerät zu mieten. Die Beschaffungsstelle wird beauftragt verschiedene Angebote für einen Normalpapierkopierer einzuholen. Der Kopierbedarf pro Monat liegt normalerweise zwischen 1.000 und 2.000 Kopien. Bei Vollauslastung steigt der Bedarf auf 3.000 Kopien pro Monat an.

Dem Unternehmen liegen von verschiedenen Lieferanten folgende Angebote gleichwertiger Kopiergeräte vor:

Gerät 1:
Die Miete für das Kopiergerät beträgt unabhängig von der Anzahl der gefertigten Kopien 200 EUR pro Monat.

Gerät 2:
Die Miete beträgt unabhängig von der Anzahl der gefertigten Kopien bis zur Höchstgrenze von 750 Stück 75 EUR, bis zur Höchstgrenze von 1.500 Stück 150 EUR, bis zur Höchstgrenze von 2.250 Stück 225 EUR und bis zur Höchstgrenze von 3.000 Stück 300 EUR.

Gerät 3:
Der Anbieter verlangt für sein Gerät keine Miete. Die Abrechnung erfolgt nach Verbrauch:

z.B.: 500 Kopien = 50 EUR
1.000 Kopien = 100 EUR
1.500 Kopien = 150 EUR
2.000 Kopien = 200 EUR

Gerät 4:
Für diesen Kopierer wird ebenfalls keine Gerätemiete verlangt. Die Abrechnung erfolgt nach Verbrauch:

z.B.: 500 Kopien = 100 EUR
1.000 Kopien = 150 EUR
2.000 Kopien = 200 EUR

Gerät 5:
Auch für dieses Gerät braucht keine Miete bezahlt zu werden. Die Abrechnung erfolgt ebenfalls nach Verbrauch:

z.B.: 1.000 Kopien = 80 EUR
2.000 Kopien = 200 EUR
3.000 Kopien = 450 EUR

Gerät 6:
Für dieses Fotokopiergerät ist eine monatliche Miete in Höhe von 50 EUR zu zahlen. Zusätzlich erfolgt eine Abrechnung nach Verbrauch:

z.B.: 1.000 Kopien = 80 EUR
2.000 Kopien = 160 EUR
3.000 Kopien = 240 EUR

Aufgaben:

1) Ermitteln Sie anhand einer Tabelle die Gesamtkosten (K) und die Stückkosten (k) für die Kopiergeräte 1 bis 5.
   Stellen Sie die jeweiligen Kostenverläufe graphisch dar (je eine Zeichnung für die Gesamtkostenkurve und die Stückkostenkurve).
2) Ermitteln Sie die Nutz- und Leerkosten für das Gerät 1 und zeichnen Sie diese in ein Koordinatensystem. Die Maximalkapazität (x_{max}) des Gerätes 1 beträgt pro Monat 3.000 Kopien.
3) Geben Sie die Kostenfunktion für das Gerät 6) an und erstellen Sie für dieses Gerät eine Wertetabelle, in der die Gesamtkosten (K), die fixen Gesamtkosten (K_f), die variablen Gesamtkosten (K_v), die Durchschnittskosten (k), die fixen Durchschnittskosten (k_f), die variablen Durchschnittskosten (k_v) und die Grenzkosten (K') dargestellt werden.
4) Stellen Sie die Kostenverläufe für das Gerät 6 graphisch dar.

Lösung	**2.II.1**

Aufgabe 1)

Gesamtkosten (K) und Stückkosten (k) für Gerät 1) bis 5):

Kopiergerät	x Kopien (St)	K_f EUR	K_v EUR	$K = K_f + K_v$ EUR	$k = \frac{K}{x}$ EUR/St
Gerät 1	500	200	---	200	0,40
	1.000	200	---	200	0,20
	2.000	200	---	200	0,10
	3.000	200	---	200	0,0666
Gerät 2	750	75	---	75	0,10
	1.000	150	---	150	0,15
	1.500	150	---	150	0,10
	2.000	225	---	225	0,1125
	2.250	225	---	225	0,10
	3.000	300	---	300	0,10
Gerät 3	500	---	50	50	0,10
	1.000	---	100	100	0,10
	1.500	---	150	150	0,10
	2.000	---	200	200	0,10
	3.000	---	300	300	0,10
Gerät 4	500	---	100	100	0,20
	1.000	---	150	150	0,15
	2.000	---	200	200	0,10
Gerät 5	1.000	---	80	80	0,08
	2.000	---	200	200	0,10
	3.000	---	450	450	0,15

Kostenverläufe für Gerät 1 bis 5:

Gerät 1:

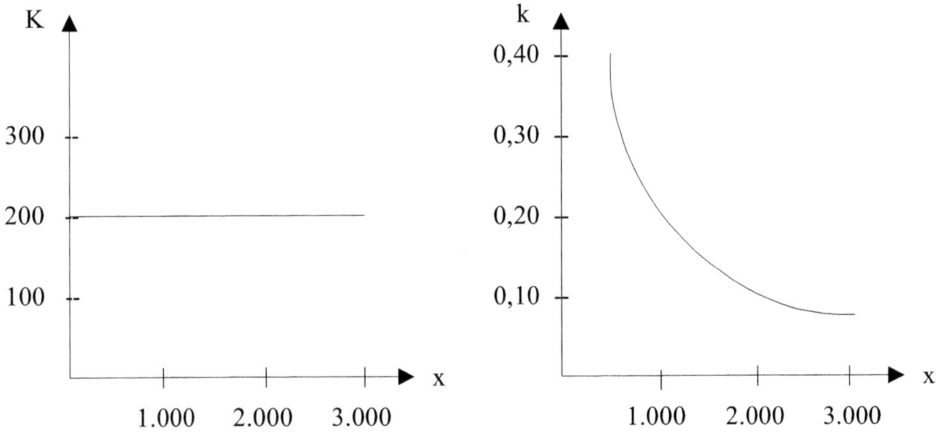

Gerät 2:

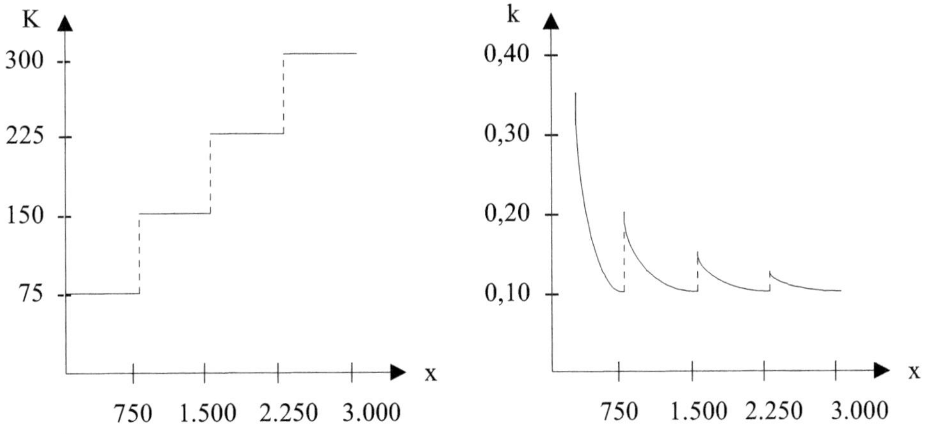

Gerät 3:

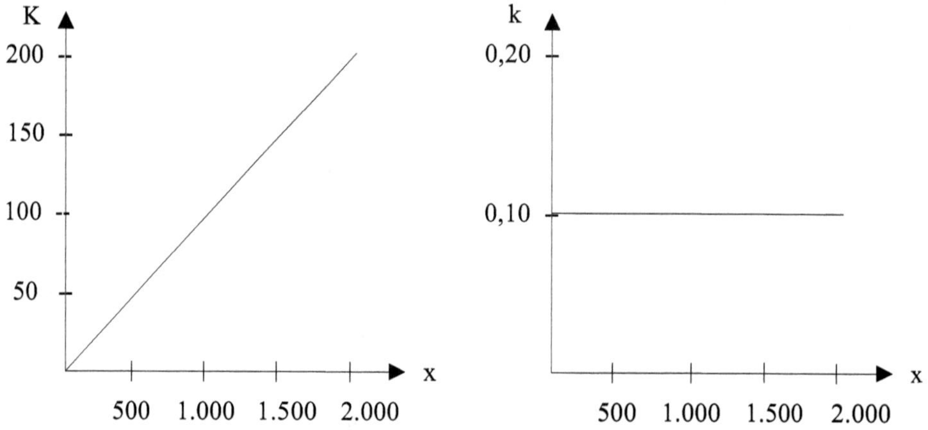

Gerät 4:

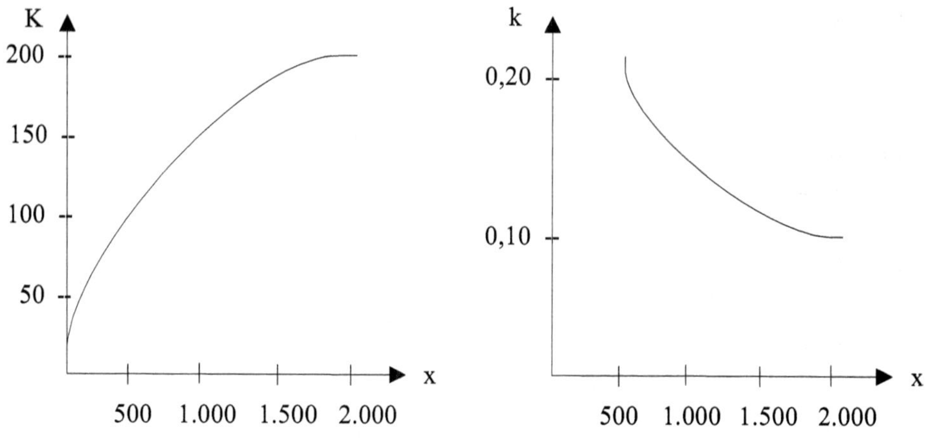

Gerät 5:

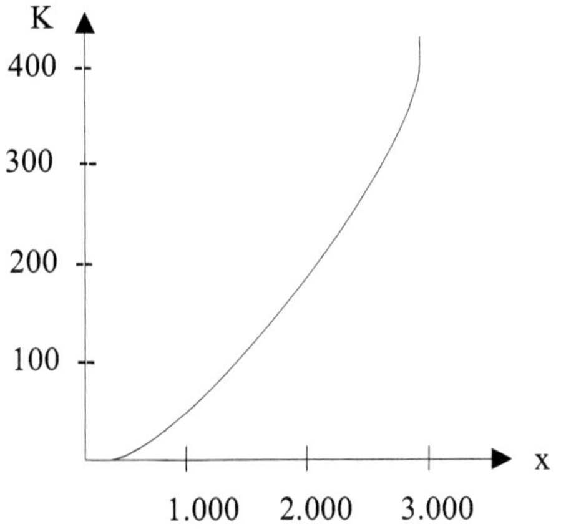

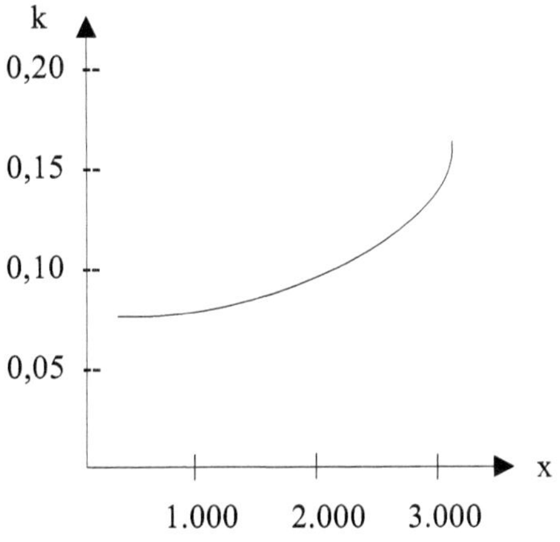

Aufgabe 2)

Nutz- und Leerkosten für Gerät 1:

Nutzkosten: $K_N = K_f \bullet b$

Leerkosten: $K_L = K_f - K_N$

K_N = Nutzkosten
K_L = Leerkosten
K_f = fixe Kosten
b = Beschäftigungsgrad

$$\text{Beschäftigungsgrad (\%)} = \frac{\text{effektiv genutzte Kapazität}}{\text{maximal vorhandene Kapazität}} \bullet 100$$

x Kopien	b %	K_f EUR	$K_N = K_f \bullet b$ EUR	$K_L = K_f - K_N$ EUR
0	0	200	0	200
600	20	200	40	160
1.200	40	200	80	120
1.800	60	200	120	80
2.400	80	200	160	40
3.000	100	200	200	0

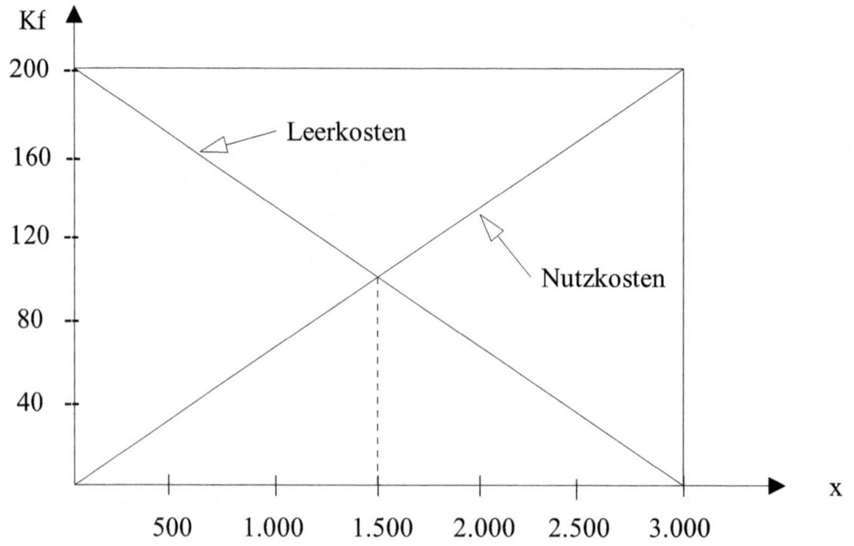

Aufgabe 3)

Kostenfunktion für Gerät 6: $K = K_f + k_v \bullet x$

$$K_6 = 50 + 0{,}08\,x$$

Wertetabelle für Gerät 6:

x Kopien	K EUR	K_f EUR	K_v EUR	$k = \frac{K}{x}$ EUR/St	$k_f = \frac{K_f}{x}$ EUR/St	$k_v = \frac{K_v}{x}$ EUR/St	$K' = k_v$ EUR/St
500	90	50	40	0,1800	0,1000	0,08	0,08
1.000	130	50	80	0,1300	0,0500	0,08	0,08
1.500	170	50	120	0,1133	0,0333	0,08	0,08
2.000	210	50	160	0,1050	0,0250	0,08	0,08
2.500	250	50	200	0,1000	0,0200	0,08	0,08
3.000	290	50	240	0,0967	0,0167	0,08	0,08

Aufgabe 4)

Kostenverläufe für Gerät 6:

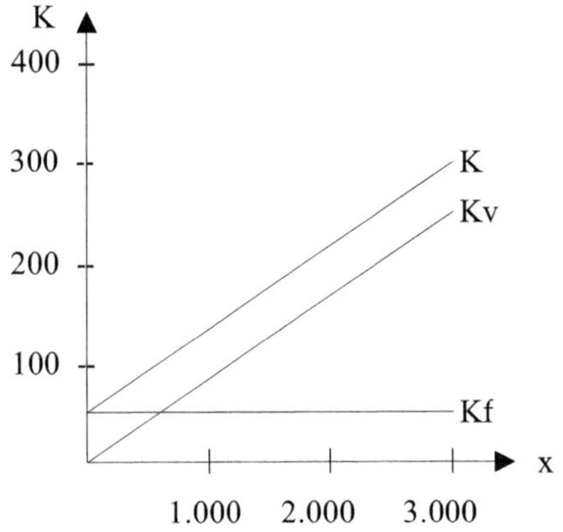

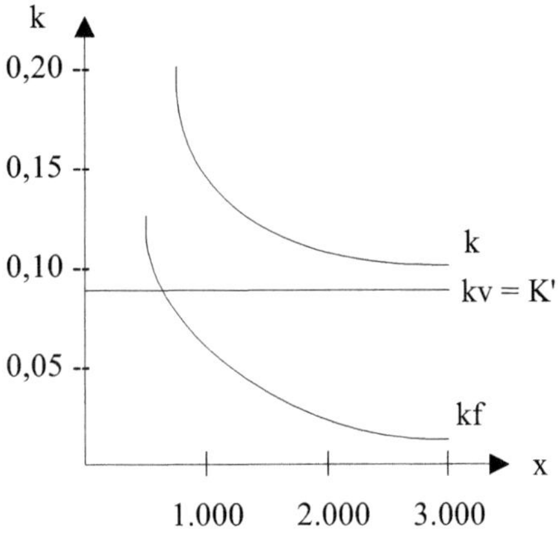

Aufgabe	**2.II.2**	**2. Kapitel II.5**
Ermittlung:	**Gewinnschwelle (Break-Even-Point) Gesamt- und Stückgewinn Gewinn- und Erlösmaximum**	

Sachverhalt:

Die Kapazität der *GOAL GmbH*, die ausschließlich einen Sportartikel herstellt, liegt für den Monat Mai der Periode 05 bei 10.000 Stück.
Im Monat Mai der Periode 05 wurden 7.800 Stück produziert und zu 514.800 EUR verkauft.
Die fixen Kosten betrugen dabei 224.500 EUR, die variablen Kosten 249.600 EUR.

Aufgaben:

1) Bestimmen Sie den Gesamtgewinn und den Stückgewinn der *GOAL GmbH* für den Monat Mai.
2) Mit welchem Beschäftigungsgrad arbeitete die *GOAL GmbH* im Monat Mai?
3) Ermitteln Sie mathematisch die Gewinnschwelle (Break-Even-Point) für den Monat Mai und bestimmen Sie das Gewinnmaximum und das Erlösmaximum der *GOAL GmbH.*
4) Stellen Sie die Gewinnschwelle, das Gewinn- und Erlösmaximum in einem Diagramm graphisch dar.
5) Wie hoch hätte die Absatzmenge im Monat Mai sein müssen, um einen Gewinn in Höhe von 54.300 EUR zu erzielen?
6) Die *GOAL GmbH* erwartet aufgrund von Marktuntersuchungen der eigenen Marketingabteilung, bei einer 10 %-igen Preissenkung einen Absatz von 8.300 Stück.
   a) Bei welcher Absatzmenge würde die Gewinnschwelle erreicht sein?
   b) Welcher Betriebserfolg wäre zu erzielen, wenn die Absatzsteigerung tatsächlich gelingen würde?
7) Wie würde sich der Betriebserfolg der *GOAL GmbH* verändern, wenn trotz der Preissenkung eine Absatzsteigerung nicht realisiert werden könnte?

Lösung	2.II.2

Aufgabe 1)

Gesamtgewinn der *GOAL GmbH* im Monat Mai:

$G = E - K$

$G = E - (K_f + K_v)$

$G = 514.800 \text{ EUR} - (224.500 \text{ EUR} + 249.600 \text{ EUR})$

$G = 40.700 \text{ EUR}$

G = Gesamtgewinn
E = Gesamterlös
K = Gesamtkosten
K_f = fixe Gesamtkosten
K_v = variable Gesamtkosten

Stückgewinn der *GOAL GmbH* im Monat Mai:

$$g = \frac{G}{x} = \frac{40.700 \text{ EUR}}{7.800 \text{ Stück}} = 5{,}2179 \text{ EUR/St} \approx 5{,}22 \text{ EUR/St}$$

$g = 5{,}22 \text{ EUR/St}$

g = Stückgewinn
x = abgesetzte Menge/Stück

Aufgabe 2)

Beschäftigungsgrad der *GOAL GmbH* im Monat Mai:

$$\text{Beschäftigungsgrad (\%)} = \frac{\text{effektiv genutzte Kapazität}}{\text{maximal vorhandene Kapazität}} \bullet 100$$

$$b\,(\%) = \frac{7.800 \text{ St}}{10.000 \text{ St}} \bullet 100$$

b = Beschäftigungsgrad

$b = 78\ \%$

Aufgabe 3)

Gewinnschwelle/Break-Even-Point (x_o) der *GOAL GmbH* für den Monat Mai:

Bedingung: $E = K$

$$E = K_f + K_v$$

k_v = variable Stückkosten

wobei: $k_v = \frac{K_v}{x} = 32$ EUR/St

$$p \cdot x = K_f + k_v \cdot x$$

$$p \cdot x - k_v \cdot x = K_f$$

$$x \cdot (p - k_v) = K_f$$

p = Preis (Stückpreis)

wobei: $p = \frac{E}{x} = 66$ EUR/St

$$x_o = \frac{K_f}{p - k_v}$$

x_o = Gewinnschwelle

$$x_o = \frac{K_f}{p - k_v} = \frac{224.500 \text{ EUR}}{66 \text{ EUR/St} - 32 \text{ EUR/St}} = 6.602{,}94 \text{ St} \approx 6.603 \text{ St}$$

$$x_o = 6.603 \text{ Stück}$$

Gewinnmaximum der *GOAL GmbH*:

Das Gewinnmaximum (G_{max}) liegt bei linear verlaufender Kosten- und Erlösfunktion an der Kapazitätsgrenze (x_{max}) der Unternehmung.
Die Kapazitätsgrenze der *Goal GmbH* beträgt im Monat Mai 10.000 Stück.

$$G = E - K$$
$$G_{max} = p \cdot x_{max} - (K_f + k_v \cdot x_{max})$$

$$G_{max} = (66 \text{ EUR/St} \cdot 10.000 \text{ St}) - (224.500 \text{ EUR} + 32 \text{ EUR/St} \cdot 10.000 \text{ St})$$

$$G_{max} = 660.000 \text{ EUR} - 544.500 \text{ EUR}$$

$$G_{max} = 115.500 \text{ EUR}$$

Erlösmaximum der *GOAL GmbH*:

Das Erlösmaximum (E_{max}) liegt bei linear verlaufender Erlösfunktion an der Kapazitätsgrenze (x_{max}) der Unternehmung. Die Kapazitätsgrenze beträgt im Mai 10.000 Stück.

$E_{max} = p \bullet x_{max} = 66$ EUR/St • 10.000 St

$E_{max} = 660.000$ EUR

Aufgabe 4)

Graphische Darstellung der Gewinnschwelle, des Gewinn- und Erlösmaximums der *GOAL GmbH*:

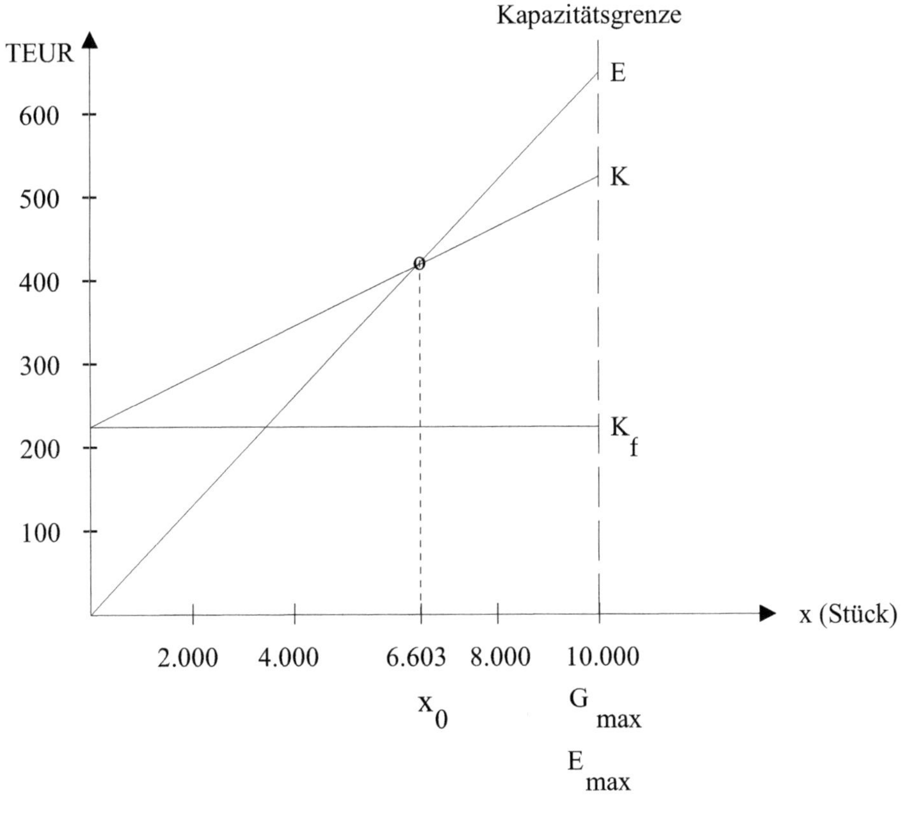

Aufgabe 5)

Absatzmenge (x_G) für einen Gewinn von 54.300 EUR:

$$G = E - K$$
$$G = p \bullet x_G - (K_f + k_v \bullet x_G)$$
$$K_f + G = p \bullet x_G - k_v \bullet x_G)$$
$$K_f + G = x_G \bullet (p - k_v)$$

$$x_G = \frac{K_f + G}{p - k_v}$$

$$x_G = \frac{224.500\ \text{EUR} + 54.300\ \text{EUR}}{66\ \text{EUR/St} - 32\ \text{EUR/St}} = 8.200\ \text{St}$$

$$x_G = 8.200\ \text{Stück}$$

Aufgabe 6)

a) Gewinnschwelle (x_o) bei 10 %-iger Preissenkung:

$p_{alt} = 66$ EUR/St

10 %-ige Preissenkung: $\Rightarrow$ $p_{neu} = 59{,}40$ EUR/St

$$x_o = \frac{K_f}{p_{neu} - k_v}$$

$$x_o = \frac{224.500\ \text{EUR}}{59{,}40\ \text{EUR/St} - 32\ \text{EUR/St}} = 8.193{,}43\ \text{St} \approx 8.194\ \text{St}$$

$$x_o = 8.194\ \text{Stück}$$

b) Betriebserfolgs bei 10 %-iger Preissenkung und gleichzeitiger Absatzsteigerung:

p_{neu} = 59,40 EUR/St

x_{neu} = 8.300 St

$G = E - K$

$G = p_{neu} \bullet x_{neu} - (K_f + k_v \bullet x_{neu})$

G = 59,40 EUR/St • 8.300 St – (224.500 EUR + 32 EUR/St • 8.300 St)

G = 493.020 EUR – 490.100 EUR = + 2.920 EUR

Gewinn = 2.920 EUR

Aufgabe 7)

Betriebserfolgs bei 10 %-iger Preissenkung und unveränderter Absatzmenge:

p_{neu} = 59,40 EUR/St

x_{alt} = 7.800 St

$G = E - K$

$G = p_{neu} \bullet x_{alt} - (K_f + k_v \bullet x_{alt})$

G = 59,40 EUR/St • 7.800 St – (224.500 EUR + 32 EUR/St • 7.800 St)

G = 463.320 EUR – 474.100 EUR = – 10.780 EUR

Verlust = 10.780 EUR

Aufgabe	**2.II.3**	**2. Kapitel II.1 - II.5**
Ermittlung:	**Gesamt- und Stückkosten, fixe und variable Kosten, Erlös und Gewinn, Beschäftigungsgrad, Gewinnschwelle (Break-Even-Point)**	

Sachverhalt:

Ein Industrieunternehmen, das nur einen Elektroartikel herstellt, hat in der abgelaufenen Rechnungsperiode 10.000 Stück produziert und zu 900.000 EUR verkauft.
Die fixen Kosten betrugen dabei 125.000 EUR, die variablen Kosten 600.000 EUR.
Die maximale Kapazität der Unternehmung beträgt 12.500 Stück.

Aufgaben:

1) Erstellen Sie eine Wertetabelle, in der die variablen Gesamtkosten (K_v), die Gesamtkosten (K), die gesamten Stückkosten (k), die variablen Stückkosten (k_v), die fixen Stückkosten (k_f), der Gesamterlös (E), der Gesamtgewinn (G) und der Stückgewinn (g) dargestellt werden.
2) Um wieviel Stück lag im vergangenen Rechnungsjahr die Produktionsmenge über der Gewinnschwelle?
3) Mit welchem Beschäftigungsgrad arbeitete die Unternehmung im vergangenen Jahr?
4) Die Verkaufsleitung schlägt eine Preissenkung von 8 % vor. Sie erhofft sich mit dieser Maßnahme eine Vollauslastung der Kapazität.
   Bei welcher Stückzahl läge dann die Gewinnschwelle des Unternehmens?
5) Um wieviel Prozent würde der Gewinn fallen, wenn bei einer Preissteigerung von 8 % die erwartete Absatzsteigerung der Verkaufsleitung ausbliebe?
6) Bei welcher Absatzmenge wird ein Gesamtgewinn von 220.000 EUR erzielt?

Lösung	2.II.3

Aufgabe 1)

Wertetabelle:

x	K_v EUR	K EUR	k EUR/St	k_v EUR/St	k_f EUR/St	E EUR	G EUR	g EUR/St
500	30.000	155.000	310,00	60	250,00	45.000	–110.000	– 220,00
1.000	60.000	185.000	185,00	60	125,00	90.000	– 95.000	– 95,00
2.000	120.000	245.000	122,50	60	62,50	180.000	– 65.000	– 32,50
3.000	180.000	305.000	101,67	60	41,67	270.000	– 35.000	– 11,67
4.000	240.000	365.000	91,25	60	31,25	360.000	– 5.000	– 1,25
5.000	300.000	425.000	85,00	60	25,00	450.000	25.000	5,00
6.000	360.000	485.000	80,83	60	20,83	540.000	55.000	9,17
7.000	420.000	545.000	77,86	60	17,86	630.000	85.000	12,14
8.000	480.000	605.000	75,63	60	15,63	720.000	115.000	14,38
9.000	540.000	665.000	73,89	60	13,89	810.000	145.000	16,11
10.000	600.000	725.000	72,50	60	12,50	900.000	175.000	17,50
11.000	660.000	785.000	71,36	60	11,36	990.000	205.000	18,64
12.000	720.000	845.000	70,42	60	10,42	1.080.000	235.000	19,58
12.500	750.000	875.000	70,00	60	10,00	1.125.000	250.000	20,00

$K_f = 125.000 \text{ EUR}$ $\qquad k_f = \frac{K_f}{x}$

$K_v = k_v \bullet x$ $\qquad k_v = \frac{K_v}{x} = \frac{600.000 \text{ EUR}}{10.000 \text{ St}} = 60 \text{ EUR/St}$

$K = K_f + k_v \bullet x = 125.000 + 60\,x$ $\qquad k = \frac{K}{x}$

$$p = \frac{E}{x} = \frac{900.000 \text{ EUR}}{10.000 \text{ St}} = 90 \text{ EUR/Stück}$$

$E = p \bullet x$

$G = E - K$ $\qquad g = \frac{G}{x}$

Aufgabe 2)

Gewinnschwelle/Break-Even-Point (x_o):

Bedingung: E = K

$$\Rightarrow \quad x_o = \frac{K_f}{p - k_v}$$ (siehe Lösung 2.II.2, Aufgabe 3)

K_f = 125.000 EUR
p = 90 EUR/St
k_v = 60 EUR/St

$$x_o = \frac{K_f}{p - k_v} = \frac{125.000 \text{ EUR}}{90 \text{ EUR/St} - 60 \text{ EUR/St}} = 4.166{,}66 \text{ St} \approx 4.167 \text{ St}$$

x_o = 4.167 Stück

Differenz der Produktionsmenge/Absatzmenge (x) zur Gewinnschwelle (x_o):

$$x - x_o = 10.000 \text{ St} - 4.167 \text{ St} = 5.833 \text{ Stück}$$

Aufgabe 3)

Beschäftigungsgrad der Unternehmung:

$$\text{Beschäftigungsgrad (\%)} = \frac{\text{effektiv genutzte Kapazität}}{\text{maximal vorhandene Kapazität}} \bullet 100$$

$$b\,(\%) = \frac{10.000 \text{ St}}{12.500 \text{ St}} \bullet 100$$ b = Beschäftigungsgrad

b = 80 %

Aufgabe 4)

Gewinnschwelle (x_0) bei 8 %-iger Preissenkung:

p_{alt} = 90 EUR/St

8 %-ige Preissenkung: ⇒ p_{neu} = 82,80 EUR/St

$$x_0 = \frac{K_f}{p_{neu} - k_v} = \frac{125.000 \text{ EUR}}{82,80 \text{ EUR/St} - 60 \text{ EUR/St}} = 5.482,45 \text{ St} \approx 5.483 \text{ St}$$

x_0 = 5.483 Stück

Aufgabe 5)

Gesamtgewinn der Unternehmung vor einer Preissenkung:

$G = E - K = E - (K_f + K_v)$ = 900.000 EUR – (125.000 EUR + 600.000 EUR)

G = 175.000 EUR

Gesamtgewinn bei 8 %-iger Preissenkung und unveränderter Absatzmenge:

K_f = 125.000 EUR

k_v = 60 EUR/St

p_{alt} = 90 EUR/St p_{neu} = 82,80 EUR/St

x_{alt} = 10.000 St x_{neu} = 10.000 St

$G = E - K$

$$G_{neu} = p_{neu} \bullet x_{alt} - (K_f + k_v \bullet x_{alt})$$

G_{neu} = 82,80 EUR/St • 10.000 St – (125.000 EUR + 60 EUR/St • 10.000 St)

G_{neu} = 828.000 EUR – 725.000 EUR

G_{neu} = 103.000 EUR

Gewinnminderung absolut: $G - G_{neu}$ = 175.000 EUR – 103.000 EUR = 72.000 EUR

Gewinnminderung in %: 72.000 EUR ≡ 41,14 %

Aufgabe 6)

Absatzmenge (x_G) für einen Gewinn von 220.000 EUR:

K_f = 125.000 EUR
k_v = 60 EUR/St
p = 90 EUR/St

$$G = E - K$$
$$G = p \bullet x_G - (K_f + k_v \bullet x_G)$$
$$K_f + G = p \bullet x_G - k_v \bullet x_G)$$
$$K_f + G = x_G \bullet (p - k_v)$$

$$x_G = \frac{K_f + G}{p - k_v} = \frac{125.000 \text{ EUR} + 220.000 \text{ EUR}}{90 \text{ EUR/St} - 60 \text{ EUR/St}} = 11.500 \text{ St}$$

$$x_G = 11.500 \text{ Stück}$$

bzw.:

K_f = 125.000 EUR
k_v = 60 EUR/St
p = 82,80 EUR/St

$$x_G = \frac{K_f + G}{p - k_v}$$

$$x_G = \frac{125.000 \text{ EUR} + 220.000 \text{ EUR}}{82{,}80 \text{ EUR/St} - 60 \text{ EUR/St}} = 15.131{,}57 \text{ St} \approx 15.132 \text{ St}$$

$$x_G = 15.132 \text{ Stück}$$

Ergebnis: bei einem Preis von 82,80 EUR kann ein Gewinn in Höhe von 220.000 EUR nicht realisiert werden, da die Menge von 15.132 Stück über der Kapazitätsgrenze von 12.500 Stück liegt.

Aufgabe	2.II.4	2. Kapitel II.5.3
Ermittlung:	**Break-Even-Menge, Break-Even-Umsatz, Sicherheitsabstand, Sicherheitskoeffizient**	

Sachverhalt:

In der *Electronic AG* werden im Monat März 640 Stück von dem Produkt GAMMA produziert und abgesetzt. Die variablen Kosten hierfür betragen 576.000 EUR. Der erzielbare Stückpreis für das Produkt GAMMA liegt bei 1.300 EUR.
Der Beschäftigungsgrad der Unternehmung liegt im Monat März bei 80 %. Die monatlichen Fixkosten der *Electronic AG* betragen 249.600 EUR.

Aufgaben:

1) Bestimmen Sie die Break-Even-Menge, den kostendeckenden Gesamtumsatz und den relativen Anteil des Stückdeckungsbeitrag am Stückpreis für das Produkt GAMMA der *Electronic AG* im Monat März.
2) Um wie viel Stück des Produkts GAMMA kann die *Electronic AG* die Absatzmenge unterschreiten, bevor sie mit diesem Produkt in die Verlustzone gerät?
3) Ermitteln Sie für die *Electronic AG* den Sicherheitsabstand in EUR Umsatz.
4) Welchen Wert hat der Sicherheitskoeffizient für die Herstellung der maximalen Stückzahl des Produkts GAMMA der *Electronic AG*?

Lösung	2.II.4

Aufgabe 1)

Break-Even-Menge (x_0) für das Produkt GAMMA der *Electronic AG* im Monat März:

$$k_v = \frac{K_v}{x} = \frac{576.000 \text{ EUR}}{640 \text{ St.}} = 900 \text{ EUR/Stück}$$

$$x_0 = \frac{K_f}{p - k_v} = \frac{249.600 \text{ EUR}}{1.300 \text{ EUR/St} - 900 \text{ EUR/St}} = 624 \text{ Stück}$$

$$x_0 = 624 \text{ Stück}$$

Kostendeckender Gesamtumsatz (Break-Even-Umsatz, U_0) für das Produkt GAMMA der *Electronic AG* im Monat März:

$$U_0 = p \bullet x_0 = 1.300 \text{ EUR/St} \bullet 624 \text{ St} = 811.200 \text{ EUR}$$

bzw.

$$U_0 = \frac{K_f}{\frac{p - k_v}{p}} = \frac{K_f}{\frac{db}{p}} = \frac{K_f}{df}$$

$$= \frac{249.600 \text{ EUR}}{\frac{1.300 \text{ EUR/St} - 900 \text{ EUR/St}}{1.300 \text{ EUR/St}}} = \frac{249.600 \text{ EUR}}{\frac{400 \text{ EUR/St}}{1.300 \text{ EUR/St}}} = \frac{249.600 \text{ EUR}}{\frac{4}{13}}$$

$$U_0 = 811.200 \text{ EUR}$$

Relativer Anteil des Stückdeckungsbeitrags am Stückpreis (Stückdeckungsfaktor, df):

$$df = \frac{db}{p} = \frac{400 \text{ EUR}}{1.300 \text{ EUR}} = 0{,}30769 \approx 0{,}3077$$

Der Stückdeckungsfaktor (df) beträgt 0,3077. Somit beträgt der relative Anteil des Stückdeckungsbeitrags am Stückpreis 30,77 %.

Aufgabe 2)

Sicherheitsabstand in Mengeneinheiten (SI_{ME}) für das Produkt GAMMA der *Electronic AG* im Monat März:

$$SI_{ME} = x - x_o$$
$$= 640 \text{ Stück} - 624 \text{ Stück} = 16 \text{ Stück}$$
$$SI_{ME} = 16 \text{ Stück}$$

bzw.

$$SI_{ME} = \frac{G}{db} = \frac{E - K}{p - k_v} = \frac{832.000 \text{ EUR} - 825.600 \text{ EUR}}{1.300 \text{ EUR/St} - 900 \text{ EUR/St}} = \frac{6.400 \text{ EUR}}{400 \text{ EUR/St}} = 16 \text{ St}$$

$$SI_{ME} = 16 \text{ Stück}$$

Die *Electronic AG* kann im Monat März die Absatzmenge des Produkts GAMMA um 16 Stück unterschreiten, bevor sie bei dem Produkt in die Verlustzone gerät.

Aufgabe 3)

Sicherheitsabstand in EUR Umsatz für das Produkt GAMMA der *Electronic AG* im Monat März:

$$SI_U = E - U_o = (1.300 \text{ EUR/St} \bullet 640 \text{ St}) - (811.200 \text{ EUR})$$
$$= 832.000 \text{ EUR} - 811.200 \text{ EUR}$$
$$SI_U = 20.800 \text{ EUR}$$

bzw.

$$SI_U = p \bullet (x - x_o)$$
$$= 1.300 \text{ EUR/St} \bullet (640 \text{ St} - 624 \text{ St}) = 1.300 \text{ EUR/St} \bullet 16 \text{ St}$$
$$SI_U = 20.800 \text{ EUR}$$

oder

$$SI_U = \frac{G}{df} = \frac{6.400 \text{ EUR}}{\frac{4}{13}} = 20.800 \text{ EUR}$$

Aufgabe 4)

Sicherheitskoeffizient $SIK_{ME\,(x_{Kap})}$ bezogen auf die Herstellung der maximalen Stückzahl (x_{Kap}) des Produkts GAMMA der *Electronic AG* :

Beschäftigungsgrad (b) = 80 %
effektiv genutzte Kapazität = 640 Stück

$$\text{Beschäftigungsgrad (\%)} = \frac{\text{effektiv genutzte Kapazität}}{\text{maximal vorhandene Kapazität}} \bullet 100$$

$$\text{maximal vorhandene Kapazität } (x_{Kap}) = \frac{\text{effektiv genutzte Kapazität}}{\text{Beschäftigungsgrad}} \bullet 100$$

$$x_{Kap} = \frac{640\text{ Stück}}{80} \bullet 100 = 800\text{ Stück}$$

Sicherheitskoeffizient $SIK_{ME\,(x_{Kap})}$:

$$SIK_{ME\,(x_{Kap})} = \left(\frac{x_{Kap} - x_0}{x}\right) = \frac{800\text{ St} - 624\text{ St}}{800\text{ St}} = 0{,}22 \qquad x = x_{Kap}$$

$$SIK_{ME\,(x_{Kap})} = 0{,}22$$

bzw.

$$SIK_{ME(x_{Kap})}\,(\%) = \left(\frac{x_{Kap} - x_0}{x}\right) \bullet 100 = \frac{800\text{ St} - 624\text{ St}}{800\text{ St}} \bullet 100 = 22{,}00\ \%$$

$$SIK_{ME(x_{Kap})}\,(\%) = 22{,}00\ \%$$

Die maximale Produktionsmenge in Höhe von 800 Stück des Produkts GAMMA kann somit um 22,00 % (bzw. um 176 Stück) unterschritten werden, bevor die *Electronic AG* einen Verlust erwirtschaftet.

III. Abschnitt: Kostenrechnungssysteme - Überblick

Testfragen	**2. Kapitel III.1 - III.2**
Kostenrechnungssysteme - Überblick	

Die folgenden Aussagen sind auf ihre Richtigkeit zu überprüfen, wobei mehrere Aussagen richtig bzw. falsch sein können.

Kennzeichnen Sie die Aussagen mit:
(+) **Aussage ist richtig**
(–) **Aussage ist falsch**

1) Kostenrechnungssysteme lassen sich unterscheiden nach:
a) (–) betriebliche Funktionsbereiche
b) (+) Zeitbezug der Kostengrößen
c) (+) Ausmaß der Kostenverrechnung
d) (–) Bezugsgröße der Kosten

2) Stimmt es, dass:
a) (+) es die Form der Kostenrechnung nicht gibt, bei der alle Kosten Istkosten sind?
b) (+) bei der Istkostenrechnung zufällige Schwankungen der Preise und Mengen in vollem Umfang in die Rechnung mit eingehen?
c) (+) Hauptzielsetzung der Istkostenrechnung die Nachkalkulation der betrieblichen Leistungserstellung ist?
d) (+) der Übergang von der Istkostenrechnung zur Normalkostenrechnung dazu dienen soll, Zufallsschwankungen der Preise und Mengen auszuschalten?

3) Stimmt es, dass:
   a) ( ) mit der Normalkostenrechnung eine wirksame Kostenkontrolle nicht durchgeführt werden kann?
   b) ( ) die Unter-, bzw. Überdeckung der Normalkostenrechnung auf die Kostenträger weiter verrechnet wird?
   c) ( ) in der Istkostenrechnung in jeder Periode die Kalkulationssätze für alle Leistungen neu gebildet werden müssen?
   d) ( ) die Normalkostenrechnung eine Weiterentwicklung der Istkostenrechnung darstellt?

4) Die Plankostenrechnung:
   a) ( ) kann als Standard- und Budgetkostenrechnung durchgeführt werden
   b) ( ) enthält im Rahmen von Kostenabweichungsanalysen eine Vor- und Nachrechnung
   c) ( ) bildet feste Verrechnungssätze für innerbetriebliche Leistungen und normalisierte Kostensätze für die Hauptkostenstellen
   d) ( ) ermittelt Kostendaten zur Bestimmung von Selbstkostenfestpreisen

5) Stimmt es, dass:
   a) ( ) bei der starren Plankostenrechnung die geplanten Kosten für eine Beschäftigung verrechnet werden?
   b) ( ) in der Grenzplankostenrechnung nur die variablen Kosten auf die Kostenträger verrechnet werden?
   c) ( ) die Budgetkostenrechnung auf die mengenmäßige Wirtschaftlichkeitskontrolle ausgerichtet ist?
   d) ( ) der Einsatz der Budgetkostenrechnung sich überwiegend auf den Fertigungsbereich erstreckt?

6) Stimmt es, dass:
   a) ( ) die Standardkostenrechnung primär auf die wertmäßige Wirtschaftlichkeitskontrolle ausgerichtet ist?
   b) ( ) die Anwendung der Standard-Cost-Accounting im wesentlichen auf den Verwaltungsbereich beschränkt ist?
   c) ( ) in der Vollkostenrechnung die insgesamt angefallenen Kosten erfaßt und auf die Zurechnungsobjekte verrechnet werden?
   d) ( ) bei der starren Plankostenrechnung für jede Istbeschäftigung die als Sollkosten bezeichnete Plankosten bestimmt werden?

7) Die Prozesskostenrechnung:
   a) ( ) stellt ein marktorientiertes Konzept dar
   b) ( ) wird auch Activity Based Costing (ABC) genannt
   c) ( ) kann nur auf Planwerten aufgebaut sein
   d) ( ) wird auch Activity Based Accounting genannt

8) Stimmt es, dass:
   a) ( ) beim Direct Costing die Fixkosten der Rechnungsperiode en bloc in die Betriebsergebnisrechnung übernommen werden?
   b) ( ) bei der Schichtkostenrechnung jede Kostengröße einem Bezugsobjekt zugeordnet wird?
   c) ( ) bei der stufenweisen Fixkostendeckungsrechnung die fixen Kosten auf die Bezugsgröße verrechnet werden, bei der sie direkt erfassbar sind?
   d) ( ) sich die Prozeßkostenrechnung mit dem Problem der Kostenzurechnung von Gemeinkosten auf bestimmte Zurechnungsobjekte beschäftigt?

9) Stimmt es, dass:
   a) ( ) die Einzelkosten- und Deckungsbeitragsrechnung in besonderem Maße entscheidungsorientiert ist?
   b) ( ) Teilkostenrechnungen auf Normalkostenbasis in der Praxis kaum Anwendung finden?
   c) ( ) beim Direct Costing die variablen Kosten gleich den Grenzkosten sind?
   d) ( ) bei der Grenzplankostenrechnung nur die variablen Kosten auf die Kostenträger verrechnet werden?

Lösung: Testfragen	**2. Kapitel III.1 - III.2**
Kostenrechnungssysteme - Überblick	

Aufgabe	a)	b)	c)	d)
1)	–	+	+	–
2)	+	+	+	+
3)	+	–	+	+
4)	+	+	–	+
5)	+	+	–	–
6)	–	–	+	–
7)	–	–	–	+
8)	+	–	+	+
9)	+	+	+	+

3. Kapitel

Vollkostenrechnung

Aufgaben, Testfragen und Fallstudie
Lösungen

I. Abschnitt:
Grundlagen der Vollkostenrechnung

Testfragen	**3. Kapitel I.1 - I.2**
Grundlagen der Vollkostenrechnung	

Die folgenden Aussagen sind auf ihre Richtigkeit zu überprüfen, wobei mehrere Aussagen richtig bzw. falsch sein können.

Kennzeichnen Sie die Aussagen mit:
(+) **Aussage ist richtig**
(−) **Aussage ist falsch**

1) Die Vollkostenrechnung auf Basis von Istkosten:
   a) (+) ist dadurch gekennzeichnet, dass der tatsächlich entstandene Wertverbrauch einer Abrechnungsperiode zum Ansatz kommt
   b) (+) stellt für die Theorie ein Grundmodell und für die Praxis die Ausgangsbasis der Kostenrechnungssysteme in einem Unternehmen dar
   c) (+) ist dadurch gekennzeichnet, dass die vollen Kosten der abgelaufenen Rechnungsperiode auf die innerhalb der Abrechnungsperiode hergestellten, bzw. abgesetzten Kostenträger verrechnet werden
   d) (−) eignet sich insbesondere für preispolitische Entscheidungen

2) Stimmt es, dass in der Vollkostenrechnung:
   a) (+) der tatsächlich entstandene Wertverbrauch einer Abrechnungsperiode erst nach Ablauf der Rechnungsperiode festgestellt werden kann?
   b) (−) nur die Istkosten der abgelaufenen Rechnungsperiode erfaßt und auf die innerhalb der Abrechnungsperiode hergestellten, bzw. abgesetzten Leistungen verrechnet werden?
   c) (−) entscheidungsrelevante Kosten berücksichtigt werden?
   d) (−) der Wertverbrauch einer Abrechnungsperiode erst nach Ablauf der Rechnungsperiode festgestellt werden kann?

3) Aufgabe der Vollkostenrechnung auf Istkosten-Basis ist die:
   a) (+) Ermittlung der Periodenselbstkosten
   b) (+) Bereitstellung von Kalkulationsgrundlagen für die Bewertung von Fertig- und Unfertigerzeugnissen in Handels- und Steuerbilanz
   c) (+) Ermittlung der vollen Selbstkosten
   d) (+) Ermittlung der langfristigen Preisuntergrenze

4) Hauptzielsetzung der Vollkostenrechnung ist:
   a) (–) die Bestimmung des optimalen Produktionsprogramms
   b) (+) die Nachkalkulation
   c) (+) die Selbstkostenermittlung
   d) (–) die Bestimmung der kurzfristigen Preisuntergrenze

5) Die Vollkostenrechnung:
   a) (+) wird zur Erfüllung ihrer Aufgabe i.d.R. in drei Teilgebiete untergliedert
   b) (+) ermöglicht eine Abrechnung staatlicher Aufträge gemäß LSP
   c) (+) unterliegt in ihrer Gestaltung nach Form, Inhalt und Umfang grundsätzlich keinen gesetzlichen Vorschriften
   d) (–) hat in ihrer Gestaltung nach Form, Inhalt und Umfang nur bei öffentlichen Aufträgen rechtliche Regelungen zu beachten

Lösung: Testfragen — 3. Kapitel I.1 - I.2

Grundlagen der Vollkostenrechnung

Aufgabe	a)	b)	c)	d)
1)	+	+	+	–
2)	+	–	–	–
3)	+	+	+	+
4)	–	+	+	–
5)	+	+	+	–

II. Abschnitt: Kostenartenrechnung

Testfragen	**3. Kapitel II.1 - II.3**
Kostenartenrechnung	

Die folgenden Aussagen sind auf ihre Richtigkeit zu überprüfen, wobei mehrere Aussagen richtig bzw. falsch sein können.

Kennzeichnen Sie die Aussagen mit:
(+) Aussage ist richtig
(–) Aussage ist falsch

1) Die Kostenartenrechnung hat folgende Aufgaben zu erfüllen:
   a) (–) alle Aufwendungen als Grundkosten oder Anderskosten in die Kostenrechnung zu übernehmen
   b) (+) mengen- und wertmäßige Erfassung und Gliederung der innerhalb einer Abrechnungsperiode angefallenen Kosten ihrer Art und Höhe nach
   c) (–) Aufteilung der Gesamtkosten nach ihrer Entstehung in Einzelkosten und Gemeinkosten
   d) (–) Abgrenzung von Kosten und Erträgen

2) Hauptkriterium bei der Bildung von Kostenarten ist die Einteilung der Kosten nach:
   a) (–) Zeitbezug der Kosten
   b) (+) Art der verbrauchten Produktionsfaktoren
   c) (–) Ausmaß der Kostenverrechnung
   d) (–) Abgrenzung zu Aufwand

3) Stimmt es, dass:
   a) ( ) bei der Gliederung der Kostenarten geeignete Bezugsgrößen zu verwenden sind?
   b) ( ) Kosten nach Art der verbrauchten Produktionsfaktoren nach ihrer Zurechenbarkeit auf Kostenträger in Einzelkosten und Gemeinkosten aufgeteilt werden?
   c) ( ) bei der Erfassung der Kosten "Grundsätzen ordnungsmäßiger Kosten- und Leistungsrechnung" von Bedeutung sind?
   d) ( ) i.d.R. die Aufwandsarten im Bereich der Finanzbuchführung als Kostenarten in die Kostenrechnung übernommen werden?

4) Der Kostenartenplan:
   a) ( ) ist eine strukturierte Darstellung aller im Unternehmen angefallenen Kostenarten auf den Kostenstellen
   b) ( ) muss alle Kostenarten vollständig erfassen
   c) ( ) besteht grundsätzlich aus einer tabellarischen Übersicht der Kostenarten und Kostenstellen
   d) ( ) wird in seinem Umfang von den im Unternehmen eingerichteten Kostenstellen bestimmt

5) Stimmt es, dass:
   a) ( ) die Bewertung der Verbrauchsmengen im wesentlichen von der Zielsetzung der Kosten- und Leistungsrechnung abhängt?
   b) ( ) die Bewertung der Verbrauchsmengen in der Kosten- und Leistungsrechnung von Bewertungsvorschriften des Handels- und Steuerrechts mitbestimmt werden?
   c) ( ) Festpreise Preise sind, die zum Bewertungszeitpunkt auf dem Markt gefordert werden?
   d) ( ) Maßnahmen zur Anpassung der kostenrechnerischen Ergebnisse an handels- und steuerrechtliche Vorschriften Parallelrechnungen nach sich ziehen können?

6) Stimmt es, dass:
   a) ( ) Festpreise Verrechnungspreise sind?
   b) ( ) Verrechnungspreise vom Unternehmen selbst festgelegt werden?
   c) ( ) Marktpreise Festpreise sind?
   d) ( ) Wiederbeschaffungspreise die Preise sind, die zum Zeitpunkt des Ausscheidens eines Wirtschaftsgutes voraussichtlich für den Ersatz zu zahlen sind?

7) Materialkosten:
   a) ( ) umfassen all die Stoffe, die unmittelbar in das Produkt eingehen
   b) ( ) umfassen auch die Stoffe, die unmittelbar auf das Produkt einwirken und dabei verbraucht werden
   c) ( ) entstehen durch den Einkauf von Rohstoffen zur Leistungserstellung
   d) ( ) werden auch Werkstoffkosten genannt

8) Materialkosten:
   a) ( ) werden aufgrund ihrer eindeutigen verursachungsgerechten Zurechnungsmöglichkeit auf das Produkt stets als Einzelkosten erfasst und verrechnet
   b) ( ) werden durch die Erfassung der jeweils verbrauchten Mengen und die Bewertung dieser Mengen mit den entsprechenden Preisen, bestimmt
   c) ( ) sind der Verbrauch an Roh-, Hilfs- und Betriebsstoffen
   d) ( ) entstehen durch den Verbrauch von Roh-, Hilfs- und Betriebsstoffen bei der Leistungserstellung

9) Verfahren zur Erfassung des mengenmäßigen Verbrauchs an Materialien sind:
   a) ( ) Iterationsverfahren
   b) ( ) Festwertrechnung
   c) ( ) Inventurverfahren
   d) ( ) Skontrationsverfahren

10) Stimmt es, dass:
   a) ( ) die Erfassung ohne Bestandsführung nur dann zu einem genauen Ergebnis führt, wenn die Materialien direkt verbraucht werden?
   b) ( ) beim Skontrationsverfahren der mengenmäßige Materialverbrauch aus den erstellten Fertig- und Unfertigerzeugnissen abgeleitet wird?
   c) ( ) beim Inventurverfahren der Materialverbrauch aus dem Anfangsbestand, dem Verbrauch und dem Endbestand ermittelt wird?
   d) ( ) bei der Festwertrechnung Schwund und Diebstahl nicht ermittelt werden?

11) Stimmt es, dass:
   a) ( ) beim Inventurverfahren Lagerverluste nicht transparent gemacht werden können?
   b) ( ) das retrograde Verfahren für Soll-Ist-Kostenvergleiche geeignet ist?
   c) ( ) beim Skontrationsverfahren der Verbrauch pro Produkteinheit erheblich abweichen kann, z.B. durch ungenaue Ermittlung von Abfällen und Ausschüssen?
   d) ( ) beim retrograden Verfahren die Zurechnung der Materialverbrauchsmengen auf Kostenträger wegen fehlendem Verbrauchsbezug recht schwierig ist?

12) Stimmt es, dass:
   a) ( ) beim Inventurverfahren der Materialverbrauch aus dem Anfangsbestand, dem Verbrauch und den Zugängen ermittelt wird?
   b) ( ) beim Skontrationsverfahren der außerordentlichen Verbrauch aus der Differenz von Sollendbestand und Istendbestand festgestellt werden kann?
   c) ( ) bei dem retrograden Verfahren nicht die Istmengen sondern die Sollmengen des Materialverbrauchs ermittelt werden?
   d) ( ) bei der Festwertrechnung die tatsächlichen Bestände sind nicht bekannt?

13) Im Rahmen der Istkostenrechnung stehen für die Bewertung der Materialverbrauchsmengen grundsätzlich folgende Verfahren zur Verfügung:
   a) ( ) Anschaffungspreisbewertung
   b) ( ) Verrechnungspreisbewertung
   c) ( ) Planpreisbewertung
   d) ( ) Wiederbeschaffungspreisbewertung

14) Die Istpreisbewertung kann erfolgen als:
   a) ( ) partieweise Anschaffungspreisbewertung
   b) ( ) permanente Durchschnittspreisbewertung
   c) ( ) Fifo-Verfahren
   d) ( ) Verbrauchsfolgeverfahren

15) Bei der partieweisen Istpreisbewertung:
   a) ( ) werden alle Materialzugänge mit einem für eine Periode festgelegten Ist-Einstandspreisen bewertet
   b) ( ) die Verbrauchsmengen werden mit den Ist-Einstandspreisen derjenigen Partie bewertet, der sie entnommen worden sind
   c) ( ) erfolgt die Verbrauchsbewertung zu den Preisen des zuerst beschafften Materials
   d) ( ) werden alle Materialzugänge mit unterschiedlichen Ist-Anschaffungskosten gesondert bewertet

16) Stimmt es, dass:
   a) ( ) bei der Anschaffungspreisbewertung der für die einzelnen Fertigungsmaterialien effektiv bezahlten Beschaffungsmarktpreise angesetzt wird?
   b) ( ) die Anschaffungskosten gleich dem Anschaffungspreis sind?
   c) ( ) Verrechnungspreise auch bei der Bewertung innerbetrieblicher Leistungen eine besondere Bedeutung haben?
   d) ( ) eine Abweichung von bilanzrechtlich zulässigen Ansätzen und der Bewertung des Materialverbrauchs zu Verrechnungspreisen innerhalb der Kostenrechnung zu Andersaufwand führen kann?

17) Stimmt es, dass:
a) ( ) für die Bewertung von Verbrauchsmengen bei gemeinsamer Lagerung von Materialien sich die selektive Istpreisbewertung anbietet?
b) ( ) für die Bewertung von Vorratsmaterialien, das sich aus gleichartigen aber zu unterschiedlichen Preisen beschafften Teilmengen zusammensetzt, sich die Istpreisdurchschnittsverfahren und die Verbrauchsfolgeverfahren eignen?
c) ( ) sich die Bewertung bei den Verbrauchsfolgeverfahren entweder an der zeitlichen Abfolge der Lagerzugänge oder an der Höhe der zu bezahlenden Einstandspreise orientiert?
d) ( ) bei der Bewertung von Materialien, die in größeren Mengen vorrätig gelagert werden sich das Verfahren der Istpreisdurchschnittsbewertung anbietet?

18) Das Fifo-Verfahren:
a) ( ) geht davon aus, dass stets die zuletzt beschafften Materialien zuerst verbraucht werden
b) ( ) bewertet den Endbestand wird mit den Preisen, der zuerst beschafften Materialien
c) ( ) kann für jeden einzelnen Materialverbrauch fortlaufend während der gesamten Abrechnungsperiode angewendet werden
d) ( ) kann jeweils für alle Materialverbräuche einer Abrechnungsperiode gemeinsam angewendet werden

19) Das Lifo-Verfahren:
a) ( ) geht davon aus, dass die zuletzt beschafften Materialien zuerst verbraucht werden
b) ( ) kann jeweils für alle Materialverbräuche einer Abrechnungsperiode gemeinsam angewendet werden
c) ( ) entspricht bei permanent sinkenden Preisen dem Hifo-Verfahren
d) ( ) entspricht bei permanent steigenden Preisen dem Hifo-Verfahren

20) Stimmt es, dass:
a) ( ) beim Hifo-Verfahren die Materialien mit den niedrigen Preisen den Endbestand bilden?
b) ( ) die Verfahren der Istpreisbewertung für die meisten Aufgabenstellungen der Kostenrechnung geeignet sind?
c) ( ) die Bewertung zu Istdurchschnittspreisen auch den handels- und steuerrechtlichen Bewertungsvorschriften entspricht?
d) ( ) bei permanent steigenden Preisen das Hifo-Verfahren dem Lifo-Verfahren entspricht?

21) Personalkosten einer Unternehmung sind:
   a) ( ) das vertragsmäßige festgelegte Arbeitsentgelt, welches der Arbeitgeber den Arbeitnehmern für geleistete Arbeit zu zahlen verpflichtet ist
   b) ( ) die den Arbeitnehmern für einen Abrechnungszeitraum zustehenden Bruttolöhne
   c) ( ) die Löhne für Arbeitsleistungen, die unmittelbar der Herstellung von Erzeugnissen/Produkten dienen
   d) ( ) die Gesamtheit der Kosten, die durch den Einsatz des Produktionsfaktors Arbeit entstehen

22) Stimmt es, dass Fertigungslöhne:
   a) ( ) für Arbeitsleistungen anfallen, die mittelbar an der Herstellung von betrieblichen Erzeugnissen/Produkten beteiligt sind?
   b) ( ) als Gemeinkosten erfasst und den Kostenstellen in denen sie entstehen zugeordnet werden?
   c) ( ) für Arbeitsleistungen anfallen, die unmittelbar an der Herstellung von betrieblichen Erzeugnissen/Produkten beteiligt sind?
   d) ( ) ohne direkten Leistungsbezug an kaufmännische und technische Angestellte bezahlt werden?

23) Stimmt es, dass:
   a) ( ) Zeitlohn sich insbesondere für Tätigkeiten eignet, bei denen die Leistung quantitativ nicht messbar ist?
   b) ( ) Akkordlohn sich auf eine Gruppe von Arbeitnehmern beziehen kann?
   c) ( ) Zeitlohn als Jahreslohn ermittelt werden kann?
   d) ( ) Prämie gewährt werden als Entlohnung für besonders effiziente Nutzung von Betriebsmitteln?

24) Stimmt es, dass:
   a) ( ) Sozialkosten der Teil der Aufwendungen für Arbeitnehmer und Angestellte sind, die in Löhne und Gehälter enthalten sind?
   b) ( ) die Grundlage gesetzlicher Sozialkosten entsprechende Tarif- oder Betriebsvereinbarungen sind?
   c) ( ) freiwillige Sozialkosten für freiwillige Leistungen des Arbeitgebers entstehen, die direkt oder indirekt an die Arbeitnehmer/Angestellten abgegeben oder bereitgestellt werden?
   d) ( ) sonstige Personalkosten zumeist durch Veränderungen im Personalbereich anfallen?

25) Stimmt es, dass:
a) ( ) Gehälter, die i.d.R. zeitbezogen und nicht leistungsbezogen sind, Gemeinkosten darstellen?
b) ( ) freiwillige Leistungen der Arbeitgeber, die indirekt den Arbeitnehmern/Angestellten bereitgestellt werden, primären Gemeinkosten bewirken?
c) ( ) Grundlage freiwilliger Sozialkosten entsprechende Tarif- oder Betriebsvereinbarungen sind?
d) ( ) sonstige Personalkosten grundsätzlich als Gemeinkosten verrechnet werden?

26) Stimmt es, dass:
a) ( ) bei Aufwendungen für Dienstleistungen anderer Unternehmen eine sachliche Abgrenzung i.d.R. nicht erforderlich ist?
b) ( ) Kosten für Fremdleistungen grundsätzlich Gemeinkosten sind, sofern sie nicht Sondereinzelkosten sind?
c) ( ) Instandsetzungskosten zur Sicherstellung der Funktionsfähigkeit von Betriebsmittel anfallen?
d) ( ) Instandhaltungskosten i.d.R. als Gemeinkosten verrechnet werden, soweit sie nicht Sondereinzelkosten sind?

27) Öffentliche Abgaben:
a) ( ) entstehen in Form von Gebühren, Beiträgen und sonstigen Abgaben
b) ( ) sind i.d.R. Gemeinkosten
c) ( ) werden auf Grundlage von Bescheiden und Abrechnungen erfasst
d) ( ) sind stets aufgrund gesetzlicher Vorschriften an öffentlich-rechtliche Körperschaften zu entrichten

28) Stimmt es, dass:
a) ( ) Steuern dann zu den Kosten gerechnet werden, wenn sie in unmittelbarem Zusammenhang mit der Leistungserstellung, bzw. mit der Aufrechterhaltung der Betriebsbereitschaft stehen?
b) ( ) Steuern Entgelte für besondere Gegenleistungen der öffentlichen Hand sind?
c) ( ) Abgaben Entgelte für bestimmte Dienstleistungen der öffentlichen Hand sind?
d) ( ) aus Gründen der Wirtschaftlichkeit die Umsatzsteuer in der Kosten- und Leistungsrechnung als durchlaufender Posten behandelt wird?

29) Abschreibungen:
- a) ( ) stellen im allgemeinen die Erfassung der im Laufe einer Abrechnungsperiode eingetretenen Wertminderung aller Wirtschaftsgüter dar
- b) ( ) treten bei Betriebsmitteln durch ihren Einsatz im Rahmen des Produktionsprozesses auf und gehen in das Produkt ein
- c) ( ) werden sowohl in der Finanzbuchführung als auch in der Betriebsbuchführung verrechnet
- d) ( ) erfassen in der Kostenrechnung die Wertminderung eines Betriebsmittels innerhalb einer Rechnungsperiode verursachungsgerecht

30) Stimmt es, dass bilanzielle Abschreibungen:
- a) ( ) die planmäßigen, betriebsbedingten Wertminderungen des begrenzt nutzbaren Anlagevermögens, die durch den Produktionsprozess verursacht werden, erfassen?
- b) ( ) auf die Anschaffungs- oder Herstellungskosten entsprechend dem Substanzerhaltungsprinzip fixiert sind?
- c) ( ) die Anschaffungs- oder Herstellungskosten abnutzbarer Vermögensgegenstände unter Beachtung handels- und steuerrechtlicher Bewertungsvorschriften als Aufwand auf die Jahre ihrer Nutzung verteilen sollen?
- d) ( ) immer höher als die kalkulatorischen Abschreibungen sind?

31) Kalkulatorische Abschreibungen:
- a) ( ) können noch bei einem ausgeschiedenen Wirtschaftsgut vorgenommen werden
- b) ( ) erfassen die planmäßigen, betriebsbedingten Wertminderungen des abnutzbaren Anlagevermögens, die durch die Leistungserstellung verursacht werden
- c) ( ) ermöglichen die Abschreibung von Anschaffungs- oder Wiederbeschaffungswert einer abnutzbaren Anlage
- d) ( ) vom Wiederbeschaffungswert sollen in Zeiten steigender Marktpreise abnutzbarer Anlagegüter sicherstellen, dass die Substanz der Unternehmung erhalten wird

32) Wertminderungen:
- a) ( ) die als technische Abnutzung durch betriebsbedingte Verwendung von Betriebsmitteln entstehen, stellen sowohl Zweckaufwand als auch Grundkosten dar
- b) ( ) durch Explosion oder Feuer hervorgerufen, werden in der Kostenrechnung als Grundkosten verrechnet
- c) ( ) aufgrund von Bedarfs- und Nachfrageverschiebung werden in der Finanzbuchführung als periodenfremder Aufwand verrechnet
- d) ( ) die ein vorhersehbares, betriebstypisches Risiko darstellen, kann die Kostenrechnung durch entsprechende Verkürzung der Nutzungsdauer erfassen

33) Stimmt es, dass:
- a) ( ) eine Wertminderung aufgrund sinkender Wiederbeschaffungspreise in der Kostenrechnung eine außerplanmäßige Abschreibung und die Korrektur der zukünftigen kalkulatorischen Abschreibungen bewirkt?
- b) ( ) mit dem Ansatz des Wiederbeschaffungswertes als Abschreibungsgrundlage die Substanz des Sachkapitals der Unternehmung erhalten wird?
- c) ( ) in der Kostenrechnung die Nutzungsdauer eines Wirtschaftsgutes ein durch technische Eigenschaften vorgegebener Zeitraum ist?
- d) ( ) die Summe der kalkulatorischen Abschreibungen größer sein kann, als die Abschreibungsgrundlage des Wirtschaftsgutes

34) Stimmt es, dass:
- a) ( ) man als technische Nutzungsdauer den Zeitraum bezeichnet, in dem es wirtschaftlich sinnvoll ist, ein Gut zu nutzen?
- b) ( ) mit Hilfe der Investitionsrechnung die wirtschaftliche Nutzungsdauer eines Gutes bestimmt werden kann?
- c) ( ) der Restwert eines Anlagegutes immer mit dem Verkaufspreis des Anlagegutes übereinstimmt?
- d) ( ) bei den Zeitabschreibungen der Abschreibungsbetrag vom Beschäftigungsgrad unabhängig ist?

35) Die lineare Abschreibung:
- a) ( ) ist auf Basis von Herstellkosten in der Handelsbilanz zulässig
- b) ( ) unterstellt während der Nutzungsdauer eine gleichmäßige Abnutzung des Wirtschaftsgutes
- c) ( ) entspricht dem Verursachungsprinzip
- d) ( ) berücksichtigt keine Beschäftigungsschwankungen in den einzelnen Perioden

36) Stimmt es, dass:
- a) ( ) die geometrisch-degressive Abschreibung häufig auch digitale Abschreibung genannt wird?
- b) ( ) die geometrisch-degressive Abschreibung häufig auch Buchwertabschreibung genannt wird?
- c) ( ) bei der linearen Abschreibung eine stetige Verrechnung der Kosten in der Kostenrechnung gegeben ist?
- d) ( ) die degressive Abschreibung der Tatsache Rechnung trägt, dass die Wertminderung eines Wirtschaftsgutes in den ersten Jahren der Nutzung allein schon durch seine Inanspruchnahme sowie durch den technischen Fortschritt wesentlich höher ist als in den Folgejahren?

37) Die Leistungsabschreibung :
- a) ( ) geht vom Gesamtleistungspotential eines Wirtschaftsgutes aus
- b) ( ) verteilt die Abschreibungsgrundlage entsprechend der jeweiligen Inanspruchnahme des Potentialfaktors auf die Kostenträger
- c) ( ) ist auf Basis von Anschaffungs- oder Herstellungskosten in der Steuerbilanz zulässig, wenn sie sich wirtschaftlich begründen lässt und der Umfang der Leistungsabgabe nachweisbar ist
- d) ( ) eignet sich insbesondere für die Erfassung von Zeitverschleiß

38) Stimmt es, dass:
- a) ( ) Wertminderungen durch wirtschaftlich-rechtlich bedingte Ursachen in die Leistungsabschreibung eingehen?
- b) ( ) es über die Leistungsabschreibung dann zur Verrechnung progressiver Abschreibungsbeträge kommen kann, wenn die tatsächliche Inanspruchnahme im Zeitablauf zunimmt?
- c) ( ) die Kombination von linearer Abschreibung und Leistungsabschreibung steuerrechtlich nicht zulässig ist?
- d) ( ) die Leistungsabschreibung zu einer verursachungsgerechten Erfassung von Gebrauchsverschleiß führt?

39) Die Änderung des Abschreibungsplans kann sich beziehen auf die Änderung:
- a) ( ) der Abschreibungsverfahren
- b) ( ) der Abschreibungsgrundlage
- c) ( ) des Restbuchwertes
- d) ( ) der Nutzungsdauer

40) Kalkulatorische Zinsen:
- a) ( ) werden überwiegend als Gemeinkosten über die Kostenstellenrechnung auf die Kostenträger verrechnet
- b) ( ) ergeben sich durch Multiplikation des betriebsnotwendigen Vermögens mit einem Zinssatz
- c) ( ) sind das kostenmäßige Äquivalent für überlassenes Kapital, das zur Finanzierung des für die Leistungserstellung und -verwertung erforderlichen Anlage- und Umlaufvermögens eingesetzt wird
- d) ( ) sollen für das gesamte in der Unternehmung eingesetzte Kapital zum Ansatz kommen

41) Stimmt es, dass:
- a) ( ) selbstentwickelte Patente zu den nicht betriebsnotwendigen Vermögensteile gehören
- b) ( ) das betriebsnotwendige Kapital sich aus dem betriebsnotwendigen Vermögen und dem Abzugskapital errechnet?
- c) ( ) das betriebsnotwendige Anlagevermögen mit dem Durchschnittsbestand der Abrechnungsperiode angesetzt wird?
- d) ( ) das betriebsnotwendige Umlaufvermögen mit dem Durchschnittsbestand der Abrechnungsperiode angesetzt wird?

42) Stimmt es, dass:
- a) ( ) das nicht abnutzbare, betriebsnotwendige Anlagevermögen i.d.R. zu den Werten, die sich aus der Finanzbuchführung ergeben, bewertet wird?
- b) ( ) die Wertansätze des abnutzbaren betriebsnotwendigen Anlagevermögens direkt aus den Bilanzansätzen übernommen werden?
- c) ( ) Anzahlungen von Kunden zu dem sog. Abzugskapital gehören?
- d) ( ) die Durchschnittswertverzinsung bei linearer Abschreibung zu gleichmäßiger Belastung der Abrechnungsperioden mit kalkulatorischen Zinsen führt?

43) Stimmt es, dass:
- a) ( ) bei der Restwertverzinsung die Zinsen jeweils vom kalkulatorischen Restbuchwert der Anlagegüter am Ende der Abrechnungsperiode berechnet werden?
- b) ( ) bei der Durchschnittswertverzinsung die kalkulatorischen Zinsen im Zeitablauf abnehmen?
- c) ( ) Abzugskapital Fremdkapital ist, das dem Unternehmen grundsätzlich zinslos zur Verfügung steht?
- d) ( ) für die Nutzung von Abzugskapital i.d.R. indirekte Entgelte gezahlt, bzw. finanzielle Einbußen in Kauf genommen werden?

44) Das allgemeine Unternehmerwagnis:
- a) ( ) erfasst die Verluste, die das Unternehmen im Zusammenhang mit dem betrieblichen Leistungsprozess trifft
- b) ( ) bezieht sich auf nicht versicherte Risiken
- c) ( ) soll durch den unternehmerischen Gewinn abgegolten werden
- d) ( ) ist erfassbar und kalkulierbar

45) Stimmt es, dass:
- a) (   ) bei versicherten Risiken die Prämie als kostengleicher Aufwand verrechnet wird?
- b) (   ) der Wagnissatz sich aus dem Verhältnis der in vergangenen Abrechnungsperioden eingetretenen Wagnisverlusten und der Bezugsgrößen, von denen die Wagnisse abhängen, ergibt?
- c) (   ) die Wagniskosten der Abrechnungsperiode durch Multiplikation des Wagnissatzes mit dem Wert der Bezugsgröße der vergangenen Periode ermittelt werden?
- d) (   ) der Verrechnung nach kalkulatorische Wagniskosten überwiegend variable Gemeinkosten sind?

46) Kalkulatorische Miete:
- a) (   ) wird in der Kostenrechnung als Zusatzkosten angesetzt
- b) (   ) stellt der Art ihrer Verrechnung nach überwiegend fixe Gemeinkosten dar
- c) (   ) richtet sich grundsätzlich nach der durchschnittlichen Miete für vergleichbare Räume
- d) (   ) richtet sich nach dem Opportunitätskostenprinzip

47) Kalkulatorischer Unternehmerlohn:
- a) (   ) kann anhand durchschnittliche Gehälter von leitenden Angestellten in vergleichbaren Positionen ermittelt werden
- b) (   ) wird als Opportunitätskosten bezeichnet
- c) (   ) wird in der Finanzbuchführung als neutraler Aufwand verrechnet
- d) (   ) kommt nur bei Einzelunternehmungen oder Personengesellschaften zum Ansatz

Lösung: Testfragen	**3. Kapitel II.1 - II.3**
Kostenartenrechnung	

Aufgabe	a)	b)	c)	d)
1)	–	+	–	–
2)	–	+	–	–
3)	–	+	+	+
4)	–	+	–	–
5)	+	+	–	+
6)	+	+	–	+
7)	+	+	–	+
8)	–	+	+	+
9)	–	+	+	+
10)	+	–	–	+
11)	+	–	–	–
12)	+	+	+	+
13)	+	+	–	+
14)	+	+	+	+
15)	–	+	–	+
16)	+	–	+	–
17)	–	+	+	+
18)	–	–	+	+
19)	+	+	–	+
20)	+	–	+	+
21)	–	–	–	+
22)	–	–	+	–
23)	+	+	+	+
24)	–	–	+	+
25)	–	–	–	+
26)	+	+	+	+
27)	+	+	+	+
28)	+	–	+	+
29)	–	–	+	–
30)	–	–	+	–

Aufgabe	a)	b)	c)	d)
31)	–	+	+	+
32)	+	–	–	+
33)	–	+	–	+
34)	–	+	–	+
35)	–	+	–	+
36)	–	+	+	+
37)	+	+	+	–
38)	–	+	–	+
39)	+	+	+	+
40)	+	–	+	–
41)	–	+	–	+
42)	+	–	+	+
43)	+	–	+	+
44)	–	–	+	–
45)	+	+	–	+
46)	+	+	+	+
47)	+	+	–	+

Aufgabe	3.II.1	3. Kapitel II.3.1
Erfassung des Materialverbrauchs (Mengengerüst)		

Sachverhalt:

Die *CORONA GmbH* stellt die Maschine vom Typ "PXT" her. Zur Herstellung einer Maschine ist der Einsatz von 5 Zahnrädern erforderlich.
Für den Monat Mai der Periode 01 möchte die *CORONA GmbH* den Verbrauch an Zahnrädern ermitteln.

Es liegen hierfür folgende Daten vor:

Monat Mai Periode 01	Vorgang	Menge (Stück)
01.05	Anfangsbestand	100
05.05	Verbrauch laut Materialentnahmeschein	80
10.05	Einkauf laut Wareneingangsschein	100
11.05	Verbrauch laut Materialentnahmeschein	25
19.05	Verbrauch laut Materialentnahmeschein	25
20.05	Einkauf laut Wareneingangsschein	50
25.05	Verbrauch laut Materialentnahmeschein	21

Eine am 31.05.01 durchgeführte körperliche Bestandsaufnahme ergab einen Bestand von 90 Zahnrädern. Im Monat Mai wurden insgesamt 30 Maschinen vom Typ "PXT" hergestellt.

Aufgaben:

1) Ermitteln Sie den Verbrauch von Zahnrädern für den Monat Mai der Periode 01 der *CORONA GmbH* nach folgenden Verfahren
   a) Inventurverfahren (Befundrechnung)
   b) retrogrades Verfahren (Rückrechnung)
   c) Skontrationsverfahren (Erfassung mit Hilfe von Materialentnahmescheinen)

2) Wie hoch ist der Sollendbestand und der außerordentliche Verbrauch an Zahnrädern nach dem Skontrationsverfahren?
3) Beurteilen Sie die Verfahren hinsichtlich des Verbrauchs.
4) Ermitteln Sie die Ergebnisdifferenzen des Verbrauchs und des Bestands anhand der Verfahren und diskutieren Sie die Ergebnisse.

Lösung	3.II.1

Aufgabe 1)

a) Inventurverfahren (Befundrechnung)

Verbrauch = Anfangsbest. + Σ Zugänge lt. Eingangssch. – Endbest. lt. Inventur
= 100 Stück + 150 Stück – 90 Stück
Verbrauch = 160 Stück

b) Retrogrades Verfahren (Rückrechnung)

Verbrauch = Sollverbrauch pro Maschine • Stückzahl
= 5 Stück/Maschine • 30 Maschinen
Verbrauch = 150 Stück

c) Skontrationsverfahren (Erfassung mit Hilfe von Materialentnahmescheinen)

Verbrauch = Σ Verbrauch laut Materialentnahmeschein
= 80 Stück + 25 Stück + 25 Stück + 21 Stück
Verbrauch = 151 Stück

Aufgabe 2)

Sollendbestand und außerordentlicher Verbrauch nach dem Skontrationsverfahren:

	Istanfangsbestand	100 Stück
+	Istzugänge (100 Stück + 50 Stück)	150 Stück
–	Istverbrauch lt. Materialentnahmeschein	151 Stück
=	Sollendbestand	99 Stück
–	Istendbestand lt. Inventur	90 Stück
=	außerordentlicher Verbrauch	9 Stück

Aufgabe 3)

Beurteilung der Verfahren hinsichtlich des Verbrauchs:

Inventurverfahren:
- gibt an, was *tatsächlich* das Lager verlassen hat,
- erfasst sowohl den Verbrauch als auch Schwund, Diebstahl, Verderb oder Abfall, ohne die Ursachen voneinander zu trennen

Retrogrades Verfahren:
- gibt an, was *hätte* verbraucht werden *dürfen*,
- Abfallmengen, Ausschuß, Schwund und Diebstahl werden nicht erfasst

Skontrationsverfahren:
- gibt an, was entnommen *wurde*,
- bei diesem Verfahren sind die Verbrauchsursachen erkennbar

Aufgabe 4)

Differenz des Bestands:

Endbestand laut Inventur:			90 Stück
Lager-Sollendbestand beim Skontrationsverfahren:			
	Anfangsbestand laut Inventur	100 Stück	
+	Istzugänge	150 Stück	
–	Verbrauch lt. Materialschein	151 Stück	
=	Lager-Sollendbestand	99 Stück	99 Stück
Differenz:			*9 Stück*

Endbestand laut Inventur:			90 Stück
Lager-Sollendbestand beim retrogradem Verfahren:			
	Anfangsbestand laut Inventur	100 Stück	
+	Istzugänge	150 Stück	
–	Verbrauch lt. Rückrechnung	150 Stück	
=	Lager-Sollendbestand	100 Stück	100 Stück
Differenz:			*10 Stück*

Differenz des Verbrauchs:

Inventurverfahren zu retrogradem Verfahren:
160 Stück – 150 Stück = 10 Stück
Differenz: *10* Stück

Skontrationsverfahren zu retrogradem Verfahren:
151 Stück – 150 Stück = 1 Stück
Differenz: *1 Stück*

Die unterschiedlichen Ergebnisse zeigen, dass in den 30 hergestellten Maschinen insgesamt 150 Zahnräder enthalten (*Verbrauch*) sind.

- laut *Materialentnahmeschein* sind 151 Zahnräder entnommen worden.
  Die Differenz von 1 Zahnrad kann daraus resultieren, dass 1 Zahnrad noch in der Fertigungsabteilung lagert und noch nicht verarbeitet ist. Es ist jedoch auch möglich, dass die Differenz ganz oder zum Teil durch Diebstahl oder außergewöhnlichen Abfall/Ausschuß (Ursache in Materialfehler oder in unsachgemäßer Behandlung) entstanden ist.
- das *Inventurverfahren* zeigt, dass 160 Zahnräder das Lager verlassen haben.
  Die Differenz von 10 Zahnräder ist auf Diebstahl oder Buchungsfehler zurückzuführen (außerordentlicher Verbrauch).

Buchungsmäßig müßten als *Bestand* im Materiallager noch vorhanden sein:

- 99 Zahnräder (Sollendbestand beim *Skontrationsverfahren*), bzw.
- 100 Zahnräder (Sollendbestand beim *retrograden Verfahren*)

Die Differenz zwischen Soll- und Istendbestand in Höhe von 9 Zahnräder, bzw. 10 Zahnräder ist nicht eindeutig erklärbar, kann jedoch häufig auf Diebstahl oder Buchungsfehler zurückgeführt werden.

Aufgabe	3.II.2	3. Kapitel II.3.1
Erfassung des Materialverbrauchs (Mengengerüst)		

Sachverhalt:

In der *Atlanta GmbH* werden verschiedene Produkte gefertigt.
Für die Produktion von Produkt A liegen im Monat April der Periode 08 für den Rohstoff PX55 folgende Informationen vor:

Monat April Periode 08	Vorgang	PX55 (kg)
01.04	Anfangsbestand	10.000
03.04	Verbrauch laut Materialentnahmeschein	4.900
27.04	Einkauf laut Wareneingangsschein	5.500
28.04	Verbrauch laut Materialentnahmeschein	1.100
30.04	Endbestand	9.000

Für die Herstellung einer Einheit von Produkt B benötigt die *Atlanta GmbH* 35 Schrauben M 10. Von Produkt B wurden im Monat April 250 Einheiten gefertigt.
Im Monat April der Periode 08 liegen für Schrauben M 10 folgende Informationen vor:

Monat April Periode 08	Vorgang	M 10 (Stück)
01.04	Anfangsbestand	15.500
02.04	Verbrauch laut Materialentnahmeschein	9.000
15.04	Einkauf laut Wareneingangsschein	4.500
30.04	Endbestand	10.750

Aufgaben:

1) Ermitteln Sie für die Produktion von Produkt A den Rohstoffverbrauch PX55 im Monat April mit Hilfe geeigneter Verfahren.
2) Geben Sie den Sollendbestand des Rohstoffes PX55 im Monat April an.
3) Welches Verfahren ist zur Verbrauchsermittlung für die Herstellung von Produkt B am geeignetsten und wieviel Schrauben M 10 wurden im Monat April verbraucht ?

Lösung	3.II.2

Aufgabe 1)

Geeignete Verfahren zur Ermittlung des Rohstoffverbrauchs von Produkt A sind:

a) Skontrationsverfahren (Erfassung mit Hilfe von Materialentnahmescheinen)

Verbrauch = Σ Verbrauch laut Materialentnahmeschein
= 4.900 kg + 1.100 kg
Verbrauch = 6.000 kg

b) Inventurverfahren (Befundrechnung)

Verbrauch = Anfangsbest. + Σ Zugänge lt. Eingangssch. – Endbest. lt. Inventur
= 10.000 kg + 5.500 kg – 9.000 kg
Verbrauch = 6.500 kg

Aufgabe 2)

Sollendbestand des Rohstoffes PX55 nach dem Skontrationsverfahren:

	Istanfangsbestand	10.000 kg
+	Istzugänge	5.500 kg
–	Istverbrauch lt. Materialentnahmeschein	6.000 kg
=	Sollendbestand	9.500 kg

Aufgabe 3)

Geeignetes Verfahren zur Verbrauchsermittlung für die Herstellung von Produkt B:

Retrogrades Verfahren (Rückrechnung)

Verbrauch = Sollverbrauch für eine Einheit • Einheiten
= 35 Schrauben/Einheit • 250 Einheiten
Verbrauch = 8.750 Schrauben

Aufgabe	3.II.3	3. Kapitel II.3.1
Bewertung des Materialverbrauchs (Wertgerüst)		

Sachverhalt:

In der *Kramer GmbH* liegen für den Monat Mai für eine Materialart folgende Informationen vor:

Datum	Vorgang	Mengeneinheit (ME)	Preis je ME (EUR/ME)
01.05	Anfangsbestand	100	10,00
10.05	Zugang	20	12,00
15.05	Abgang	15	
20.05	Zugang	25	11,00
25.05	Abgang	40	
31.05	Endbestand	90	

Nach Gesprächen mit Lieferanten muss in der kommenden Periode mit erhöhten Beschaffungspreisen gerechnet werden. Die *Kramer GmbH* geht davon aus, dass sie in der nächsten Periode 12,50 EUR pro Mengeneinheit für diese Materialart zahlen muss.

Aufgaben:

1) Der Materialverbrauch (Materialkosten) und der Endbestand für den Monat Mai sind nach folgenden Verfahren zu bewerten
   a) Istpreisbewertung mit permanenter Durchschnittspreisbildung
   b) Istpreisbewertung mit periodischer Durchschnittspreisbildung
   c) permanentes Lifo-Verfahren
   d) permanentes Fifo-Verfahren
2) Bewerten Sie den Materialverbrauch für den Monat Mai mit dem
   a) Wiederbeschaffungspreis
   b) Verrechnungspreis bei einem Festpreis von 11,50 EUR/ME

Lösung 3.II.3

Aufgabe 1)

a) Istpreisbewertung mit permanenter Durchschnittspreisbildung

Datum	Vorgang	Mengen-einheit (ME)	Preis je ME (EUR/ME)	Wert (EUR)	Durchschnitts-preis je ME (EUR/ME)
01.05	Anfangsbestand	100	10,00	1.000,00	
10.05	Zugang	20	12,00	240,00	
	Zwischenbestand	120		1.240,00	10,33
15.05	***Abgang***	***15***	***10,33***	***155,00***	
	Zwischenbestand	105		1.085,00	
20.05	Zugang	25	11,00	275,00	
	Zwischenbestand	130		1.360,00	10,46
25.05	***Abgang***	***40***	***10,46***	***418,40***	
31.05	Endbestand	90	10,46	941,60	

Materialkosten = 573,40 EUR

b) Istpreisbewertung mit periodischer Durchschnittspreisbildung

Datum	Vorgang	Mengen-einheit (ME)	Preis je ME (EUR/ME)	Wert (EUR)	Durchschnitts-preis je ME (EUR/ME)
01.05	Anfangsbestand	100	10,00	1.000,00	
10.05	Zugang	20	12,00	240,00	
20.05	Zugang	25	11,00	275,00	
	Zwischenbestand	145		1.515,00	10,45
15.05	***Abgang***	***15***	***10,45***	***156,75***	
25.05	***Abgang***	***40***	***10,45***	***418,00***	
31.05	Endbestand	90	10,45	940,25	

Materialkosten = 574,75 EUR

c) permanentes Lifo-Verfahren

Datum	Vorgang	Mengeneinheit (ME)	Preis je ME (EUR/ME)	Wert (EUR)
01.05	Anfangsbestand	100	10,00	1.000,00
10.05	Zugang	20	12,00	240,00
	Zwischenbestand	120		1.240,00
15.05	***Abgang***	***15***	***12,00***	***180,00***
	Zwischenbestand	105		1.060,00
20.05	Zugang	25	11,00	275,00
	Zwischenbestand	130		1.335,00
25.05	***Abgang***	***25***	***11,00***	***275,00***
		5	***12,00***	***60,00***
		10	***10,00***	***100,00***
31.05	Endbestand	90	10,00	900,00

Materialkosten = 615,00 EUR

d) permanentes Fifo-Verfahren

Datum	Vorgang	Mengeneinheit (ME)	Preis je ME (EUR/ME)	Wert (EUR)
01.05	Anfangsbestand	100	10,00	1.000,00
10.05	Zugang	20	12,00	240,00
	Zwischenbestand	120		1.240,00
15.05	***Abgang***	***15***	***10,00***	***150,00***
	Zwischenbestand	105		1.090,00
20.05	Zugang	25	11,00	275,00
	Zwischenbestand	130		1.365,00
25.05	***Abgang***	***40***	***10,00***	***400,00***
31.05	Endbestand	45	10,00	450,00
		20	12,00	240,00
		25	11,00	275,00

Materialkosten = 550,00 EUR

Aufgabe 2)

a) Wiederbeschaffungspreisbewertung

Datum	Vorgang	Mengeneinheit (ME)	Wiederbeschaffungspreis je ME (EUR/ME)	Wert (EUR)
15.05	***Abgang***	***15***	***12,50***	***187,50***
25.05	***Abgang***	***40***	***12,50***	***500,00***
	Verbrauch	55	12,50	687,50

Materialkosten = 687,50 EUR

b) Verrechnungspreisbewertung bei einem Festpreis von 11,50 EUR/ME

Datum	Vorgang	Mengeneinheit (ME)	Festpreis je ME (EUR/ME)	Wert (EUR)
15.05	***Abgang***	***15***	***11,50***	***172,50***
25.05	***Abgang***	***40***	***11,50***	***460,00***
	Verbrauch	55	11,50	632,50

Materialkosten = 632,50 EUR

Aufgabe	3.II.4	3. Kapitel II.3.1
Bewertung des Materialverbrauchs (Wertgerüst)		

Sachverhalt:

Für die abgelaufene Rechnungsperiode einer Unternehmung wurden folgende Werte für Anfangsbestand, Zugänge, Abgänge und Endbestand des Materials AL45 in der Materialrechnung erfaßt:

Datum	Vorgang	Mengeneinheit (ME)	Preis je ME (EUR/ME)
01.01	Anfangsbestand	100	11,00
25.04	Zugang	30	12,00
01.05	Abgang	120	
20.07	Zugang	50	8,00
24.08	Zugang	80	14,00
06.12	Abgang	30	
31.12	Endbestand	110	

Aufgabe:

Der Materialverbrauch und der Endbestand der Materialart AL45 sind für die abgelaufene Rechnungsperiode nach folgenden Verfahren zu bewerten

a) permanentes Lifo-Verfahren
b) periodisches Lifo-Verfahren
c) permanentes Fifo-Verfahren
d) periodisches Fifo-Verfahren
e) permanentes Hifo-Verfahren
f) periodisches Hifo-Verfahren

Lösung 3.II.4

a) permanentes Lifo-Verfahren

Datum	Vorgang	Mengeneinheit (ME)	Preis je ME (EUR/ME)	Wert (EUR)
01.01	Anfangsbestand	100	11,00	1.100,00
25.04	Zugang	30	12,00	360,00
	Zwischenbestand	130		1.460,00
01.05	***Abgang***	***30***	***12,00***	***360,00***
		90	***11,00***	***990,00***
	Zwischenbestand	10		110,00
20.07	Zugang	50	8,00	400,00
24.08	Zugang	80	14,00	1.120,00
	Zwischenbestand	140		1.630,00
06.12	***Abgang***	***30***	***14,00***	***420,00***
31.12	Endbestand	10	11,00	110,00
		50	8,00	400,00
		50	14,00	700,00

Materialkosten = 1.770,00 EUR

b) periodisches Lifo-Verfahren

Datum	Vorgang	Mengeneinheit (ME)	Preis je ME (EUR/ME)	Wert (EUR)
01.01	Anfangsbestand	100	11,00	1.100,00
25.04	Zugang	30	12,00	360,00
20.07	Zugang	50	8,00	400,00
24.08	Zugang	80	14,00	1.120,00
	Zwischenbestand	260		2.980,00
01.05	***Abgang***	***80***	***14,00***	***1.120,00***
		40	***8,00***	***320,00***
06.12	***Abgang***	***10***	***8,00***	***80,00***
		20	***12,00***	***240,00***
31.12	Endbestand	100	11,00	1.100,00
		10	12,00	120,00

Materialkosten = 1.760,00 EUR

c) permanentes Fifo-Verfahren

Datum	Vorgang	Mengeneinheit (ME)	Preis je ME (EUR/ME)	Wert (EUR)
01.01	Anfangsbestand	100	11,00	1.100,00
25.04	Zugang	30	12,00	360,00
	Zwischenbestand	130		1.460,00
01.05	***Abgang***	***100***	***11,00***	***1.100,00***
		20	***12,00***	***240,00***
	Zwischenbestand	10		120,00
20.07	Zugang	50	8,00	400,00
24.08	Zugang	80	14,00	1.120,00
	Zwischenbestand	140		1.640,00
06.12	***Abgang***	***10***	***12,00***	***120,00***
		20	***8,00***	***160,00***
31.12	Endbestand	30	8,00	240,00
		80	14,00	1.120,00

Materialkosten = 1.620,00 EUR

d) periodisches Fifo-Verfahren

Datum	Vorgang	Mengeneinheit (ME)	Preis je ME (EUR/ME)	Wert (EUR)
01.01	Anfangsbestand	100	11,00	1.100,00
25.04	Zugang	30	12,00	360,00
20.07	Zugang	50	8,00	400,00
24.08	Zugang	80	14,00	1.120,00
	Zwischenbestand	260		2.980,00
01.05	***Abgang***	***100***	***11,00***	***1.100,00***
		20	***12,00***	***240,00***
06.12	***Abgang***	***10***	***12,00***	***120,00***
		20	***8,00***	***160,00***
31.12	Endbestand	30	8,00	240,00
		80	14,00	1.120,00

Materialkosten = 1.620,00 EUR

e) permanentes Hifo-Verfahren

Datum	Vorgang	Mengeneinheit (ME)	Preis je ME (EUR/ME)	Wert (EUR)
01.01	Anfangsbestand	100	11,00	1.100,00
25.04	Zugang	30	12,00	360,00
	Zwischenbestand	130		1.460,00
01.05	***Abgang***	***30***	***12,00***	***360,00***
		90	***11,00***	***990,00***
	Zwischenbestand	10		110,00
20.07	Zugang	50	8,00	400,00
24.08	Zugang	80	14,00	1.120,00
	Zwischenbestand	140		1.630,00
06.12	***Abgang***	***30***	***14,00***	***420,00***
31.12	Endbestand	10	11,00	110,00
		50	8,00	400,00
		50	14,00	700,00

Materialkosten = 1.770,00 EUR

f) periodisches Hifo-Verfahren

Datum	Vorgang	Mengeneinheit (ME)	Preis je ME (EUR/ME)	Wert (EUR)
01.01	Anfangsbestand	100	11,00	1.100,00
25.04	Zugang	30	12,00	360,00
20.07	Zugang	50	8,00	400,00
24.08	Zugang	80	14,00	1.120,00
	Zwischenbestand	260		2.980,00
01.05	***Abgang***	***80***	***14,00***	***1.120,00***
		30	***12,00***	***360,00***
		10	***11,00***	***110,00***
06.12	***Abgang***	***30***	***11,00***	***330,00***
31.12	Endbestand	60	11,00	660,00
		50	8,00	400,00

Materialkosten = 1.920,00 EUR

Aufgabe	3.II.5	3. Kapitel II.3.6
Abschreibungsverfahren		

Sachverhalt:

Zum Inventar der *CORONA GmbH* gehört eine Druckmaschine, die über einen Zeitraum von 8 Jahren genutzt werden soll. Die Anschaffungskosten der Maschine betragen 13.500 EUR. Es wird erwartet, dass die Maschine nach einer Nutzungszeit von 8 Jahren noch zu einem Preis von 1.500 EUR (Nettoliquidationserlös) veräußert werden kann. Aufgrund von Absatzprognosen schätzt man die Inanspruchnahme der Druckmaschine in den jeweiligen Perioden auf folgende Maschinenstunden:

1. Periode: 6.000 Std.
2. Periode: 4.000 Std.
3. Periode: 30.000 Std.
4. Periode: 10.000 Std.
5. Periode 15.000 Std.
6. Periode: 15.000 Std.
7. Periode: 8.000 Std.
8. Periode: 12.000 Std.

Der Gesamtleistungsvorrat der Druckmaschine beträgt 100.000 Maschinenstunden.

Aufgaben:

1) Mit welchen Werten ist die Druckmaschine jeweils am Ende der acht Nutzungsjahre anzusetzen, wenn die Abschreibung nach folgenden Verfahren vorgenommen wird:
   a) lineare Abschreibung
   b) arithmetisch-degressive Abschreibung
   c) geometrisch-degressive Abschreibung
   d) leistungsabhängige Abschreibung
2) Ermitteln Sie die Abschreibungsbeträge und die Restbuchwerte für die gesamte Nutzungsdauer wenn die Druckmaschine 50 % linear und 50 % leistungsabhängig abgeschrieben wird.

Lösung 3.II.5

Aufgabe 1)

a) lineare Abschreibung

Ermittlung des jährlichen Abschreibungsbetrages (a_t):

$$a_t = \frac{A - RW}{n} \qquad t = 0, 1, 2, 3, \ldots, n$$

bzw.

$$a_t = q \bullet (A - RW)$$

q = Prozentsatz/Abschreibungssatz

$$q = \frac{1}{n} \bullet 100$$

$$a_t = \frac{A - RW}{n} = \frac{13.500\ \text{EUR} - 1.500\ \text{EUR}}{8} = 1.500\ \text{EUR}$$

bzw.

$$q\,(\%) = \frac{1}{n} \bullet 100 = \frac{1}{8} \bullet 100 = 12{,}50\ \%$$

$$a_t = q \bullet (A - RW) = 12{,}50\ \% \bullet (13.500\ \text{EUR} - 1.500\ \text{EUR}) = 1.500\ \text{EUR}$$

Ermittlung des Restbuchwertes:

$$RBW_t = RBW_{t-1} - a_t \qquad t = 0, 1, 2, 3, \ldots, n$$

Jahr (n)	Abschreibungsbetrag (a_t) EUR	Restbuchwert (RBW_t) EUR
1	1.500	12.000
2	1.500	10.500
3	1.500	9.000
4	1.500	7.500
5	1.500	6.000
6	1.500	4.500
7	1.500	3.000
8	1.500	*1.500*

b) arithmetisch-degressive Abschreibung

Ermittlung des jährlichen Abschreibungsbetrages (a_t):

$$a_t = D \bullet (n + 1 - t)$$

n = Nutzungsjahre
t = 0, 1, 2, 3, . . ., n
D = Degressionsbetrag

Ermittlung des Degressionsbetrages (D):

$$D = \frac{A - RW}{s_n} = \frac{A - RW}{\frac{n\,(n+1)}{2}}$$

s_n = Summe der arithmetischen Reihe von 1 + 2 + . . . + n (Nutzungsjahre)

$$D = \frac{A - RW}{s_n} = \frac{13.500\text{ EUR} - 1.500\text{ EUR}}{1+2+3+4+5+6+7+8} = \frac{12.000\text{ EUR}}{36} = 333{,}33\text{ EUR}$$

bzw.

$$D = \frac{A - RW}{\frac{n\,(n+1)}{2}} = \frac{13.500\text{ EUR} - 1.500\text{ EUR}}{\frac{8 \bullet (8+1)}{2}} = \frac{12.000\text{ EUR}}{36} = 333{,}33\text{ EUR}$$

Für die gesamte Nutzungsdauer von 8 Jahren ergeben sich folgende Abschreibungsbeträge (a_t):

$$a_t = D \bullet (n + 1 - t)$$

$$a_1 = 333{,}33\text{ EUR} \bullet (8 + 1 - 1) = 333{,}33\text{ EUR} \bullet 8 = 2.667\text{ EUR}$$
$$a_2 = 333{,}33\text{ EUR} \bullet (8 + 1 - 2) = 333{,}33\text{ EUR} \bullet 7 = 2.333\text{ EUR}$$
$$a_3 = 333{,}33\text{ EUR} \bullet (8 + 1 - 3) = 333{,}33\text{ EUR} \bullet 6 = 2.000\text{ EUR}$$
$$a_4 = 333{,}33\text{ EUR} \bullet (8 + 1 - 4) = 333{,}33\text{ EUR} \bullet 5 = 1.667\text{ EUR}$$
$$a_5 = 333{,}33\text{ EUR} \bullet (8 + 1 - 5) = 333{,}33\text{ EUR} \bullet 4 = 1.333\text{ EUR}$$
$$a_6 = 333{,}33\text{ EUR} \bullet (8 + 1 - 6) = 333{,}33\text{ EUR} \bullet 3 = 1.000\text{ EUR}$$
$$a_7 = 333{,}33\text{ EUR} \bullet (8 + 1 - 7) = 333{,}33\text{ EUR} \bullet 2 = 667\text{ EUR}$$
$$a_8 = 333{,}33\text{ EUR} \bullet (8 + 1 - 8) = 333{,}33\text{ EUR} \bullet 1 = 333\text{ EUR}$$

Ermittlung des Restbuchwertes:

$$RBW_t = RBW_{t-1} - a_t \qquad t = 0, 1, 2, 3, \ldots, n$$

Jahr (n)	Abschreibungsbetrag (a_t) EUR	Restbuchwert (RBW_t) EUR
1	2.667	10.833
2	2.333	8.500
3	2.000	6.500
4	1.667	4.833
5	1.333	3.500
6	1.000	2.500
7	667	1.833
8	333	*1.500*

c) geometrisch-dergressive Abschreibung

Ermittlung des jährlichen Abschreibungsbetrages (a_t):

$$a_t = q \bullet RBW_{t-1} \qquad t = 0, 1, 2, 3, \ldots, n$$

q = Prozentsatz/Abschreibungssatz

Ermittlung des Abschreibungssatzes (q):

$$q\,(\%) = \left(1 - \sqrt[n]{\frac{RW}{A}}\right) \bullet 100$$

$$q\,(\%) = \left(1 - \sqrt[8]{\frac{1.500\ EUR}{13.500\ EUR}}\right) \bullet 100$$

$$q\,(\%) = 24\ \%$$

Für die gesamte Nutzungsdauer von 8 Jahren ergeben sich folgende Abschreibungsbeträge (a_t):

$$a_t = q \bullet RBW_{t-1}$$

$$a_1 = 0{,}24 \bullet 13.500 \text{ EUR} = 3.240 \text{ EUR}$$
$$a_2 = 0{,}24 \bullet 10.260 \text{ EUR} = 2.462 \text{ EUR}$$
$$a_3 = 0{,}24 \bullet 7.798 \text{ EUR} = 1.872 \text{ EUR}$$
$$a_4 = 0{,}24 \bullet 5.926 \text{ EUR} = 1.422 \text{ EUR}$$
$$a_5 = 0{,}24 \bullet 4.504 \text{ EUR} = 1.081 \text{ EUR}$$
$$a_6 = 0{,}24 \bullet 3.423 \text{ EUR} = 822 \text{ EUR}$$
$$a_7 = 0{,}24 \bullet 2.601 \text{ EUR} = 624 \text{ EUR}$$
$$a_8 = 0{,}24 \bullet 1.977 \text{ EUR} = 477 \text{ EUR}$$

Ermittlung des Restbuchwertes:

$$RBW_t = RBW_{t-1} - a_t \qquad t = 0, 1, 2, 3, \ldots, n$$

Jahr (n)	Abschreibungsbetrag (a_t) EUR	Restbuchwert (RBW_t) EUR
1	3.240	10.260
2	2.462	7.798
3	1.872	5.926
4	1.422	4.504
5	1.081	3.423
6	822	2.601
7	624	1.977
8	477	*1.500*

d) leistungsabhängige Abschreibung

Ermittlung des jährlichen Abschreibungsbetrages (a_t):

$$a_t = \frac{A - RW}{L} \cdot L_{pt}$$

$t = 0, 1, 2, 3, \ldots, n$

$L = \sum_{t=1}^{n} L_{pt}$

L = Gesamtleistung

L_{pt} = Periodengesamtleistung

$\frac{A - RW}{L}$ = Abschreibungssatz pro Leistungseinheit

Ermittlung des Abschreibungssatzes pro Leistungseinheit:

$$\frac{A - RW}{L} = \frac{13.500 \text{ EUR} - 1.500 \text{ EUR}}{100.000 \text{ Std}} = 0{,}12 \text{ EUR/Std.}$$

Für die Nutzungsdauer von 8 Jahren ergeben sich folgende Abschreibungsbeträge(a_t):

$$a_t = \frac{A - RW}{L} \cdot L_{pt}$$

a_1 = 0,12 EUR/Std. • 6.000 Std. = 720 EUR
a_2 = 0,12 EUR/Std. • 4.000 Std. = 480 EUR
a_3 = 0,12 EUR/Std. • 30.000 Std. = 3.600 EUR
a_4 = 0,12 EUR/Std. • 10.000 Std. = 1.200 EUR
a_5 = 0,12 EUR/Std. • 15.000 Std. = 1.800 EUR
a_6 = 0,12 EUR/Std. • 15.000 Std. = 1.800 EUR
a_7 = 0,12 EUR/Std. • 8.000 Std. = 960 EUR
a_8 = 0,12 EUR/Std. • 12.000 Std. = 1.440 EUR

Ermittlung des Restbuchwertes:

$RBW_t = RBW_{t-1} - a_t$ $\quad t = 0, 1, 2, 3, \ldots, n$

Jahr (n)	Abschreibungsbetrag (a_t) EUR	Restbuchwert (RBW_t) EUR
1	720	12.780
2	480	12.300
3	3.600	8.700
4	1.200	7.500
5	1.800	5.700
6	1.800	3.900
7	960	2.940
8	1.440	*1.500*

Aufgabe 2)

Kombination: 50 % lineare und 50 % leistungsabhängige Abschreibung

Ermittlung der Abschreibungsbeträge:

- Ermittlung des jährlichen Abschreibungsbetrages (a_t) bei 50 % linearer Abschreibung:

$$a_t = \frac{(A - RW) \bullet 0{,}5}{n} \qquad t = 0, 1, 2, 3, \ldots, n$$

n = Nutzungsjahre

$$a_t = \frac{(13.500 \text{ EUR} - 1.500 \text{ EUR}) \bullet 0{,}5}{8} = 750 \text{ EUR}$$

- Ermittlung des jährlichen Abschreibungsbetrages (a_t) bei 50 % leistungsabhängiger Abschreibung:

  Als Abschreibungssatzes pro Leistungseinheit ergibt sich:

$$\frac{(A - RW) \bullet 0{,}5}{L} = \frac{6.000 \text{ EUR}}{100.000 \text{ Std.}} = 0{,}06 \text{ EUR/Std.} \qquad L = \text{Gesamtleistung}$$

Für die gesamte Nutzungsdauer von 8 Jahren ergeben sich bei 50 % leistungsabhängiger Abschreibung folgende Abschreibungsbeträge (a_t):

$$a_t = \frac{(A - RW) \bullet 0{,}5}{L} \bullet L_{pt} \qquad L_{pt} = \text{Periodengesamtleistung}$$

a_1 = 0,06 EUR/Std. • 6.000 Std. = 360 EUR
a_2 = 0,06 EUR/Std. • 4.000 Std. = 240 EUR
a_3 = 0,06 EUR/Std. • 30.000 Std. = 1.800 EUR
a_4 = 0,06 EUR/Std. • 10.000 Std. = 600 EUR
a_5 = 0,06 EUR/Std. • 15.000 Std. = 900 EUR
a_6 = 0,06 EUR/Std. • 15.000 Std. = 900 EUR
a_7 = 0,06 EUR/Std. • 8.000 Std. = 480 EUR
a_8 = 0,06 EUR/Std. • 12.000 Std. = 720 EUR

Ermittlung der Restbuchwerte:

Jahr (n)	Abschreibungsbetrag (a_t)			Restbuchwert (RBW_t)
	linear EUR	leistungs-abhängig EUR	gesamt EUR	EUR
1	750	360	1.110	12.390
2	750	240	990	11.400
3	750	1.800	2.550	8.850
4	750	600	1.350	7.500
5	750	900	1.650	5.850
6	750	900	1.650	4.200
7	750	480	1.230	2.970
8	750	720	1.470	*1.500*

Aufgabe	3.II.6	3. Kapitel II.3.6
Abschreibungen/Änderung des Abschreibungsplans		

Sachverhalt:

Die *Kramer GmbH* kauft am 02.01.01 (Periode 01) eine Stanzmaschine für 100.000 EUR.
Man rechnet mit einer Gesamtleistung von 6 Millionen Stanzteilen. Die Nutzungsdauer wird auf 5 Jahre geschätzt.
Der Output der Maschine betrug:

Periode:	hergestellte Stanzteile in 1.000 Stück
01	1.020
02	1.080
03	1.200
04	1.500
05	1.200

Aufgaben:

1) Ermitteln Sie auf 2 Dezimale die Abschreibungsbeträge je 1.000 Stanzteile bei Anwendung
   a) der linearer Zeitabschreibung
   b) der leistungsbezogener Abschreibung.

2) Am Ende der Periode 05 zeigt sich aufgrund eines Gutachtens, dass die Maschine noch zwei weitere Jahre genutzt werden kann. In der Periode 06 sollen 1,4 Mio. und in der Periode 07 1 Mio. Stanzteile gefertigt werden.
   Welche Abschreibungsbeträge sind insgesamt im Rahmen der Kostenrechnung für die Periode 06 und Periode 07 jeweils anzusetzen bei
   a) linearer Zeitabschreibung
   b) leistungsbezogener Abschreibung ?

3) Nehmen Sie an im Laufe der Periode 04 wird festgestellt, dass die Maschine nur noch in dieser Periode (Periode 04) genutzt werden kann.
   Welcher Abschreibungsbetrag ist aufgrund dieser Erkenntnis in der Periode 04 insgesamt aus kostenrechnerischer Sicht anzusetzen bei
   a) linearer Zeitabschreibung
   b) leistungsabhängiger Abschreibung ?
   Geben Sie jeweils den Wert für das realisierte Anlagenwagnis an.

Lösung	3.II.6

Aufgabe 1) a) und b)

Lineare Abschreibung: $a = \frac{A}{n} = \frac{100.000\ \text{EUR}}{5\ \text{Jahre}} = 20.000\ \text{EUR/Jahr}$

Leistungsabschreibung: $a = \frac{A}{L} \bullet Lp$ $\qquad \frac{A}{L} = \frac{100.000\ \text{EUR}}{6.000.000\ \text{St.}} = 0{,}016666\ \text{EUR/St.}$

$a_{01} = 0{,}016666 \bullet 1.020.000 = 17.000\ \text{EUR}$

$a_{02} = 0{,}016666 \bullet 1.080.000 = 18.000\ \text{EUR}$

$a_{03} = 0{,}016666 \bullet 1.200.000 = 20.000\ \text{EUR}$

$a_{04} = 0{,}016666 \bullet 1.500.000 = 25.000\ \text{EUR}$

$a_{05} = 0{,}016666 \bullet 1.200.000 = 20.000\ \text{EUR}$

Abschreibungsbeträge:

Periode	hergestellte Stanzteile in 1.000 Stück	Lineare Zeitabschreibung (EUR)		Leistungsabschreibung (EUR)	
		Gesamt	je 1.000 St.	Gesamt	je 1.000 St.
01	1.020	20.000	19,61	17.000	16,67
02	1.080	20.000	18,52	18.000	16,67
03	1.200	20.000	16,67	20.000	16,67
04	1.500	20.000	13,34	25.000	16,67
05	1.200	20.000	16,67	20.000	16,67
	6.000	100.000		100.000	

Aufgabe 2) a) und b)

A = 100.000 EUR

n = 7 Jahre

L_{06} = 1.400.000 Stück

L_{07} = 1.000.000 Stück

Lineare Abschreibung: $a = \frac{A}{n} = \frac{100.000\ \text{EUR}}{7\ \text{Jahre}} = 14.286\ \text{EUR/Jahr}$

Leistungsabschreibung: $a = \frac{A}{L} \bullet Lp$ $\frac{A}{L} = \frac{100.000\ \text{EUR}}{8.400.000\ \text{St.}} = 0{,}0119047\ \text{EUR/St.}$

$a_{06} = 0{,}0119047 \bullet 1.400.000 = 16.667$ EUR

$a_{07} = 0{,}0119047 \bullet 1.000.000 = 11.905$ EUR

Abschreibungsbeträge:

Periode	lineare Zeitabschreibung (EUR)	Leistungsabschreibung (EUR)
06	14.286	16.667
07	14.286	11.905

Aufgabe 3) a) und b)

Lineare Abschreibung: $a = \frac{A}{n} = \frac{100.000\text{ EUR}}{4\text{ Jahre}} = 25.000\text{ EUR/Jahr}$

$$a_{04} = 25.000\text{ EUR}$$

Realisiertes Anlagewagnis $= a_{05alt} - \Delta a_{04} = a_{05alt} - (a_{04neu} - a_{04alt})$

$= 20.000\text{ EUR} - (25.000\text{ EUR} - 20.000\text{ EUR})$

$= 15.000\text{ EUR}$

Leistungsabschreibung: $a = \frac{A}{L} \bullet Lp$ $\frac{A}{L} = \frac{100.000\text{ EUR}}{4.800.000\text{ St.}} = 0{,}0208333\text{ EUR/St}$

$$a_{04} = 0{,}0208333 \bullet 1.500.000 = 31.250\text{ EUR}$$

Realisiertes Anlagewagnis $= a_{05alt} - \Delta a_{04} = a_{05alt} - (a_{04neu} - a_{04alt})$

$= 20.000\text{ EUR} - (31.250\text{ EUR} - 25.000\text{ EUR})$

$= 13.750\text{ EUR}$

Aufgabe	3.II.7	3. Kapitel II.3.7
Restwert- und Durchschnittswertverzinsung		

Sachverhalt:

In der *Schwarz GmbH* liegen für eine Maschine folgende Angaben vor

A = 250.000 EUR
RW = 0 EUR
n = 10 Jahre
Abschreibung: linear
a = 25.000,- EUR jährlich
kalkulatorischer Zinssatz: 8 %

Aufgaben:

Ermitteln Sie die kalkulatorischen Zinsen für die Maschine der *Schwarz GmbH* nach der:

1) Restwertmethode (es ist jeweils von den Mittelwerten des Jahres auszugehen)
2) Durchschnittswertmethode

Lösung 3.II.7

Aufgabe 1)

Bei der Methode der Restwertverzinsung wird jeweils vom Mittelwert des Jahres ausgegangen, der sich aus dem Restbuchwert am Anfang und Ende eines jeden Jahres ergibt:

Jahr n	Jahres-abschrei-bung EUR	Rest-buchwert am 01.01 EUR	Rest-buchwert am 31.12 EUR	durch-schnittlicher Rest-buchwert EUR	kalkula-torischer Zinssatz %	kalkula-torische Zinsen EUR
1	25.000	250.000	225.000	237.500	8	19.000
2	25.000	225.000	200.000	212.500	8	17.000
3	25.000	200.000	175.000	187.500	8	15.000
4	25.000	175.000	150.000	162.500	8	13.000
5	25.000	150.000	125.000	137.500	8	11.000
6	25.000	125.000	100.000	112.500	8	9.000
7	25.000	100.000	75.000	87.500	8	7.000
8	25.000	75.000	50.000	62.500	8	5.000
9	25.000	50.000	25.000	37.500	8	3.000
10	25.000	25.000	0	12.500	8	1.000
Σ	250.000					100.000

Aufgabe 2)

Nach der Durchschnittswertverzinsung ergeben sich für die kalkulatorischen Zinsen:

$$\text{kalkulatorische Zinsen} = \frac{A}{2} \bullet \text{Zinssatz}$$

$$\text{kalkulatorische Zinsen} = \frac{250.000\text{ EUR}}{2} \bullet 8\ \% = 10.000,\text{- EUR/jährlich}$$

$$\text{kalkulatorische Zinsen für 10 Jahre} = 10 \bullet 10.000,\text{- EUR} = 100.000,\text{- EUR}$$

$$\text{kalkulatorische Zinsen} = 100.000,\text{- EUR}$$

Aufgabe	3.II.8	3. Kapitel II.3.7
Kalkulatorische Zinsen		

Sachverhalt:

Aus dem Rechnungswesen der *CORONA GmbH* liegen für die Rechnungsperiode 20 folgende Angaben vor:

Aktiva	Bilanz 31.12.20		Passiva
I. Anlagevermögen		I. Eigenkapital	600.000
1. Grundstücke	250.000		
2. Gebäude	500.000		
3. Maschinen	440.000		
4. Betriebsausstattung	90.000		
5. Beteiligungen	250.000		
II. Umlaufvermögen		II. Fremdkapital	
1. Vorräte	125.000	1. Rückstellungen	240.000
2. Fertigerzeugnisse	150.000	2. Langfristige Darlehen	745.000
3. Forderungen L. u. L.	85.500	3. Kundenanzahlungen	112.000
4. Kassenbestand	1.500	4. Verbindlichkeiten L. u. L.	220.000
5. Bankbestand	25.000		
	1.917.000		1.917.000

Unter kostenrechnerischen Gesichtspunkten sind für die Rechnungsperiode 20 folgende Angaben zu berücksichtigen:

Aktivseite

I. Anlagevermögen:

1. Die Grundstücke haben einen Verkehrswert von 400.000 EUR. Sie werden nur zu 80 % betrieblich genutzt.
2. Die derzeitigen Wiederbeschaffungskosten der Gebäude werden auf 800.000 EUR geschätzt. Die Gebäude haben eine Nutzungsdauer von 40 Jahren und sind bereits 20 Jahre linear abgeschrieben.
3. Der Anschaffungswert der Maschinen beträgt 750.000 EUR, der Wiederbeschaffungswert wird auf 900.000 EUR geschätzt. Der durchschnittliche kalkulatorische Restwert beträgt 700.000 EUR.

4. Die Betriebsausstattung wird ausschließlich betrieblich genutzt. Die Wiederbeschaffungskosten in der Rechnungsperiode 20 sind mit 250.000 EUR angegeben. Der durchschnittliche kalkulatorische Restwert beträgt 125.000 EUR.
5. Die Beteiligungen dienen nicht dem unternehmerischen Sachziel.

II. Umlaufvermögen
1. Bei den Vorräten beträgt der Jahresdurchschnitt 120.000 EUR.
2. Der Jahresdurchschnitt der Fertigerzeugnisse beträgt 180.000 EUR.

Aufgrund von innerbetrieblichen Aufzeichnungen liegen folgende Wertansätze vor:

	01.01.20	01.04.20	01.07.20	01.10.20
	EUR	EUR	EUR	EUR
Forderungen aus L.u.L.	65.000	20.000	50.000	80.000
Kassenbestand	1.100	3.400	2.500	2.300
Bankbestand	22.200	28.400	34.000	– 5.200

Passivseite

II. Fremdkapital
1. Bei den Rückstellungen handelt es sich um Pensionsrückstellungen.
2. Die langfristigen Darlehen werden betriebsnotwendig eingesetzt.
3. Die Anzahlungen de Kunden stehen zinslos zur Verfügung.
4. Bei den Verbindlichkeiten aus Lieferungen und Leistungen sind 100.000 EUR skontoberechtigt.

Aufgaben:

1) Bestimmen Sie für die *CORONA GmbH*:
   a) das betriebsnotwendige Anlagevermögen mit Hilfe der Restwertmethode
   b) das betriebsnotwendige Umlaufvermögen nach der Durchschnittswertmethode.
2) Bestimmen Sie das betriebsnotwendige Kapital der *CORONA GmbH*
3) Ermitteln Sie für die *CORONA GmbH* die Höhe der kalkulatorischen Zinsen der Rechnungsperiode 20 bei einem Zinssatz von 9 %.

Lösung	3.II.8

Aufgabe 1)

Ermittlung des betriebsnotwendigen Anlage- und Umlaufvermögens:
(siehe Seite 122)

Aufgabe 2) und 3)

Ermittlung des betriebsnotwendigen Kapitals und der kalkulatorische Zinsen:

Betriebsnotwendiges Vermögen (BNV)	1.938.140 EUR
– Abzugskapital:	
▪ Pensionsrückstellungen	240.000 EUR
▪ Kundenanzahlungen	112.000 EUR
▪ Verbindlichkeiten aus L. u. L	120.000 EUR
= Betriebsnotwendiges Kapital (BNK)	1.466.140 EUR
9 % von 1.466.140 EUR = 131.952,60 EUR	
kalkulatorische Zinsen =	131.953 EUR

Betriebsnotwendiges Vermögen:

Vermögensgegenstände	Restbuchwert 31.12.20 EUR	Anschaffungswert EUR	Wiederbeschaffungswert (WBW) EUR	Verkehrswert EUR	durchschnittlicher Restbuchwert EUR	durchschnittlicher kalkulatorischer Restwert EUR	nicht betriebsnotwendiges Vermögen EUR	betriebsnotwendiges Vermögen (BNV) EUR
I. Anlagevermögen								
1. Grundstücke	250.000			400.000			80.000	320.000
2. Gebäude	500.000		800.000			410.000		410.000
3. Maschinen	440.000	750.000	900.000			700.000		700.000
4. Betriebsausstattung	90.000	180.000	250.000			125.000		125.000
5. Beteiligungen	250.000						250.000	
II. Umlaufvermögen								
1. Vorräte	125.000				120.000			120.000
2. Fertigerzeugnisse	150.000				180.000			180.000
3. Forderungen aus L.u.L	85.500				60.100			60.100
4. Kassenbestand	1.500				2.160			2.160
6. Bankbestand	25.000				20.880			20.880
	1.917.000						330.000	1.938.140

Aufgabe	3.II.9	3. Kapitel II.3.8
Kalkulatorische Wagniskosten		

Sachverhalt:

In der *Kramer GmbH* liegen für die Rechnungsperiode 05 bis 09 folgende Informationen vor:

Periode	Anlagenbereich		Gewährleistung	
	eingetretene Verluste EUR	Wieder-beschaffungswert EUR	eingetretene Verluste EUR	Umsatz EUR
05	9.250	800.000	75.000	12.500.000
06	15.500	950.500	50.500	12.850.000
07	12.000	900.000	105.500	14.500.000
08	9.750	780.000	95.000	13.800.000
09	11.200	800.500	110.500	14.000.000

Für die Rechnungsperiode 10 werden folgende Werte geschätzt:

- Wiederbeschaffungswert der Anlagen: 880.000 EUR
- Umsatz: 15.150.000 EUR

Aufgabe:

Bestimmen Sie die kalkulatorischen Wagniskosten der *Kramer GmbH*, die in der Rechnungsperiode 10 anzusetzen sind:

a) für den Anlagenbereich
b) für Gewährleistung.

Lösung 3.II.9

Aufgabe a) und b)

Anlagenbereich		Gewährleistung	
Summe eingetretene Verluste P 05 – P 09 EUR	Summe Wiederbeschaffungswert P 05 – P 09 EUR	Summe eingetretene Verluste P 05 – P 09 EUR	Summe Umsatz P 05 – P 09 EUR
57.700	4.231.000	436.500	67.650.000

$$\text{Wagnissatz (\%)} = \frac{\text{Wagnisverluste}}{\text{Bezugsgröße}} \bullet 100$$

Anlagenbereich	Gewährleistung
$= \frac{57.700 \text{ EUR}}{4.231.000 \text{ EUR}} \bullet 100$	$= \frac{436.500 \text{ EUR}}{67.650.000 \text{ EUR}} \bullet 100$
Wagnissatz = 1,36374 %	Wagnissatz = 0,64523 %

$$\text{Wagniskosten} = \text{Wagnissatz} \bullet \text{Bezugsgröße der Abrechnungsperiode}$$

Anlagenbereich	Gewährleistung
$= \frac{1,36374}{100} \bullet 880.000 \text{ EUR}$	$= \frac{0,64523}{100} \bullet 15.150.000 \text{ EUR}$
Wagniskosten = 12.001 EUR	Wagniskosten = 97.752 EUR

III. Abschnitt: Kostenstellenrechnung

Testfragen	3. Kapitel III.1 - III.3
Kostenstellenrechnung	

Die folgenden Aussagen sind auf ihre Richtigkeit zu überprüfen, wobei mehrere Aussagen richtig bzw. falsch sein können.

Kennzeichnen Sie die Aussagen mit:

(+) Aussage ist richtig

(−) Aussage ist falsch

1) Die Kostenstellenrechnung hat folgende Aufgaben zu erfüllen:
   a) (   ) Aufteilung der Gesamtkosten nach ihrer Entstehung in Einzelkosten und Gemeinkosten
   b) (   ) Verteilung der primären Gemeinkosten auf die Kostenstellen, in denen sie entstanden sind
   c) (   ) Ermittlung von Kalkulationssätzen auf Basis der verrechneten Kosten als Grundlage für die Weiteverrechnung der Gemeinkosten auf die Kostenträger
   d) (   ) Kontrolle der Wirtschaftlichkeit der einzelnen Tätigkeits- und Verantwortungsbereiche

2) Kriterien für die Bildung von Kostenstellen können sein:
   a) (   ) Funktionsbereiche
   b) (   ) Art der verbrauchten Produktionsfaktoren
   c) (   ) Verantwortungsbereiche
   d (   ) räumlich-geographische Gesichtspunkte

3) Die Einteilung der Kostenstellen nach Art der erstellten Leistungen führt zu:
   a) ( ) Vorkostenstellen
   b) ( ) Hauptkostenstellen
   c) ( ) Endkostenstellen
   d ( ) Hilfskostenstellen

4) Stimmt es, dass:
   a) ( ) Hauptkostenstellen die Kostenstellen sind, die mittelbar an der Erstellung und Verwertung der absatzbedingten Leistungen beteiligt sind?
   b) ( ) Kostenstellen dann als Hauptkostenstellen zu führen sind, wenn sie Leistungen erbringen, die den für den Absatzmarkt bestimmten Erzeugnissen direkt zurechenbar sind?
   c) ( ) allgemeine Hilfskostenstellen ihre Leistungen i.d.R an Hilfs- und Hauptkostenstellen abgeben?
   d ( ) Hilfskostenstellen mittelbar an der für den Absatz bestimmten Leistungserstellung und -verwertung mitwirken?

5) Stimmt es, dass der Kostenstellenplan:
   a) ( ) eine strukturierte Darstellung aller, im Unternehmen angefallenen Kostenarten auf den Kostenstellen darstellt?
   b) ( ) alle Kostenarten vollständig erfasst?
   c) ( ) nach Funktions- und Verantwortungsbereichen gegliedert ist?
   d) ( ) in seinem Umfang von den im Unternehmen eingerichteten Kostenstellen bestimmt wird?

6) Für die Bildung von Kostenstellen sind folgende Grundsätze zu beachten:
   a) ( ) Verwendung geeigneter Bezugsgrößen
   b) ( ) Stetigkeit
   c) ( ) Überschneidungsfreiheit
   d ( ) Wirtschaftlichkeit

7) Stimmt es, dass:
   a) ( ) für jede Kostenstelle geeignete Bezugsgrößen bestimmt werden müssen, mit Hilfe derer die Gemeinkosten nach dem Verursachungsprinzip auf die Kostenstellen zugeordnet werden können?
   b) ( ) die Kostenstellengliederung so gewählt werden soll, dass eine eindeutige Kontierung aller Kostenbeläge auf die Kostenstellen vorgenommen werden kann?
   c) ( ) es sinnvoll ist Fertigungskostenstellen mit hohen Gemeinkosten mehreren Meistern oder Abteilungsleitern zu übertragen, um eine wirksame Überwachung und Kostenkontrolle sicherzustellen?
   d ( ) eine Kostenstellengliederung nur soweit zu differenzieren ist, wie dies wirtschaftlich vertretbar ist?

8) Stimmt es, dass:
   a) ( ) der Betriebsabrechnungsbogen grundsätzlich aus einer tabellarischen Übersicht besteht, in der zeilenweise die Kostenarten und spaltenweise die Kostenstellen dargestellt sind?
   b) ( ) der einfache Betriebsabrechnungsbogen nur aus Vorkostenstellen besteht?
   c) ( ) der Umfang des Betriebsabrechnungsbogens durch die Anzahl der im Unternehmen eingerichteten Kostenstellen bestimmt wird?
   d ( ) im Betriebsabrechnungsbogen nur primäre Gemeinkosten ausgewiesen werden?

9) Stimmt es, dass:
   a) ( ) Kostenstellengemeinkosten sich unmittelbar auf die Kostenstellen verteilen lassen?
   b) ( ) Kostenstelleneinzelkosten Gemeinkosten sind?
   c) ( ) als Bezugsgrößen der Gemeinkostenverteilung Wertschlüssel verwendet werden können?
   d ( ) für die Verteilung der Kostenstellengemeinkosten Maschinenstunden verwendet werden?

10) Die Notwendigkeit der innerbetrieblichen Leistungsverrechnung resultiert aus der Tatsache, dass ein Unternehmen innerbetriebliche Leistungen erbringt, die:
   a) ( ) aktivierungsfähig und aktivierungspflichtig sind
   b) ( ) noch in derselben Periode, in der sie erstellt werden, verbraucht werden
   c) ( ) in zukünftigen Perioden genutzt werden
   d ( ) zum Absatz führen

11) Verfahren der innerbetrieblichen Leistungsverrechnung sind:
   a) ( ) kumulative Verfahren
   b) ( ) simultane Verfahren
   c) ( ) alternative Verfahren
   d ( ) sukzessive Verfahren

12) Stimmt es, dass:
   a) ( ) die Verrechnung innerbetrieblicher Leistungen sich nach Art der erstellten Leistungen richtet?
   b) ( ) simultane Verfahren grundsätzlich nur einseitige, innerbetriebliche Leistungsbeziehungen berücksichtigen?
   c) ( ) bei einseitigen Leistungsbeziehungen zwischen einzelnen Kostenstellen das Kostenstellenumlageverfahren angewendet wird?
   d ( ) infolge des gegenseitigen Leistungsaustausches jede leistende Kostenstelle zugleich empfangende Kostenstelle sein kann?

13) Varianten des Kostenstellenumlageverfahren sind:
   a) ( ) Divisionsverfahren
   b) ( ) Anbauverfahren
   c) ( ) Treppenverfahren
   d ( ) Gleichungsverfahren

14) Stimmt es, dass
   a) ( ) das Gleichungsverfahren ein methodisch anspruchsvolles Verfahren ist?
   b) ( ) das Anbauverfahren wechselseitige Leistungsbeziehungen zwischen den Hilfskostenstellen berücksichtigt?
   c) ( ) das Anbauverfahren nur die Leistungsabgabe der Hilfskostenstellen an die Hauptkostenstellen erfasst?
   d ( ) bei wechselseitigem Leistungsaustausch Verrechnungssätze nur mit Hilfe eines Simultanansatzes ermittelt werden können?

15) Kalkulationssätze:
   a) ( ) dienen als Hilfsinstrument bei der Kostenkontrolle
   b) ( ) stellen das Bindeglied zwischen der Kostenstellen- und Kostenträgerrechnung dar
   c) ( ) dienen als Grundlage, die Gemeinkosten auf die Kostenstellen zu verrechnen
   d ( ) sind gleichzusetzen mit Verrechnungssätze

16) Stimmt es, dass:
   a) ( ) bei der Weiterverrechnung der Gemeinkosten auf die Kostenträger auf Erfahrungswerte der Vergangenheit zurückgegriffen wird?
   b) ( ) bei der Weiterverrechnung der Gemeinkosten auf die Kostenträger Normal-Gemeinkostenzuschlagssätze verwendet werden?
   c) ( ) Kostenabweichungen in Form von Über- und Unterdeckungen entstehen?
   d ( ) Kostenabweichungen i.d.R. Abweichungen zwischen den verrechneten Normalkosten und den tatsächlich angefallenen Istkosten sind?

17) Kennzahlen innerhalb der Kostenstellenrechnung sind:
   a) ( ) Maschinennutzungsgrad
   b) ( ) Lohnkosten je Mannstunde
   c) ( ) Gesamtkosten je Leistungseinheit
   d ( ) Gesamtkosten je Maschinenstunde

18) Kostenabweichungen in den Kostenstellen können folgende Ursachen haben:
   a) ( ) Preisabweichungen für Gemeinkostenmaterial
   b) ( ) Wahl der Methode zur Erfassung des Einzelmaterialverbrauchs
   c) ( ) Wahl des Bewertungsverfahren der Materialverbrauchsmengen
   d ( ) Tarifabweichungen für Gehaltsempfänger

19) Stimmt es, dass:
   a) ( ) Preisabweichungen für Gemeinkostenmaterial auf Kostenträger bezogen anfallen können?
   b) ( ) Tarifabweichungen für Lohnempfänger in Kostenstellen entstehen?
   c) ( ) Kostenabweichungen einen Ansatzpunkt für den betrieblichen Kontrollprozess darstellen?
   d ( ) Kennzahlen im internen und externen vergleich Ansatzpunkte für Kostensenkungspotentiale liefern?

Lösung der Testfragen

Aufgabe	a)	b)	c)	d)
1)	–	+	+	+
2)	+	–	+	+
3)	–	+	–	+
4)	–	+	+	+
5)	–	–	+	+
6)	+	–	+	+
7)	+	+	–	+
8	+	–	+	–
9)	–	+	+	+
10)	–	+	–	–
11)	–	+	–	+
12)	–	–	+	+
13)	–	+	+	–
14)	+	–	+	+
15)	+	+	–	+
16)	+	+	+	+
17)	+	+	+	+
18)	+	–	–	+
19)	–	+	+	+

Aufgabe	3.III.1	3. Kapitel III.3.4

Verfahren der innerbetriebliche Leistungsverrechnung:
Anbauverfahren
Stufenleiterverfahren (Treppenverfahren)
Gleichungsverfahren (mathematisches Verfahren)

Sachverhalt:

In der *Schober GmbH* liegen für die abgelaufene Rechnungsperiode die im Schaubild angegebene Leistungsbeziehungen zwischen den einzelnen Kostenstellen vor.
Die Zahlen in den Kästchen geben die primären Gemeinkosten (in EUR - Größen) der Kostenstellen an.

Für die Kostenstellen wurden folgende Verteilungsschlüssel ausgewählt:

Kantine:	die an die einzelnen Kostenstellen abgegebenen Essen (E)
Wasserversorgung:	die an die Kostenstellen abgegebenen Wassermengen (cbm)
Reparaturwerkstatt:	die für die einzelnen Kostenstellen geleisteten Reparaturstunden (Std.)

Allgemeine Hilfskostenstellen sind:

- Kantine
- Reparaturwerkstatt
- Wasserversorgung

Hauptkostenstellen sind:

- Fertigungsstelle
- Materialstelle
- Verwaltungs- und Vertriebsstelle

Schaubild: Leistungsbeziehungen zwischen den einzelnen Kostenstellen

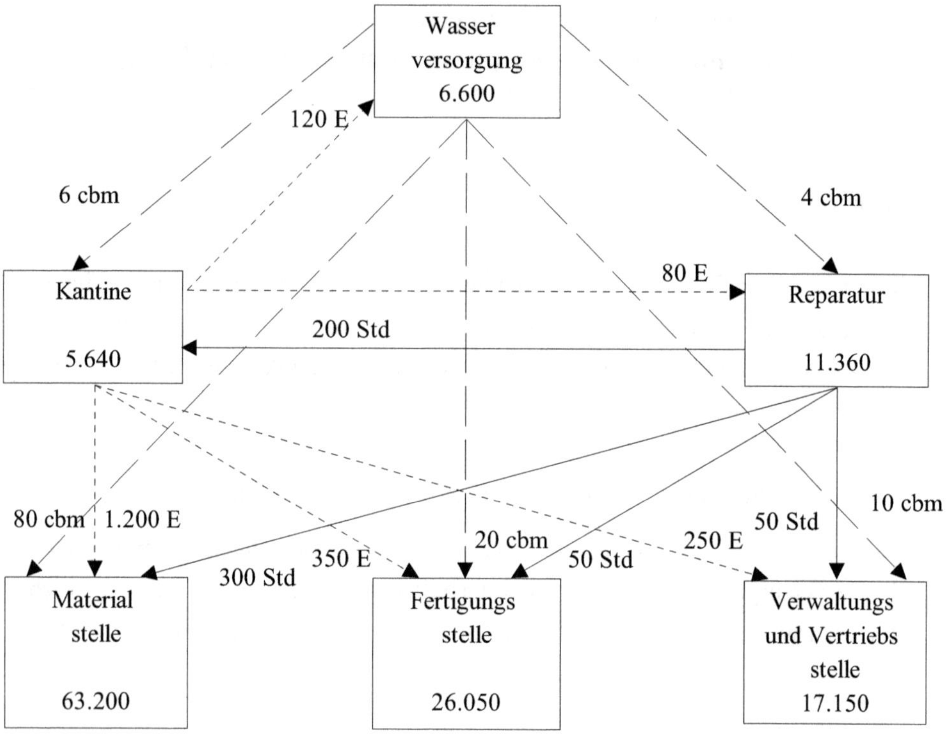

Aufgaben:

1) Verrechnen Sie die innerbetrieblichen Leistungen in der *Schober GmbH* nach dem Anbauverfahren und ermitteln Sie für jede Hauptkostenstelle die angefallenen Gemeinkosten (GK).
   Benutzen Sie dazu den unten dargestellten ″Rest-BAB″, wobei die Reihenfolge der Kostenstellen nicht verändert werden darf.
   (Auf- bzw. Abrundungen auf volle EUR -Beträge erst im BAB vornehmen)
   Geben Sie die Verrechnungssätze (zwei Stellen nach dem Komma) an.

"Rest-BAB":

Schober GmbH	Allgemeine Hilfskostenstellen			Hauptkostenstellen		
	Wasser-versor-gung	Kantine	Reparatur-werkstatt	Material-stelle	Ferti-gungs-stelle	Verw.- u. Vertriebs-stelle
primäre GK						
Umlage: Wasserversorgung						
Umlage: Kantine						
Umlage: Reparatur						
sekundäre GK						
Summe GK						

2) Lösen Sie den innerbetrieblichen Leistungsaustausch in der *Schober GmbH* nach dem Stufenleiterverfahren (Treppenverfahren) auf und ermitteln Sie für jede Hauptkostenstelle die angefallenen Gemeinkosten (GK).
Benutzen Sie dazu den unten dargestellten "Rest-BAB", wobei die Reihenfolge der Kostenstellen nicht verändert werden darf.
(Auf- bzw. Abrundungen auf volle EUR-Beträge erst im BAB vornehmen)
Geben Sie die Verrechnungssätze (zwei Stellen nach dem Komma) an.

"Rest-BAB":

Schober GmbH	Allgemeine Hilfskostenstellen			Hauptkostenstellen		
	Wasser-versor-gung	Kantine	Reparatur-werkstatt	Material-stelle	Ferti-gungs-stelle	Verw.- u. Vertriebs-stelle
primäre GK	6.600	5.640	11.360	63.200	26.050	17.150
Umlage: Wasserversorgung	55€/cbm	330	220	4.400	1.100	550
Umlage: Kantine		5970 3,17 55€/E	254	3811	1.111	794
Umlage: Reparatur			11.834 29,585€/h	8876	1479	1.479
sekundäre GK	–	–	–	17.087	3.690	2.823
Summe GK				80.287	29.740	19.973

3) Verrechnen Sie die innerbetrieblichen Leistungen in der *Schober GmbH* nach dem Gleichungsverfahren und ermitteln Sie für jede Hauptkostenstelle die angefallenen Gemeinkosten (GK).
   a) Stellen Sie die Gleichungen auf und ermitteln Sie die Verrechnungssätze.
   b) Führen Sie die Kostenumlage in dem dargestellten "Rest-BAB" durch. (Auf- bzw. Abrundungen auf volle EUR-Beträge erst im BAB vornehmen)

"Rest-BAB":

Schober GmbH	Allgemeine Hilfskostenstellen			Hauptkostenstellen		
	Wasser-versor-gung	Kantine	Reparatur-werkstatt	Material-stelle	Ferti-gungs-stelle	Verw.- u. Vertriebs-stelle
primäre GK						
Umlage: Wasserversorgung						
Umlage: Kantine						
Umlage: Reparatur						
sekundäre GK						
Summe GK						

Lösung 3.III.1

Aufgabe 1)

Anbauverfahren:

Schober GmbH	Allgemeine Hilfskostenstellen			Hauptkostenstellen		
	Wasser-versor-gung	Kantine	Reparatur-werkstatt	Material-stelle	Ferti-gungs-stelle	Verw.- u. Vertriebs-stelle
primäre GK	6.600	5.640	11.360	63.200	26.050	17.150
Umlage: Wasserversorgung	6.600 ↳	—	—	4.800	1.200	600
Umlage: Kantine		5.640 ↳	—	3.760	1.097	783
Umlage: Reparatur			11.360 ↳	8.520	1.420	1.420
sekundäre GK				*17.080*	*3.717*	*2.803*
Summe GK				**80.280**	**29.767**	**19.953**

Verrechnungssätze – Anbauverfahren:

Hilfskostenstellen	Leistungsabgabe an die Hauptkostenstellen	Verrechnungssatz (v)
Wasserversorgung	110 cbm	$v_W = \frac{6.600\ \text{EUR}}{110\ \text{cbm}} = 60{,}00\ \text{EUR/cbm}$
Kantine	1.800 E	$v_K = \frac{5.640\ \text{EUR}}{1.800\ \text{E}} = 3{,}13\ \text{EUR/E}$
Reparaturwerkstatt	400 Std.	$v_R = \frac{11.360\ \text{EUR}}{400\ \text{Std}} = 28{,}40\ \text{EUR/Std.}$

Aufgabe 2)

Stufenleiterverfahren (Treppenverfahren):

Schober GmbH	Allgemeine Hilfskostenstellen			Hauptkostenstellen		
	Wasser-versor-gung	Kantine	Reparatur-werkstatt	Material-stelle	Ferti-gungs-stelle	Verw.- u. Vertriebs-stelle
primäre GK	6.600	5.640	11.360	63.200	26.050	17.150
Umlage: Wasserversorgung	6.600 ↳	330	220	4.400	1.100	550
Umlage: Kantine		5.970 ↳	254	3.811	1.111	794
Umlage: Reparatur			11.834 ↳	8.876	1.479	1.479
sekundäre GK				*17.087*	*3.690*	*2.823*
Summe GK				**80.287**	**29.740**	**19.973**

Verrechnungssätze – Stufenleiterverfahren (Treppenverfahren):

Hilfskostenstellen	Leistungsabgabe an nachgelagerte Kostenstellen	Verrechnungssatz (V)
Wasserversorgung	120 cbm	$V_W = \frac{6.600 \text{ EUR}}{120 \text{ cbm}} = 55{,}00$ EUR/cbm
Kantine	1.880 E	$V_K = \frac{5.970 \text{ EUR}}{1.880 \text{ E}} = 3{,}18$ EUR/E
Reparaturwerkstatt	400 Std.	$V_R = \frac{11.834 \text{ EUR}}{400 \text{ Std}} = 29{,}59$ EUR/Std.

Aufgabe 3)

a) Gleichungen

(1) Wasserversorgung (W):	6.600	+	120 v_K			=	120 v_W
(2) Kantine (K):	5.640	+	6 v_W	+	200 v_R	=	2.000 v_K
(3) Reparatur (R):	11.360	+	4 v_W	+	80 v_K	=	600 v_R

Für die Ermittlung der Verrechnungssätze v_W, v_K und v_R kommen insbesondere das Einsetzungsverfahren, die Matrizen- und Determinantenrechnung sowie der Gaußscher Algorithmus in Betracht.

Verrechnungssätze:

v_W = 60,00 EUR/cbm
v_K = 5,00 EUR/E
v_R = 20,00 EUR/Std.

b) Gleichungsverfahren:

Schober GmbH	Allgemeine Hilfskostenstellen			Hauptkostenstellen		
	Wasser-versor-gung	Kantine	Reparatur-werkstatt	Material-stelle	Ferti-gungs-stelle	Verw.- u. Vertriebs-stelle
primäre GK	6.600	5.640	11.360	63.200	26.050	17.150
Umlage: Wasserversorgung	—	360	240	4.800	1.200	600
Umlage: Kantine	600	—	400	6.000	1.750	1.250
Umlage: Reparatur	—	4.000	—	6.000	1.000	1.000
sekundäre GK				*16.800*	*3.950*	*2.850*
Summe GK				**80.000**	**30.000**	**20.000**

Aufgabe	3.III.2	3. Kapitel III.3.5

Ermittlung: Gemeinkostenzuschlagssätze
Gemeinkostenabweichungen

Sachverhalt:

Bei der *EMAG GmbH* liegen nach der Gemeinkostenverteilung im BAB für die abgelaufene Rechnungsperiode 09 (1 Jahr) folgende Gemeinkosten vor:

Material:	51.818 EUR
Fertigung:	686.220 EUR
Verwaltung:	168.624 EUR
Vertrieb:	77.460 EUR

Aufgrund von Belegen und Einzelnachweisen liegen folgende Daten vor:

Materialeinzelkosten:	345.450 EUR	
Fertigungseinzelkosten:	235.500 EUR	
Aktivierte Eigenleistung:	15.500 EUR	
Unfertige Erzeugnisse:	Anfangsbestand:	125.550 EUR
	Endbestand:	90.050 EUR
Fertige Erzeugnisse:	Anfangsbestand:	65.500 EUR
	Endbestand:	80.250 EUR

Die *EMAG GmbH* kalkuliert in der Rechnungsperiode 09 mit folgenden Normal-Gemeinkostenzuschlagssätzen:

Materialgemeinkosten:	12 %
Fertigungsgemeinkosten:	280 %
Verwaltungsgemeinkosten:	14 %
Vertriebsgemeinkosten:	7 %

Aufgaben:

Ermitteln Sie

a) auf zwei Dezimale die Gemeinkostenzuschlagssätze der *EMAG GmbH*,

b) mit Hilfe der Ist- und Normal-Gemeinkosten die Gemeinkostenabweichung der *EMAG GmbH* in der Rechnungsperiode 09.

Lösung	3.III.2

a) Ermittlung der Gemeinkostenzuschlagssätze:

Ermittlung der Zuschlagssätze für die Material- und Fertigungskostenstelle:

$$\text{MGK-Zuschlagssatz} = \frac{\text{MGK}}{\text{MEK}} \bullet 100 = \frac{51.818\ \text{EUR}}{345.450\ \text{EUR}} \bullet 100 = 15{,}00\ \%$$

$$\text{FGK-Zuschlagssatz} = \frac{\text{FGK}}{\text{FEK}} \bullet 100 = \frac{686.220\ \text{EUR}}{235.500\ \text{EUR}} \bullet 100 = 291{,}39\ \%$$

Ermittlung der Herstellkosten von Produktion und Umsatz:

MEK	345.450 EUR
+ MGK	51.818 EUR
+ FEK	235.500 EUR
+ FGK	686.220 EUR
= HK_{Prod}	1.318.988 EUR
– Bestandsmehrungen	14.750 EUR
+ Bestandsminderungen	35.500 EUR
– aktivierte Eigenleistungen	15.500 EUR
= HK_{Ums}	1.324.238 EUR

Für die Verwaltungs- und Vertriebsgemeinkosten ergeben sich somit folgende Zuschlagssätze:

$$\text{VwGK-Zuschlagssatz} = \frac{\text{VwGK}}{HK_{Prod}} \bullet 100 = \frac{168.624\ \text{EUR}}{1.318.988\ \text{EUR}} \bullet 100 = 12{,}78\ \%$$

$$\text{VtGK-Zuschlagssatz} = \frac{\text{VtGK}}{HK_{Ums}} \bullet 100 = \frac{77.460\ \text{EUR}}{1.324.238\ \text{EUR}} \bullet 100 = 5{,}85\ \%$$

b) Ermittlung der Gemeinkostenabweichung:

Ermittlung der Normal-Gemeinkosten für die Material- und Fertigungskostenstelle:

$$MGK_{Normal} = MEK_{Ist} \bullet MGK_{Normal}\text{-Zuschlagssatz}$$
$$= 345.450 \text{ EUR} \bullet 12\,\% = 41.454 \text{ EUR}$$

$$FGK_{Normal} = FEK_{Ist} \bullet FGK_{Normal}\text{-Zuschlagssatz}$$
$$= 235.500 \text{ EUR} \bullet 280\,\% = 659.400 \text{ EUR}$$

Ermittlung der Normal-Herstellkosten der Produktion und des Umsatzes:

MEK Ist	345.450 EUR
+ MGK Normal	41.454 EUR
+ FEK Ist	235.500 EUR
+ FGK Normal	659.400 EUR
= HK_{Prod} Normal	1.281.804 EUR
– Bestandsmehrungen Ist	14.750 EUR
+ Bestandsminderungen Ist	35.500 EUR
– aktivierte Eigenleistungen Ist	15.500 EUR
= HK_{Ums} Normal	1.287.054 EUR

Ermittlung der Normal-Gemeinkosten für die Verwaltungs- und Vertriebskostenstelle:

$$VwGK_{Normal} = HK_{Prod}\ \text{Normal} \bullet VwGK_{Normal}\text{-Zuschlagssatz}$$
$$= 1.281.804 \text{ EUR} \bullet 14\,\% = 179.453 \text{ EUR}$$

$$VtGK_{Normal} = HK_{Ums}\ \text{Normal} \bullet VtGK_{Normal}\text{-Zuschlagssatz}$$
$$= 1.287.054 \text{ EUR} \bullet 7\,\% = 90.094 \text{ EUR}$$

Ermittlung der Kostenabweichung: Überdeckung (+) und Unterdeckung (–):

EMAG GmbH	Material-kosten-stelle	Fertigungs-kosten-stelle	Verwaltungs-kosten-stelle	Vertriebs-kosten-stelle
Ist-Gemeinkosten (EUR)	51.818	686.220	168.624	77.460
Normal-Gemeinkosten (EUR)	41.454	659.400	179.453	90.094
Kostenabweichung (EUR)	– 10.364	– 26.820	+ 10.829	+ 12.634

IV. Abschnitt: Kostenträgerrechnung

Testfragen	**3. Kapitel IV.1 - IV.3**
Kostenträgerrechnung	

Die folgenden Aussagen sind auf ihre Richtigkeit zu überprüfen, wobei mehrere Aussagen richtig bzw. falsch sein können.

Kennzeichnen Sie die Aussagen mit:
(+) **Aussage ist richtig**
(–) **Aussage ist falsch**

1) Die Kostenträgerrechnung hat folgende Aufgaben zu erfüllen:
a) (   ) Verteilung der primären Gemeinkosten mit Hilfe von Zuschlagssätzen auf die Kostenträger
b) (   ) Ermittlung der periodenbezogenen Selbstkosten
c) (   ) Bereitstellung von Kosteninformationen für kostenträgerbezogene Soll-Ist-Vergleiche
d) (   ) Bereitstellung von Informationen für die Beschaffungspolitik

2) Kostenträger nach der Art der betrieblichen Leistungen sind:
a) (   ) aktivierbare Eigenleistungen
b) (   ) Absatzleistungen
c) (   ) Absatzgebiete
d (   ) Lagerleistungen

3) Kriterien für Kalkulationsarten können sein:
   a) ( ) Zweck der Kalkulation
   b) ( ) Funktionsbereiche
   c) ( ) Zeitpunkt der Kalkulation
   d ( ) Verantwortungsbereiche

4) Stimmt es, dass im Rahmen der:
   a) ( ) Zwischenkalkulation für die noch zu erbringenden Teilleistungen nur Plankosten in Ansatz gebracht werden können?
   b) ( ) Vorkalkulation sowohl für die Einzelkosten als auch Gemeinkosten Soll-Werte angenommen werden?
   c) ( ) Vorkalkulation die Kosten einer Kostenträgereinheit auf Basis geplanter Kosten ermittelt werden?
   d ( ) Plankalkulation die Kosten einer Kostenträgereinheit auf Basis geplanter Kosten ermittelt werden?

5) Stimmt es, dass Voraussetzung für die Anwendung einer:
   a) ( ) zweistufigen Divisionskalkulation Lagerbestandsveränderungen an Fertig- und Unfertigerzeugnissen sind?
   b) ( ) einstufigen Divisionskalkulation Lagerbestandsveränderungen an Fertigerzeugnissen sind?
   c) ( ) mehrstufigen Äquivalenzziffernkalkulation Lagerbestandsveränderungen an Fertig- und Unfertigerzeugnissen sind?
   d ( ) einstufigen Äquivalenzziffernkalkulation gleichwertige Erzeugnisse (Sortenfertigung) sind?

6) Bei der Zuschlagskalkulation kommen je nach gewünschtem Grad der Genauigkeit in Betracht:
   a) ( ) einstufige Zuschlagskalkulation
   b) ( ) mehrstufige Divisionskalkulation
   c) ( ) Lohnzuschlagskalkulation
   d ( ) Maschinenstundensatzkalkulation

7) Stimmt es, dass bei der:
   a) ( ) summarischen Zuschlagskalkulation die gesamten Gemeinkosten durch einen einzigen Zuschlagssatz auf die Kostenträger verrechnet werden?
   b) ( ) mehrstufigen Divisionskalkulation die Verwaltungs- und Vertriebskosten i.d.R. nur auf die abgesetzten Produkte verrechnet werden?
   c) ( ) mehrstufigen Äquivalenzziffernkalkulation die Verwaltungs- und Vertriebskosten mit einem Durchschnittssatz auf die abgesetzten Produkteinheiten verrechnet werden?
   d ( ) einstufigen Äquivalenzziffernkalkulation eine Aufteilung der Kosten auf den Bereich der Herstellung und auf den Verwaltungs- und Vertriebsbereich erfolgt?

8) Stimmt es, dass:
a) ( ) bei der Maschinenstundensatzkalkulation die nach Maschinen aufgegliederten Gemeinkosten entsprechend den in Anspruch genommenen Maschinenstunden auf die Kostenträger verteilt werden?
b) ( ) die Fertigungsrestgemeinkosten als sog. maschinenabhängige Gemeinkosten einer Kostenstelle als Zuschlag auf die Fertigungseinzelkosten verrechnet werden?
c) ( ) bei der Verteilungsrechnung die Selbstkosten der Nebenprodukte den beim Verkauf erzielten Preisen bzw. den Entsorgungskosten entsprechen?
d ( ) bei der Maschinenstundensatzkalkulation zur Verrechnung der Fertigungsgemeinkosten auf die Kostenträger Mengenschlüssel verwendet werden?

9) Stimmt es, dass als Kalkulationsverfahren für:
a) ( ) Serien- und Einzelfertigung die Zuschlagskalkulation in Betracht kommt?
b) ( ) Ein-Produktunternehmen nur die einstufige Divisionskalkulation angewendet werden kann?
c) ( ) die simultane Erzeugung von Haupt- und Nebenprodukten die Restwertrechnung Anwendung findet?
d ( ) die mehrstufige Fertigung die Äquivalenzziffernkalkulation angewendet wird?

10) Stimmt es, dass:
a) ( ) die Kuppelkalkulation dadurch gekennzeichnet ist, dass in einem Produktionsprozess, aus natürlichen oder technischen Gründen, zwangsläufig verschiedene Produkte gleichzeitig entstehen?
b) ( ) die Restwertrechnung bei der Ermittlung der Herstellkosten primär vom Durchschnittsprinzip ausgeht?
c) ( ) die Verteilungsrechnung als Kalkulationsverfahren dann Anwendung findet, wenn die Kuppelprodukte eines Produktionsprozesses Hauptprodukte sind?
d ( ) bei der Kuppelkalkulation die Kostenbelastung der Kuppelprodukte nach der Kostenverursachung erfolg?

11) Stimmt es, dass:
a) ( ) bei der progressiven Preiskalkulation der Angebotspreis auf Basis der Stückselbstkosten ermittelt wird?
b) ( ) der durch die progressiven Preiskalkulation ermittelte Angebotspreis dem erzielbaren Verkaufspreis entspricht?
c) ( ) bei der retrograden Preiskalkulation der Skontobetrag als eine Im-Hundert Größe des Zielverkaufspreises errechnet wird?
d ( ) im Rahmen der progressiv-retrograden Gewinnkontrolle ermittelt wird, zu welchen Selbstkosten das Produkt hergestellt werden muss, damit der geplante Gewinn erzielt wird?

12) Die Kostenträgerzeitrechnung dient überwiegend der:
a) ( ) Ermittlung des Betriebserfolgs
b) ( ) Ermittlung der Selbstkosten eines Kundenauftrages
c) ( ) Analyse des Betriebserfolgs der Leistungserstellung
d ( ) Planung des Produktions- und Absatzprogramms

13) Stimmt es, dass:
a) ( ) das Gesamtkostenverfahren das älteste Verfahren der Betriebsergebnisrechnung ist?
b) ( ) das Gesamtkostenverfahren unmittelbar aus der Abstimmung der Kostenrechnung mit der Finanzbuchführung hervorgegangen ist?
c) ( ) beim Umsatzkostenverfahren Bestandsveränderungen nicht berücksichtigt werden?
d ( ) das Kostenträgerzeitblatt aus einer statistisch-tabellarischen Übersicht besteht, in der zeilenweise die Kostenarten und spaltenweise die Kostenstellen dargestellt sind?

Lösung der Testfragen

Aufgabe	a)	b)	c)	d)
1)	–	+	+	+
2)	+	+	–	+
3)	+	–	+	–
4)	–	–	+	+
5)	–	–	+	+
6)	+	–	+	+
7)	+	+	+	–
8)	+	–	–	+
9)	+	–	+	+
10)	+	+	+	–
11)	+	–	–	–
12)	+	–	+	+
13)	+	+	+	–

Aufgabe	3.IV.1	3. Kapitel IV.2.3.1.1 - IV.2.3.1.2
Einstufige und zweistufige Divisionskalkulation		

Sachverhalt:

In der *Electronic AG* werden im Monat *März* 640 Stück von dem Produkt GAMMA produziert und abgesetzt. Die variablen Kosten hierfür betragen 576.000 EUR. Der erzielbare Stückpreis für das Produkt GAMMA liegt bei 1.300 EUR.
Der Beschäftigungsgrad der Unternehmung liegt im Monat März bei 80 %. Die monatlichen Fixkosten der *Electronic AG* betragen 249.600 EUR.

Im Monat *April* werden in der *Electronic AG* insgesamt 800 Stück von dem Produkt GAMMA produziert. Davon werden 750 Stück abgesetzt, der Rest geht ins Lager.
Hiefür sind insgesamt folgende Kosten angefallen:

Materialkosten:	273.600 EUR
Fertigungskosten:	408.000 EUR
Verwaltungskosten:	168.000 EUR
Vertriebskosten:	120.000 EUR

Aufgaben:

1) Ermitteln Sie die Kosten je Stück des abgesetzten Produkts GAMMA im Monat März der *Electronic AG*.
2) Bestimmen Sie die Stückselbstkosten und die Gesamtkosten des abgesetzten Produkts GAMMA im Monat April der *Electronic AG*.
3) Bestimmen Sie den Wert des Lagezugangs im Monat April der *Electronic AG*.

Lösung	3.IV.1

Aufgabe 1)

Kosten je Stück (Stückselbstkosten, k) des abgesetzten Produkts GAMMA der *Electronic AG* im Monat März:

$$k = \frac{K}{x}$$

$$k = \frac{576.000\ \text{EUR} + 249.600\ \text{EUR}}{640\ \text{St}} = \frac{825.600\ \text{EUR}}{640\ \text{St}} = 1.290\ \text{EUR/St}$$

Aufgabe 2)

Stückselbstkosten (k) und Gesamtkosten (K) des abgesetzten Produkts GAMMA der *Electronic AG* im Monat April:

Die Herstellkosten setzen sich aus den Material- und Fertigungskosten zusammen und betragen 681.600 EUR.

$$k = \frac{HK}{x_{Prod}} + \frac{VwK + VtK}{x_{Ums}} = \frac{681.600\ \text{EUR}}{800\ \text{St}} + \frac{168.000\ \text{EUR} + 120.000\ \text{EUR}}{750\ \text{St}}$$

$$k = 852{,}00\ \text{EUR/St} + 384{,}00\ \text{EUR/St} = 1.236{,}00\ \text{EUR/St}$$

$$K = k \bullet x_{Ums} = 1.236{,}00\ \text{EUR/St} \bullet 750\ \text{St} = 927.000\ \text{EUR}$$

Aufgabe 3)

Wert des Lagezugangs im Monat April der *Electronic AG* bewertet zu Herstellkosten:

- Stückherstellkosten des Produkts GAMMA:

$$k_{HK} = \frac{681.600\ \text{EUR}}{800\ \text{St}} = 852{,}00\ \text{EUR/St}$$

- Wert des Lagerzugangs Produkt GAMMA:

$$50\ \text{St} \bullet 852{,}00\ \text{EUR/St} = 42.600\ \text{EUR}$$

Aufgabe	**3.IV.2**	**3. Kapitel IV.2.3.1.3**
Mehrstufige Divisionskalkulation		

Sachverhalt:

In einem Unternehmen wird in der Rechnungsperiode 04 eine Erzeugnisart hergestellt. Die Fertigung erfolgt in drei Kostenstellen.
In der Fertigungskostenstelle I werden 5.250 Stück Unfertigerzeugnisse hergestellt. Die Herstellkosten betragen 850.500 EUR.
In der Fertigungskostenstelle II werden 5.150 Stück Unfertigerzeugnisse der Fertigungskostenstelle I weiterverarbeitet. Die Herstellkosten hierfür betragen 643.750 EUR.
In der Fertigungskostenstelle III werden 4.920 Stück zu Fertigerzeugnisse weiterverarbeitet. Die Herstellkosten betragen 467.400 EUR.
In der Periode 04 beträgt die Absatzmenge dieser Erzeugnisart 4.800 Stück.

In dem Unternehmen sind in der Periode 04 Verwaltungs- und Vertriebskosten in Höhe von 249.600 EUR entstanden.

Aufgaben:

1) Ermitteln Sie die Kosten pro abgesetztes Fertigerzeugnis der Rechnungsperiode 04 unter Berücksichtigung der auf allen Produktionsstufen angefallenen Kosten.
2) Bestimmen Sie den Kostenwert der nicht abgesetzten Erzeugnisse.

unfertig Erzeugnisse von fertigen Unterscheiden

Lösung	3.IV.2

Aufgabe 1)

Ermittlung der Kosten pro abgesetztes Erzeugnis (k) in der Periode 04:

$$k = \frac{HK_1}{x_{Prod1}} + \frac{HK_2}{x_{Prod2}} + \frac{HK_3}{x_{Prod3}} + \frac{VwK + VtK}{x_{Ums}}$$

$$k = \frac{850.500\,EUR}{5.250\,St} + \frac{643.750\,EUR}{5.150\,St} + \frac{467.400\,EUR}{4.920\,St} + \frac{249.600\,EUR}{4.800\,St}$$

$$k = 162\,EUR/St + 125\,EUR/St + 95\,EUR/St + 52\,EUR/St = 434\,EUR/St$$

Die Selbstkosten der abgesetzten Produkte betragen 2.083.200 EUR.
(4.800 St • 434 EUR/St = 2.083.200 EUR)

Aufgabe 2)

Ermittlung der Kosten der nicht abgesetzten Erzeugnis (Fertig- und Unfertigerzeugnisse) der Periode 04:

- Lagerbestandsmehrung an Unfertigerzeugnissen:

= (5.250 St – 4.920 St) • 162 EUR/St + (5.150 St – 4.920 St) • 125 EUR/St
= 330 St • 162 EUR/St + 230 St • 125 EUR/St
= 53.460 EUR + 28.750 EUR
= 82.210 EUR

- Lagerbestandsmehrung an Fertigerzeugnissen:
Fertigerzeugnisse: 4.920 St – 4.800 St = 120 St

= 120 St • 162 EUR/St + 120 St • 125 EUR/St + 120 St • 95 EUR/St
= 19.440 EUR + 15.000 EUR + 11.400 EUR
= 45.840 EUR

Aufgabe	3.IV.3	3. Kapitel IV.2.3.2.1
Einstufige Äquivalenzziffernkalkulation		

Sachverhalt:

In einer Privatbrauerei *Hopfen AG* werden die drei Biersorten:

Pilsener

Export und

Weizenbier

erzeugt.

Die Gesamtkosten für die abgelaufene Rechnungsperiode betragen für die drei Biersorten 4.231.200 EUR.

Untersuchungen des Produktionsablaufs bei der *Hopfen AG* ergaben, dass die Biersorte Pilsener in der Herstellung 1,2 - mal und Weizenbier 0,8 - mal soviel Kosten verursacht, wie die Herstellung von Export.

Die Ausstoßmengen für die abgelaufene Periode betragen für:

Pilsener:	3.000 hl
Export:	9.000 hl
Weizenbier:	15.000 hl.

Aufgaben:

1) Bestimmen Sie die Kosten je hl für die Erzeugung der einzelnen Biersorten.
2) Bestimmen Sie die Gesamtkosten für die Erzeugung der einzelnen Biersorten.

Lösung 3.IV.3

Aufgabe 1) und 2)

Sorte	Ausstoß-menge hl	Äquivalenz-ziffer ä	Rechnungs-einheiten RE	Stückselbst-kosten je hl EUR/hl	Gesamtselbst-kosten EUR
Pilsener	3.000	1,20	3.600	206,40	619.200
Export	9.000	1,00	9.000	172,00	1.548.000
Weizenbier	15.000	0,80	12.000	137,60	2.064.000
	27.000		24.600		4.231.200

Kosten je Rechnungseinheit:

$$\frac{\text{Gesamtkosten}}{\text{Rechnungseinheiten}} = \frac{4.231.200\ \text{EUR}}{24.600\ \text{RE}} = 172{,}00\ \text{EUR/RE}$$

bzw.:

Stückselbstkosten (k_i) für das einzelne Erzeugnis (i):

$$k_i = \frac{K}{x_1ä_1 + x_2ä_2 + \ldots + x_nä_n} \bullet ä_i$$

$$k_{Pils} = \frac{4.231.200\ \text{EUR}}{(3.000\ \text{hl} \bullet 1{,}2) + (9.000\ \text{hl} \bullet 1{,}00) + (15.000\ \text{hl} \bullet 0{,}8)} \bullet 1{,}2 = 206{,}40\ \text{EUR/hl}$$

$$k_{Exp} = \frac{4.231.200\ \text{EUR}}{(3.000\ \text{hl} \bullet 1{,}2) + (9.000\ \text{hl} \bullet 1{,}00) + (15.000\ \text{hl} \bullet 0{,}8)} \bullet 1{,}0 = 172{,}00\ \text{EUR/hl}$$

$$k_{Weiz} = \frac{4.231.200\ \text{EUR}}{(3.000\ \text{hl} \bullet 1{,}2) + (9.000\ \text{hl} \bullet 1{,}00) + (15.000\ \text{hl} \bullet 0{,}8)} \bullet 0{,}8 = 137{,}60\ \text{EUR/hl}$$

Gesamtselbstkosten (SK_i) für das einzelne Erzeugnis (i):

SK_{Pils} = 3.000 hl • 206,40 EUR/hl = 619.200 EUR

SK_{Exp} = 9.000 hl • 172,00 EUR/hl = 1.548.000 EUR

SK_{Weiz} = 15.000 hl • 137,60 EUR/hl = 2.064.000 EUR

Aufgabe	3.IV.4	3. Kapitel IV.2.3.2.2
Mehrstufige Äquivalenzziffernkalkulation		

Sachverhalt:

Die *Schmitz GmbH* stellt das Produkt MAZ her, das allerdings in drei Größen produziert wird.

In der abgelaufenen Rechnungsperiode sind für die Produktion des Produktes MAZ folgende Kosten angefallen:

Materialkosten:	35.000 EUR
Fertigungslöhne:	5.200 EUR
Fertigungsgemeinkosten:	31.000 EUR
Verwaltungskosten:	12.000 EUR
Vertriebskosten:	4.500 EUR

Aufgrund umfangreicher Untersuchungen wurde festgestellt, dass sich die Herstellkosten im Verhältnis 1 : 1,1 : 1,4 auf die drei Größen (Größe 1 : Größe 2 : Größe 3) des Produktes MAZ verteilen.

Hergestellt und abgesetzt wurden in der abgelaufenen Periode folgende Mengen des Produktes MAZ:

Größe 1:	5.000 Stück
Größe 2:	4.000 Stück
Größe 3:	6.000 Stück

Aufgabe:

Ermitteln Sie:

a) die Stückselbstkosten je Produktgröße und

b) die Gesamtselbstkosten je Produktgröße.

Lösung 3.IV.4

Aufgabe a) und b)

Größe	Menge ME	Äquivalenz- ziffer ä	Rechnungs- enheiten RE	Herstell- kosten HK EUR	Stückherstell- kosten hk EUR/ME
1	5.000	1,0	5.000	20.000	4,00
2	4.000	1,1	4.400	17.600	4,40
3	6.000	1,4	8.400	33.600	5,60
	15.000		17.800	71.200	

Herstellkosten je Rechnungseinheit:

$$\frac{\text{Gesamtherstellkosten}}{\text{Rechnungseinheiten}} = \frac{71.200\text{ EUR}}{17.800\text{ RE}} = 4{,}00\text{ EUR/RE}$$

$$\text{Verwaltungskosten/ME} = \frac{\text{VwK}}{\text{ME}} = \frac{12.000\text{ EUR}}{15.000\text{ ME}} = 0{,}80\text{ EUR/ME}$$

$$\text{Vertriebskosten/ME} = \frac{\text{VtK}}{\text{ME}} = \frac{4.500\text{ EUR}}{15.000\text{ ME}} = 0{,}30\text{ EUR/ME}$$

Größe	Stückherstell- kosten hk EUR/ME	Vwk EUR/ME	Vtk EUR/ME	Stück- selbstkosten k EUR/ME	Gesamt- selbstkosten K EUR
1	4,00	0,80	0,30	5,10	25.500
2	4,40	0,80	0,30	5,50	22.000
3	5,60	0,80	0,30	6,70	40.200
					87.700

Aufgabe	3.IV.5	3. Kapitel IV.2.3.3.2
Differenzierte Zuschlagskalkulation		

Sachverhalt:

Die Firma *ERBA GmbH* soll für einen Kunden die Frankiermaschine F 2345 erstellen. Der Auftrag für die Maschine erfordert voraussichtlich 125.000 EUR Fertigungsmaterial und 145.000 EUR Fertigungslöhne. Die Normal-Gemeinkostenzuschlagssätze betragen:

MGK:	12 %
FGK:	120 %
VwGK:	10 %
VtGK:	8 %.

Nach Fertigstellung der Frankiermaschine liegen folgende Informationen vor:

Materialverbrauch:	138.000 EUR
Fertigungslöhne:	140.000 EUR

Die Ist-Gemeinkostenzuschlagssätze betragen:

MGK:	11,50 %
FGK:	121,00 %
VwGK:	9,60 %
VtGK:	8,20 %.

Aufgaben:

1) Ermitteln Sie vorkalkulatorisch die Selbstkosten für die Auftragsanfrage.
2) Erstellen Sie die Nachkalkulation für die Frankiermaschine und ermitteln Sie die Über- und Unterdeckung.

Lösung 3.IV.5

Aufgabe 1) und 2)

ERBA GmbH	Vorkalkulation		Nachkalkulation		Über-/ Unter-deckung
	Normal-Kosten EUR	Normal-Zuschlagssatz %	Ist-Kosten EUR	Ist-Zuschlagssatz %	Überdeckung + Unterdeckung – EUR
MEK	125.000		138.000		– 13.000
MGK	15.000	12,00	15.870	11,50	– 870
MK	140.000		153.870		– 13.870
FEK	145.000		140.000		+ 5.000
FGK	174.000	120,00	169.400	121,00	+ 4.600
FK	319.000		309.400		+ 9.600
HK	459.000		463.270		– 4.270
VwGK	45.900	10,00	44.474	9,60	+ 1.426
VtGK	36.720	8,00	37.988	8,20	– 1.268
SK	541.620		545.732		
Unterdeckung					– 4.112
Kostenabweichung		– 4.112			

Aufgabe	**3.IV.6**	**3. Kapitel IV.2.3.3.3**
Maschinenstundensatzkalkulation		

Sachverhalt (siehe auch Aufgabe 3.III.2):

Bei der *EMAG GmbH* liegen nach der Gemeinkostenverteilung im BAB für die abgelaufene Rechnungsperiode 09 (1 Jahr) folgende Gemeinkosten vor:

Material:	51.818 EUR
Fertigung:	686.220 EUR
Verwaltung:	168.624 EUR
Vertrieb:	77.460 EUR

Die Ist-Gemeinkostenzuschlagssätze der Rechnungsperiode 09 der *EMAG GmbH* betragen (siehe Aufgabe 3.III.2):

Materialgemeinkosten:	15,00 %
Fertigungsgemeinkosten:	291,39 %
Verwaltungsgemeinkosten:	12,78 %
Vertriebsgemeinkosten:	5,85 %

Aufgrund von Belegen und Einzelnachweisen liegen folgende Daten vor:

Materialeinzelkosten:	345.450 EUR	
Fertigungseinzelkosten:	235.500 EUR	
Aktivierte Eigenleistung:	15.500 EUR	
Unfertige Erzeugnisse:	Anfangsbestand:	125.550 EUR
	Endbestand:	90.050 EUR
Fertige Erzeugnisse:	Anfangsbestand:	65.500 EUR
	Endbestand:	80.250 EUR

Die Geschäftsleitung der *EMAG GmbH* möchte wissen, wie sich der Fertigungsgemeinkostenzuschlagssatz in der Rechnungsperiode 09 verändert, wenn für die Kalkulation Maschinenstundensätze verwendet werden.

Für die Maschinen *M I* und *M II* liegen für die abgelaufene Periode 09 folgende Daten vor:

	Maschine *M I*	Maschine *M II*
Anschaffungskosten (AK):	120.000 EUR	190.500 EUR
Wiederbeschaffungswert (WBW):	144.000 EUR	204.960 EUR
Nutzungsdauer (Jahre):	6	10
Kalkulatorische Zinsen: (vom durchschnittlich gebundenen Kapital)	8 %	8 %
Energieaufnahme:	50 kWh	70 kWh
Stromkosten je kWh:	0,16 EUR	0,16 EUR
Grundgebühr – Stromzähler (monatlich):	45 EUR	45 EUR
Instandhaltungskosten (jährlich):	4.680 EUR	5.460 EUR
Stand- und Arbeitsfläche:	24 m^2	35 m^2
Raumkosten je m^2 (monatlich):	18 EUR	18 EUR
Werkzeugkosten: (monatlich):	225 EUR	350 EUR
Betriebsstoffkosten (jährlich):	1.800 EUR	2.640 EUR
Maximale Laufzeit (monatlich):	120Std.	125 Std.
Stillstandszeit (monatlich):	18 Std.	25 Std.

Aufgaben:

1) Berechnen Sie auf zwei Dezimale die Stundensätze für Maschine *M I* und *M II.*
2) Ermitteln Sie:
   a) die Restgemeinkosten für die Fertigungshauptkostenstelle
   b) auf zwei Dezimale den Fertigungsrestgemeinkostenzuschlagssatz.
3) Erstellen Sie aufgrund einer Anfrage der ERGON AG in der Periode 10 die Kalkulation für die Produktion von 2.000 Schrauben vom Typ "TX", die auf der Maschine *M I* und *M II* gefertigt werden sollen, mit den aus Rechnungsperiode 09 ermittelten Kalkulationssätzen und folgenden Angaben:

Materialeinzelkosten:	1.500 EUR
Fertigungseinzelkosten:	1.250 EUR
Sondereinzelkosten der Fertigung:	455 EUR
Maschinenstunden *M I:*	25 Std.
Maschinenstunden *M II:*	35 Std.

Lösung 3.IV.6

Aufgabe 1)

Ermittlung Maschinenstundensatz:

	Maschine I EUR	Maschine II EUR
Kalkulatorische Abschreibungen	2.000	1.708
Kalkulatorische Zinsen	400	635
Energiekosten	816	1.120
Grundgebühr	45	45
Instandhaltungskosten	390	455
Raumkosten	432	630
Werkzeugkosten	225	350
Betriebsstoffkosten	150	220
Maschinenabhängige Kosten (mtl.)	4.458	5.163
Maschinenabhängige Kosten (jährlich)	53.496	61.956

Laufstunden (monatlich) Std.	102	100
Laufstunden (jährlich) Std.	1.224	1.200
Maschinenstundensatz EUR/Std.	43,71	51,63

Anmerkungen:

Kalk. Abschreibungen:	WBW : Nutzungsdauer
Kalk. Zinsen:	(AK : 2) • 8 %
Energiekosten:	Energieaufnahme • Strompreis • Laufstunden
Laufstunden:	maximale Laufzeit – Stillstandszeit

Aufgabe 2) a)

Ermittlung Fertigungs*rest*gemeinkosten:

Fertigungsgemeinkosten	686.220 EUR	
– Maschinenkosten M I	53.496 EUR	(4.458 EUR • 12)
– Maschinenkosten M II	61.956 EUR	(5.163 EUR • 12)
= Fertigungs*rest*gemeinkosten	570.768 EUR	

Aufgabe 2) b)

Ermittlung Fertigungs*rest*gemeinkostenzuschlagssatz:

	Kosten EUR	Zuschlag %
Fertigungseinzelkosten	235.500	
Fertigungs*rest*gemeinkosten	570.768	242,36
Maschinenkosten I	53.496	
Maschinenkosten II	61.956	
Fertigungskosten	921.720	

Aufgabe 3)

Kalkulation 2.000 Schrauben vom Typ "TX":

	Kosten EUR	Zuschlag %
Materialeinzelkosten	1.500	
Materialgemeinkosten	225	15,00[1)]
Materialkosten	1.725	
Fertigungseinzelkosten	1.250	
Fertigungs*rest*gemeinkosten	3.030	242,36
Maschinenkosten I	1.093	
Maschinenstunden: 25 Std.		
Maschinenstundensatz: 43,71 EUR/Std.		
Maschinenkosten II	1.807	
Maschinenstunden: 35 Std.		
Maschinenstundensatz: 51,63 EUR/Std.		
Sondereinzelkosten der Fertigung	455	
Fertigungskosten	7.635	
Herstellkosten	9.360	
Verwaltungsgemeinkosten	1.196	12,78[1)]
Vertriebsgemeinkosten	548	5,85[1)]
Selbstkosten	11.104	

1) zur Ermittlung der Zuschlagssätze siehe Aufgabe 3.III.2

Aufgabe	**3.IV.7**	**3. Kapitel IV.2.3.4.1**
Kuppelkalkulation – Restwertrechnung		

Sachverhalt:

In einem Unternehmen entstehen im Rahmen eines Produktionsprozesses neben dem Hauptprodukt zwangsläufig die Nebenprodukte N_1 und N_2. Die drei Produktarten werden aus dem gleichen Ausgangsstoff gewonnen. Die Ausbringungsrelation der Produkte ist durch den Kuppelprozess fest vorgegeben.

Für die Kuppelproduktion, die Gesamtherstellkosten in Höhe von 552.860 EUR verursacht, liegen folgende Informationen vor:

Kuppelprodukt	Produktions-menge Liter	Weiterverarbeitungs-kosten EUR/Liter	Marktpreis EUR/Liter
Hauptprodukt	6.000	–	
Nebenprodukt N_1	2.200	3,50	20,80
Nebenprodukt N_2	1.500	2,20	15,00

Das Hauptprodukt soll kalkuliert werden mit:

9,25 % Verwaltungsgemeinkosten und

7,70 % Vertriebsgemeinkosten.

Aufgabe:

Ermitteln Sie die Herstellkosten und die Selbstkosten des Hauptproduktes pro Liter.

Lösung	**3.IV.7**

Herstellkosten für das Hauptprodukt:

Nebenprodukt	Erlös EUR	Weiterverarbeitungskosten EUR	Nettoerlös EUR
N_1	45.760	7.700	38.060
N_2	22.500	3.300	19.200
Σ	68.260	11.000	57.260

Herstellkosten der Kuppelproduktion	552.860 EUR
– Nettoerlöse/Nebenprodukt N_1	38.060 EUR
– Nettoerlöse/Nebenprodukt N_2	19.200 EUR
= Herstellkosten (Restkosten) Hauptprodukt	495.600 EUR

$$\text{Stückherstellkosten Hauptprodukt} = \frac{\text{Restkosten Hauptprodukt}}{\text{Gesamtproduktion Hauptprodukt}}$$

$$k_{HK} = \frac{495.600\ \text{EUR}}{6.000\ \text{Liter}} = 82{,}60\ \text{EUR/Liter}$$

Stückselbstkosten für das Hauptprodukt:

	Zuschlag %	Kosten EUR/Liter
Herstellkosten		82,60
+ Verwaltungsgemeinkosten	9,25	7,64
+ Vertriebsgemeinkosten	7,70	6,36
= Selbstkosten		96,60

Aufgabe	3.IV.8	3. Kapitel IV.2.3.4.2
Kuppelkalkulation – Verteilungsrechnung		

Sachverhalt:

In einem Unternehmen werden in einem Produktionsprozess vier gleichwertige Kuppelprodukte, Produkt A, B, C und Produkt D, erzeugt. Alle Produkte werden anschließend ohne weitere Bearbeitung verkauft.
Die Herstellkosten (HK) des Kuppelprozesses betragen insgesamt 3.956.000 EUR.
Für die Kuppelprodukte liegen folgende Informationen vor:

Kuppelprodukt	Produktionsmenge (= Absatzmenge) Liter	Marktpreis (Verkaufspreis) EUR/Liter	Sondereinzelkosten des Vertriebs (SEKV) EUR/Liter
A	12.000	20,00	0,10
B	16.000	25,00	0,15
C	4.000	40,00	0,25
D	6.000	10,00	0,05

Zusätzlich sind 257.140 EUR an Verwaltungsgemeinkosten und 168.130 EUR an Vertriebsgemeinkosten für den Absatz der Kuppelprodukte zu berücksichtigen.

Aufgaben:

1) Ermitteln Sie nach der Verteilungsrechnung (Marktwertmethode/Marktwertäquivalenzziffernmethode)
   a) die Herstellkosten je Liter und die Gesamtherstellkosten je Produktart sowie
   b) die Selbstkosten je Liter der vier Hauptprodukte.
2) Ermitteln Sie auf der Basis der Produktionsmengen der Produkte A, B, C und D (12.000 Liter des Hauptproduktes A = 1,00)
   a) die Herstellkosten je Liter und die Gesamtherstellkosten je Produktart sowie
   b) die Selbstkosten je Liter der vier Hauptprodukte.

Lösung 3.IV.8

Aufgabe 1)

a) Herstellkosten je Liter und Gesamtherstellkosten je Produktart:

Die Herstellkosten der Produkte A, B, C und D werden mit Hilfe von Äquivalenzziffern (4, 5, 8, 2), die aus den Marktpreisen (20, 25, 40, 10) gewonnen werden, ermittelt:

Kuppel-produkt	Produktions-menge x Liter	Äquiva-lenzziffern ä	Rechnungs-einheiten RE = x • ä	Stück-herstellkosten $k_{HK} = \frac{HK}{RE} \cdot ä$ EUR/Liter	Gesamt-herstellkosten $K_{HK} = k_{HK} \cdot x$ EUR/Produktart
A	12.000	4	48.000	92,00	1.104.000
B	16.000	5	80.000	115,00	1.840.000
C	4.000	8	32.000	184,00	736.000
D	6.000	2	12.000	46,00	276.000
Σ			172.000		3.956.000

$$\text{Herstellkosten je Rechnungseinheit} = \frac{HK}{RE} = \frac{3.956.000 \text{ EUR}}{172.000 \text{ RE}} = 23{,}00 \text{ EUR/RE}$$

b) Für die Selbstkosten je Liter der vier Kuppelprodukte ergeben sich demnach:

Kuppel-produkt	Stück-herstell-kosten k_{HK} EUR/Liter	Verwaltungs-gemeinkosten (6,50 %) k_{Vw} EUR/Liter	Vertriebs-gemeinkosten (4,25 %) k_{Vt} EUR/Liter	Sonder-einzelkosten des Vertriebs SEKV EUR/Liter	Stück-selbstkosten k EUR/Liter
A	92,00	5,98	3,91	0,10	101,99
B	115,00	7,48	4,89	0,15	127,52
C	184,00	11,96	7,82	0,25	204,03
D	46,00	2,99	1,96	0,05	51,00

bzw.

a) Herstellkosten je Liter und Gesamtherstellkosten je Produktart:

Die Herstellkosten in Höhe von 3.956.000 EUR werden auf die Produkte A, B, C und D nach dem Marktwert (Marktumsatz) der vier Kuppelprodukte verteilt:

Kuppel-produkt	Produktions-menge x Liter	Markt-preis p EUR/Liter	Markt-umsatz $x \bullet p$ EUR	Stück-herstellkosten k_{HK} = HKje1 € Marktwert • p EUR/Liter	Gesamt-herstellkosten $K_{HK} = k_{HK} \bullet x$ EUR/Produktart
A	12.000	20	240.000	92,00	1.104.000
B	16.000	25	400.000	115,00	1.840.000
C	4.000	40	160.000	184,00	736.000
D	6.000	10	60.000	46,00	276.000
Σ			860.000		3.956.000

Herstellkosten je 1 EUR Marktwert =

$$= \frac{\text{Herstellkosten}}{\text{Summe Marktwert}} = \frac{3.956.000 \text{ EUR}}{860.000 \text{ EUR}} = 4{,}60 \text{ EUR/EUR}$$

b) Für die Selbstkosten je Liter der vier Kuppelprodukte ergeben sich demnach:

Kuppel-produkt	Stück-herstell-kosten k_{HK} EUR/Liter	Verwaltungs-gemeinkosten (6,50 %) k_{Vw} EUR/Liter	Vertriebs-gemeinkosten (4,25 %) k_{Vt} EUR/Liter	Sonder-einzelkosten des Vertriebs SEKV EUR/Liter	Stück-selbstkosten k EUR/Liter
A	92,00	5,98	3,91	0,10	101,99
B	115,00	7,48	4,89	0,15	127,52
C	184,00	11,96	7,82	0,25	204,03
D	46,00	2,99	1,96	0,05	51,00

Aufgabe 2)

a) Herstellkosten je Liter und Gesamtherstellkosten je Produktart:

Die Herstellkosten in Höhe von 3.956.000 EUR werden auf die vier Produkte mit Hilfe von Äquivalenzziffern verteilt. Hierbei werden als Basis für die Äquivalenzziffern die Produktionsmengen in Liter (12.000 Liter des Hauptproduktes A = 1,00) verwendet:

Kuppelprodukt	Produktionsmenge x Liter	Äquivalenzziffern ä	Rechnungseinheiten RE = x • ä	Stückherstellkosten $k_{HK} = \frac{HK}{RE} \bullet ä$ EUR/Liter	Gesamtherstellkosten $K_{HK} = k_{HK} \bullet x$ EUR/Produktart
A	12.000	1,00	12.000,00	105,0265	1.260.319
B	16.000	1,333333	21.333,33	140,0354	2.240.566
C	4.000	0,333333	1.333,33	35,0088	140.035
D	6.000	0,50	3.000.00	52,5133	315.080
Σ			37.666,67		3.956.000

$$\text{Herstellkosten je Rechnungseinheit} = \frac{HK}{RE} = \frac{3.956.000\ EUR}{37.666,67\ RE} = 105,0265\ EUR/RE$$

b) Selbstkosten je Liter der vier Kuppelprodukte:

Kuppelprodukt	Stückherstellkosten k_{HK} EUR/Liter	Verwaltungsgemeinkosten (6,50 %) k_{Vw} EUR/Liter	Vertriebsgemeinkosten (4,25 %) k_{Vt} EUR/Liter	Sondereinzelkosten des Vertriebs SEKV EUR/Liter	Stückselbstkosten k EUR/Liter
A	105,0265	6,8267	4,4636	0,10	116,42
B	140,0354	9,1023	5,9515	0,15	155,24
C	35,0088	2,2756	1,4879	0,25	39,02
D	52,5133	3,4134	2,2318	0,05	58,21

Aufgabe	3.IV.9	3. Kapitel IV.2.3.5
Preiskalkulation (Angebotskalkulation)		

Sachverhalt I (siehe Aufgabe 3.IV.6):

Die ERGON AG aus Dresden wünscht ein Netto-Angebotspreis über 2.000 Schrauben vom Typ "TX". Die Selbstkosten für die 2.000 Schrauben vom Typ "TX" betragen 11.104 EUR (vgl. Ergebnis von Aufgabe 3.IV.6).
Für Verpackung und Transport fallen voraussichtlich 255 EUR und für die Transportversicherung 175 EUR an.
Die *EMAG GmbH* kalkuliert mit folgenden Zuschlägen:

Skonto:	2,0 %
Gewinn:	8,2 %
Rabatt:	3,0 %.

Aufgabe:

Ermitteln Sie den Netto-Angebotspreis.

Sachverhalt II:

Die *EMAG GmbH* muss aus Konkurrenzgründen die 2.000 Schrauben vom Typ "TX" zu 12.500 EUR (Netto-Marktpreis) anbieten. Sie kalkuliert mit folgenden Zuschlägen:

Skonto:	2,0 %
Gewinn:	8,2 %
Rabatt:	3,0 %.

Aufgabe:

Ermitteln Sie zu welchen Selbstkosten die *EMAG GmbH* die 2.000 Schrauben vom Typ "TX" hergestellt muss, um einen Gewinn von 8,2 % zu realisieren.

Sachverhalt III:

Die Selbstkosten für die 2.000 Schrauben vom Typ "TX" betragen 11.104 EUR (vgl. Ergebnis von Aufgabe 3.IV.6).
Aus Konkurrenzgründen muss die *EMAG GmbH* die 2.000 Schrauben vom Typ "TX" der ERGON AG aus Dresden zu 12.500 EUR (Netto-Marktpreis) anbieten.
Für Verpackung und Transport fallen voraussichtlich 255 EUR und für die Transportversicherung 175 EUR an.
Die *EMAG GmbH* kalkuliert mit 2,0 % Skonto und 3,0 % Rabatt.

Aufgabe:

Ermitteln Sie welchen Gewinn in EUR und in Prozent die *EMAG GmbH* für die 2.000 Schrauben vom Typ "TX" erzielt.

Lösung	3.IV.9

Sachverhalt I

Progressive Preiskalkulation:

	Kosten EUR	Zuschlag %
Selbstkosten I	11.104[1)]	
Verpackung/Transport	255	
Transportversicherung	175	
Selbstkosten II	11.534	
Gewinn	946	8,20
Barverkaufspreis	12.480	
Kundenskonto	255	2,00
Zielverkaufspreis	12.735	
Kundenrabatt	394	3,00
Netto-Angebotspreis	13.129	

1) zur Ermittlung der Selbstkosten siehe Aufgabe 3.IV.6

Sachverhalt II

Retrograde Preiskalkulation:

	Kosten EUR	Zuschlag %
Netto-Marktpreis	12.500	
– Kundenrabatt	375	3,00
= Zielverkaufspreis	12.125	
– Kundenskonto	243	2,00
= Barverkaufspreis	11.882	
– Gewinn	900	8,20
= Selbstkosten II	10.982	
– Verpackung/Transport	255	
– Transportversicherung	175	
= Selbstkosten I	10.552	

Sachverhalt III

Progressiv-retrograde Gewinnkontrolle:

	Kosten EUR	Zuschlag %
Selbstkosten I	11.104	
+ Verpackung/Transport	255	
+ Transportversicherung	175	
= Selbstkosten II	11.534	
Gewinn	*348*	*3,02*
= Barverkaufspreis	11.882	
– Kundenskonto	243	2,00
= Zielverkaufspreis	12.125	
– Kundenrabatt	375	3,00
= Netto-Marktpreis	12.500	

Aufgabe	3.IV.10	3. Kapitel IV.3.2

Betriebsergebnisrechnung:
Gesamtkostenverfahren
Umsatzkostenverfahren
Kostenträgerzeitblatt

Sachverhalt:

Der Betriebsabrechnungsbogen der *Weber Maschinenfabrik GmbH* weist für die abgelaufene Rechnungsperiode folgende Zahlen aus:

Materialgemeinkosten:	20.500 EUR
Fertigungsgemeinkosten:	
Fertigungshauptkostenstelle I:	720.000 EUR
Fertigungshauptkostenstelle II:	495.000 EUR
Herstellkosten des Umsatzes:	2.092.250 EUR
Verwaltungsgemeinkosten:	132.350 EUR
Vertriebsgemeinkosten:	175.350 EUR.

Gleichzeitig wurden aufgrund von Belegen und Einzelnachweisen für die gleiche Rechnungsperiode folgende Daten ermittelt:

Verkaufserlöse:	2.850.000 EUR
Materialeinzelkosten:	300.000 EUR
Fertigungseinzelkosten I:	475.000 EUR
Fertigungseinzelkosten II:	215.000 EUR
Halb- und Fertigerzeugnisse:	
Anfangsbestand:	227.500 EUR
Endbestand:	341.500 EUR
Aktivierte Eigenleistung:	
selbsterstellte Maschine:	19.250 EUR.

Die *Weber Maschinenfabrik GmbH* kalkuliert mit folgenden Normalzuschlagssätze:

Materialgemeinkosten:	7,50 %
Fertigungsgemeinkosten I:	140,00 %
Fertigungsgemeinkosten II:	235,00 %
Verwaltungsgemeinkosten:	6,50 %
Vertriebsgemeinkosten:	8,00 %

Aufgaben:

1) Ermitteln Sie für die *Weber Maschinenfabrik GmbH* das Betriebsergebnis mit Hilfe des:
   a) Gesamtkostenverfahrens
   b) Umsatzkostenverfahrens.
2) Ermitteln Sie für die *Weber Maschinenfabrik GmbH* anhand des Kostenträgerzeitblattes:
   a) die verrechneten Normalgemeinkosten
   b) die Ist-Selbstkosten des Umsatzes
   c) das Umsatzergebnis
   d) das Betriebsergebnis
   e) die Kostenüber- und Kostenunterdeckung.
3) Weisen Sie die Ist-Gemeinkostenzuschlagssätze der *Weber Maschinenfabrik GmbH* im Kostenträgerzeitblatt aus.

Lösung	3.IV.10

Aufgabe 1) a)

Ermittlung des Betriebsergebnisses: Gesamtkostenverfahren (GKV)

Gesamtkostenverfahren (GKV)			
Materialeinzelkosten	300.000	Umsatzerlöse	2.850.000
Materialgemeinkosten	20.500	Bestandsmehrungen	114.000
Fertigungseinzelkosten I	475.000	aktivierte Eigenleistungen	19.250
Fertigungsgemeinkosten I	720.000		
Fertigungseinzelkosten II	215.000		
Fertigungsgemeinkosten II	495.000		
Verwaltungsgemeinkosten	132.350		
Vertriebsgemeinkosten	175.350		
Betriebs*gewinn*	*450.050*		
	2.983.250		2.983.250

Aufgabe 1) b)

Ermittlung des Betriebsergebnisses: Umsatzkostenverfahren (UKV)

Umsatzkostenverfahren (UKV)			
Herstellkosten des Umsatzes	2.092.250	Umsatzerlöse	2.850.000
Verwaltungsgemeinkosten	132.350		
Vertriebsgemeinkosten	175.350		
Betriebs*gewinn*	*450.050*		
	2.550.400		2.850.000

Aufgabe 2) und 3)

Kostenträgerzeitblatt:

Weber GmbH	Ist - Werte		Normal - Werte		Über- / Unter-deckung
	Ist-kosten EUR	Ist-zuschlag %	Normal-kosten EUR	Normal-zuschlag %	Überdeck + Unterdeck – EUR
MEK	300.000		300.000		
+ MGK	20.500	6,83	22.500	7,50	+ 2.000
= MK	320.500		322.500		+ 2.000
FEK I	475.000		475.000		
+ FGK I	720.000	151,58	665.000	140,00	– 55.000
+ FEK II	215.000		215.000		
+ FGK II	495.000	230,23	505.250	235,00	+ 10.250
= FK	1.905.000		1.860.250		– 44.750
= HK_{Prod}	2.225.500		2.182.750		– 42.750
– Bestandsmehr.	– 114.000		– 114.000		
– akt. Eigenleist.	– 19.250		– 19.250		
= HK_{Ums}	2.092.250		2.049.500		– 42.750
+ VwGK	132.350	5,95	141.879	6,50	+ 9.529
+ VtGK	175.350	8,38	163.960	8,00	– 11.390
= SK_{Ums}	2.399.950		2.355.339		– 44.611
Umsatzerlöse	2.850.000		2.850.000		
– SK_{Ums}	2.399.950		2.355.339		
= Umsatzergebnis			494.661		
– Unterdeckung			– 44.611	←	– 44.611
= Betriebs*gewinn*	*450.050*		*450.050*		

Fallstudie	VKR - *Kramer GmbH*	3. Kapitel
Verrechnungstechnischer Ablauf der Vollkostenrechnung		

Sachverhalt I:

Die *Kramer GmbH* schließt zum 31.12 der Abrechnungsperiode 10 (1 Jahr) die Gewinn- und Verlustrechnung mit folgenden Aufwendungen und Erträgen ab:

		EUR
1.	Umsatzerlöse für Fertigerzeugnisse	2.155.123
2.	Bestandserhöhung an Fertig- und Unfertigerzeugnissen	32.288
	- Bestandsmehrung: 212.788 EUR	
	- Bestandsminderung: 180.500 EUR	
3.	Aufwendungen für Roh-, Hilfs- und Betriebsstoffe	975.870
4.	Löhne und Gehälter	516.911
5.	soziale Abgaben und Aufwendungen	114.228
6.	Abschreibungen des Anlagevermögens	175.000
7.	sonstige betriebliche Aufwendungen	129.640
8.	Erträge aus Beteiligungen	5.240
9.	Erträge aus Wertpapieren und Ausleihungen des Finanzanlagevermögens	2.850
10.	Zinsen und ähnliche Erträge	800
11.	betriebliche Zinsaufwendungen	70.600
12.	Verlust aus dem Abgang von Gegenständen des Anlagevermögen	1.545
13.	außerordentliche Erträge	4.550
14.	außerordentliche Aufwendungen	12.350
15.	Steuern	15.000

Aus der Kosten- und Leistungsrechnung der *Kramer GmbH* liegen für die Abrechnungsperiode 10 folgende Angaben vor:

		EUR
-	kalkulatorische Abschreibungen für das Anlagevermögen	150.000
-	kalkulatorische Zinsen	90.000
-	Position 15 sind kostenwirksame Gewerbesteuerbeträge	
-	die sonstigen betrieblichen Aufwendungen sind in voller Höhe kostenwirksam	

Aufgabe:

Ermitteln Sie das Betriebsergebnis, das neutrale Ergebnis und das Gesamtergebnis der Periode 10 der *Kramer GmbH* mit Hilfe der statistisch-tabellarischen Abgrenzungsrechnung (zu Abgrenzungsrechnung siehe 1. Kapitel, Abschnitt II).

Abgrenzungsrechnung – Periode 10

	Rechnungskreis I		Rechnungskreis II					
	Erfolgsrechnung (G+V)		Abgrenzungs-Rechnung				Betriebsergebnisrechnung (KLR)	
	Aufwands- und Ertragsarten		unternehmensbez. Abgrenzung		betriebsbezogene Abgrenzung		Kosten- und Leistungsarten	
	Aufwendungen	Erträge	neutrale Aufw.	neutrale Erträge	Aufwendungen	verrech. Kosten	Kosten	Leistungen
Pos	EUR	EUR	EUR	EUR	EUR	EUR	EUR	EUR
1)								
2)								
3)								
4)								
5)								
6)								
7)								
8)								
9)								
10)								
11)								
12)								
13)								
14)								
15)								
	Gesamtergebnis		neutrales Ergebnis				Betriebsergebnis	
	Gesamtergebnis im Rechnungskreis I		Gesamtergebnis im Rechnungskreis II					

Sachverhalt II:

Die nachstehende Tabelle zeigt den Kostenartenplan der *Kramer GmbH* aus der Rechnungsperiode 10 (1 Jahr).
Die Summe der Einzel- und Gemeinkosten entspricht den Gesamtkosten, die innerhalb der Abrechnungsperiode 10 angefallen sind.

Kostenarten - Periode 10	EUR
I. Einzelkosten	
1. Materialeinzelkosten	960.870
2. Fertigungseinzelkosten I	145.931
3. Fertigungseinzelkosten II	125.208
4. Auftragsbezogene Fertigungskosten	25.500
5. Fracht- und Verpackungskosten	12.100
Summe Einzelkosten	*1.269.609*
II. Gemeinkosten	
6. Löhne und Gehälter	300.000
7. Soziale Abgaben	60.000
8. Fremdleistungskosten	36.000
9. Leasing, Miete	12.000
10. Fernsprechgebühren	3.000
11. Versicherungen	18.000
12. Heizung	9.800
13. Reinigung	4.240
14. Steuern, Beiträge	39.000
15. Kalkulatorische Abschreibungen	150.000
16. Kalkulatorische Zinsen	90.000
Summe Gemeinkosten	*722.040*
III. Gesamtkosten	1.991.649

Die *Kramer GmbH* verfügt über (siehe BAB, Seite 179):

5 Hauptkostenstellen:	Materialkostenstelle, Fertigungskostenstelle I und II, Verwaltungs- und Vertriebskostenstelle
2 allgemeine Hilfskostenstellen:	Kantine Reparaturstelle
1 besondere Hilfskostenstellen:	Fertigungshilfsstelle (Arbeitsvorbereitung)

Die *Kramer GmbH* hat in der abgelaufenen Periode 10 folgendes Produktionsprogramm erstellt:

Periode 10 (in EUR)		Produktionsprogramm Kramer GmbH							
Produktgruppe		A			B		C		D
Produkt		AX	AY	AZ	BT	BU	CK	CL	DN
Produzierte ME		1	1	1	1	1	1	1	1
	gesamt								
MEK	960.870	185.500	195.258	175.739	75.751	80.499	120.753	127.370	
FEK I	145.931	20.150	18.750	19.000	25.456	35.645	12.150	14.780	
FEK II	125.208	22.150	19.750	18.250	12.458	13.680	20.150	18.770	
SEKF	25.500	4.450	6.995	8.525	0	0	2.850	2.680	
SEKV	12.100	3.130	2.225	2.050	2.245	2.450	0		0
Erlös	2.155.123	430.500	422.720	353.073	235.345	276.785	215.845		220.855

MEK: Materialeinzelkosten
FEK: Fertigungseinzelkosten
SEKF: Sondereinzelkosten der Fertigung (auftragsbezogene Fertigungskosten)
SEKV: Sondereinzelkosten des Vertriebs (Fracht und Verpackungskosten)
Erlös: Umsatzerlös für Fertigerzeugnisse

In der Periode 10 hat die Kramer GmbH das *Produkt CL* produziert und zu Herstellkosten bewertet (212.788 EUR) auf Lager gelegt.

Für das *Produkt DN* (1 Stück), das in der Periode 9 hergestellt und mit 180.500 EUR aktiviert worden ist, konnte in der Periode 10 ein Umsatzerlös von 220.855 EUR erzielt werden.

Aufgabe 1:

Verteilen Sie an Hand des vorliegenden BAB die Gemeinkosten auf die einzelnen Kostenstellen (Reihenfolge der Kostenstellen beachten, siehe BAB, Seite 179).
(im BAB mit ganzzahligen Kostenbeträgen arbeiten, kaufmännisch runden)
Die Verteilung der Kostenstelleneinzelkosten ist bereits erfolgt.
Für die Verteilung der Kostenstellengemeinkosten sind nachfolgend Schlüsselzahlen bzw. Anteilsprozentsätze angegeben:

a) Für die Verteilung der Kostenart Soziale Abgaben sind folgende Schlüsselzahlen zu verwenden: 12, 9, 4, 11, 10, 7, 4, 3.

b) Die Anteilsprozentsätze für die Kostenart *Fremdleistungskosten* sind: 10, 20, 10, 5, 5, 0, 20, 30.

c) Die Schlüsselzahlen für die Kostenart *Leasing, Miete* betragen: 12, 9, 27, 4, 3, 5, 0, 0.

d) Die *Fernsprechgebühren* sind zunächst nach den Einheiten zu verteilen, wobei zu berücksichtigen ist, dass der Zwischenzähler für die Hauptkostenstellen und die besondere Hilfskostenstelle 5.954 Einheiten und der Zwischenzähler für die allgemeinen Hilfskostenstellen 2.977 Einheiten anzeigt.
Anschließend ist eine Verteilung an Hand der Anschlüsse je Kostenstelle vorzunehmen (Anschlüsse = 8, 12, 3, 6, 6, 5, 4, 6).

e) Die Kostenart *Versicherungen* wird mit folgenden Anteilsprozentsätzen auf die einzelnen Kostenstellen verteilt: 15, 10, 20, 3, 2, 35, 10, 5.

f) Die Räume der Fertigungshilfskostenstelle weisen eine Raumtemperatur von 17° C auf, während die Hauptkostenstellen eine Temperatur von 19° C haben.
Bei den allgemeinen Hilfskostenstellen beträgt die Lufttemperatur 21° C.
Genaue Messungen haben ergeben, dass sich die Heizkosten verdoppeln (verdreifachen), wenn man eine Raumtemperatur von 19° C (21° C) anstelle von 17° C haben will.
Die Kostenart *Heizung* ist nach der Raumgröße der beheizten Räume auf die Kostenstellen zu verteilen, wobei die unterschiedlichen Raumtemperaturen zu berücksichtigen sind (Raumgrößen in qm = 600, 400, 200, 300, 300, 400, 100, 200)

g) Bei der *Reinigung* ist zu beachten, ob es sich um mit Mobiliar bestellte Flächen oder um freie Flächen handelt. Aufgrund von Erfahrungen verursacht das Reinigen von freien Flächen im allgemeinen 50% weniger Kosten als das Reinigen bestellter Flächen. Da nur die Räume der beiden allgemeinen Hilfskostenstellen gereinigt werden, geht man von den unter f) genannten Raumgrößen aus. Die freie Fläche beträgt in der Kostenstelle Reparatur 20 qm und in der Kostenstelle Kantine 50 qm, während die restliche Fläche mit Mobiliar bestellt ist.

h) Die *Steuern, Beiträge* sind nach folgenden Schlüsselzahlen zu verteilen: 5; 6; 4; 1; 0; 2,5; 0; 1.

Aufgabe 2:

Verteilen Sie die Kosten der Hilfskostenstellen auf die Hauptkostenstellen mit Hilfe des Stufenleiterverfahrens/Treppenverfahrens (siehe BAB, Seite 179).
(im BAB mit ganzzahligen Kostenbeträgen arbeiten, kaufmännisch runden)

a) Die Kostenstelle *Kantine* hat folgende Essen (E) an die Kostenstellen abgegeben:
    Reparaturstelle: 1.520 E
    Arbeitsvorbereitung: 2.020 E
    Fertigungskostenstelle II: 3.250 E
    Fertigungskostenstelle I: 3.240 E
    Materialkostenstelle: 1.040 E
    Verwaltungskostenstelle: 2.275 E
    Vertriebskostenstelle: 1.755 E

b) Die Kostenstelle *Reparatur* hat folgende Reparaturstunden (Std.) an die Kostenstellen erbracht:
    Kantine: 50 Std.
    Arbeitsvorbereitung: 30 Std.
    Fertigungskostenstelle II: 60 Std.
    Fertigungskostenstelle I: 65 Std.
    Materialkostenstelle: 20 Std.
    Verwaltungskostenstelle: 10 Std.
    Vertriebskostenstelle: 15 Std.

c) Die *Fertigungshilfskostenstelle* hat an die Fertigungshauptkostenstellen Leistungen von insgesamt 924,10 Stunden erbracht:
    Fertigungskostenstelle II: 414,10 Std.
    Fertigungskostenstelle I: 510 Std.

Aufgabe 3:

Ermitteln Sie die Gemeinkostenzuschlagssätze (auf vier Dezimale) der *Kramer GmbH* für die Rechnungsperiode 10 basierend auf dem Kostenartenplan und den Gemeinkosten der Hauptkostenstellen bei Anwendung des Stufenleiterverfahrens (Treppenverfahren).

VKR		**Betriebsabrechnungsbogen (BAB) Kramer - GmbH**							
Periode 10 (in EUR)		Hauptkostenstellen					besondere Hilfskostenst.	allgemeine Hilfskostenstellen	
Gemeinkosten (GK)	gesamt	Vertriebs-kostenstelle	Verwaltungs-kostenstelle	Material-kostenstelle	Fertigungs-kostenstelle I	Fertigungs-kostenstelle II	Arbeits-vorbereitung	Reparatur-stelle	Kantine
6. Löhne u. Gehälter	300.000	60.000	45.000	20.000	55.000	50.000	35.000	20.000	15.000
7. Soziale Abgaben	60.000								
8. Fremdleistungsk.	36.000								
9. Leasing, Miete	12.000								
10. Fernsprechgebühren	3.000								
11. Versicherungen	18.000								
12. Heizung	9.800								
13. Reinigung	4.240								
14. Steuern, Beiträge	39.000								
15. Kalk. Abschreibung.	150.000	40.000	45.000	5.000	30.000	10.000	15.000	–	5.000
16. Kalk. Zinsen	90.000	24.000	27.000	2.000	13.000	10.000	10.000	–	4.000
Primäre Gemeinkosten	**722.040**								
Umlage Kantine									
Umlage Reparatur									
Umlage Arbeitsvorbereitung									
Sekundäre Gemeinkosten									
Summe Gemeinkosten									

VKR	**Betriebsabrechnungsbogen (BAB) Kramer - GmbH**								
Periode 10 (in EUR)		Hauptkostenstellen					besondere Hilfskostenst.	allgemeine Hilfskostenstellen	
	gesamt	Vertriebs-kostenstelle	Verwaltungs-kostenstelle	Material-kostenstelle	Fertigungs-kostenstelle I	Fertigungs-kostenstelle II	Arbeits-vorbereitung	Reparatur-stelle	Kantine
Ist-Gemeinkosten									
Ist-Zuschlagssatz (%)									
Normal-Zuschlagssatz (%)									
Normal-Gemeinkosten									
Kostenabweichung Überdeckung (+) Unterdeckung (-)									

Sachverhalt III:

Die *Kramer GmbH* kalkuliert in der Rechnungsperiode 10 mit folgenden Normal-Gemeinkostenzuschlagssätzen:

Materialgemeinkosten:	6 %
Fertigungsgemeinkosten I:	130 %
Fertigungsgemeinkosten II:	112 %
Verwaltungsgemeinkosten:	9 %
Vertriebsgemeinkosten:	10 %

Aufgabe:

Ermitteln Sie mit Hilfe der Ist- und Normal-Gemeinkosten die Gemeinkostenabweichung der *Kramer GmbH* in der Rechnungsperiode 10 (siehe BAB, Seite 180).

Sachverhalt IV:

Die *Kramer GmbH* soll im Monat Mai der Rechnungsperiode 10 für die ASKOP GmbH aus Dresden einen Kostenvoranschlag für die Herstellung des Produktes AZ erstellen.

Der Auftrag für das Produktes AZ erfordert voraussichtlich:

Fertigungsmaterial:	170.000 EUR
Fertigungslöhne der Kostenstelle I:	18.500 EUR
Fertigungslöhne der Kostenstelle II:	19.200 EUR
Sondereinzelkosten der Fertigung:	9.000 EUR
Sondereinzelkosten des Vertriebs:	2.100 EUR

Nach Fertigstellung des Produktes AZ im Monat Dezember der Rechnungsperiode 10 liegen folgende Informationen vor:

Fertigungsmaterial:	175.739 EUR
Fertigungslöhne I:	19.000 EUR
Fertigungslöhne II:	18.250 EUR
Sondereinzelkosten der Fertigung:	8.525 EUR
Sondereinzelkosten des Vertriebs:	2.050 EUR

Aufgaben:

1) Ermitteln Sie vorkalkulatorisch die Selbstkosten für die Auftragsanfrage.
2) Erstellen Sie die Nachkalkulation für das Produkt AZ und ermitteln Sie die Über- und Unterdeckungen.

Sachverhalt V:

Die ASKOP GmbH aus Dresden wünscht im Monat Mai der Periode 10 ein Angebotspreis für das Produkt AZ. In der Periode 10 kalkuliert die *Kramer GmbH* mit 3,0 % Skonto, 6,2 % Gewinn und 5,0 % Rabatt.
Die *Kramer GmbH* stellt fest, dass sie aus Konkurrenzgründen das Produkt AZ zu 375.250 EUR (= Netto-Marktpreis) der ASKOP GmbH anbieten muss.

Aufgaben:

1) Ermitteln Sie den Barverkaufspreis und den Netto-Angebotspreis.
2) Ermitteln Sie zu welchen Selbstkosten die *Kramer GmbH* das Produkt AZ in der Periode 10 herstellen muss, um den geplanten Gewinn von 6,2 % zu realisieren. (Skonto: 3,0 %, Rabatt: 5,0 %).
3) Ermitteln Sie welchen Gewinn in EUR und in Prozent (auf zwei Dezimale) die *Kramer GmbH* für das Produkt AZ voraussichtlich realisieren wird.

Sachverhalt VI:

Die *Kramer GmbH* erzielt durch den Verkauf des Produktes AZ an die ASKOP GmbH im Dezember der Periode 10 einen Umsatzerlös in Höhe von 353.073 EUR.

Aufgabe:

Ermitteln Sie welchen Gewinn in EUR und in Prozent (auf zwei Dezimale) die *Kramer GmbH* für das Produkt AZ realisiert hat.

Sachverhalt VII:

Die *Kramer GmbH* hat in der abgelaufenen Rechnungsperiode 10 Umsatzerlöse in Höhe von 2.155.123 EUR erzielt.

Aufgaben:

1) Ermitteln Sie für die *Kramer GmbH* anhand des Kostenträgerzeitblattes:
   a) die IST-Selbstkosten des Umsatzes
   b) das Betriebsergebnis
   c) das Umsatzergebnis
   d) die Kostenabweichungen.
2) Ermitteln Sie für das Produktionsprogramm der *Kramer GmbH* die Ergebnisse in der Rechnungsperiode 10:
   a) für die einzelnen Produkte und
   b) für die Produktgruppen.
3) Zeigen Sie mit Hilfe eines rechnerischen Nachweises, dass die gesamten Kosten der Rechnungsperiode 10 der *Kramer GmbH* im Rahmen der Betriebsergebnisrechnung kostenrechnerisch richtig verrechnet worden sind.

Lösung Fallstudie: VKR - *Kramer GmbH*

Sachverhalt I

Abgrenzungsrechnung (zur Abgrenzungsrechnung siehe 1. Kapitel, Abschnitt II):

Periode 10 (in EUR)			Abgrenzungsrechnung				*Kramer - GmbH*	
	Rechnungskreis I		Rechnungskreis II					
	Erfolgsrechnung (G+V)		Abgrenzungsrechnung				Betriebsergebnisrechnung (KLR)	
	Aufwands- und Ertragsarten		unternehmensbez. Abgrenzung		betriebsbezogene Abgrenzung		Kosten- und Leistungsarten	
	Aufwendungen	Erträge	neutrale Aufw.	neutrale Erträge	Aufwendungen	verrechn. Kosten	Kosten	Leistungen
1		2.155.123						2.155.123
2		32.288						32.288
3	975.870						975.870	
4	516.911						516.911	
5	114.228						114.228	
6	175.000				175.000	150.000	150.000	
7	129.640						129.640	
8		5.240		5.240				
9		2.850		2.850				
10		800		800				
11	70.600				70.600	90.000	90.000	
12	1.545		1.545					
13		4.550		4.550				
14	12.350		12.350					
15	15.000						15.000	
	2.011.144	2.200.851	13.895	13.440	245.600	240.000	1.991.649	2.187.411
	189.707			*455*		*5.600*	**195.762**	
	2.200.851	2.200.851	13.895	13.895	245.600	245.600	2.187.411	2.187.411
	Gesamtgewinn 189.707		***neutraler Verlust 6.055***				**Betriebsgewinn 195.762**	
	Rechnungskreis I: Gesamtergebnis 189.707		Rechnungskreis II: Gesamtergebnis 189.707					

Sachverhalt II

Aufgabe 1) und 2)

Primär- und Sekundärkostenrechnung/Innerbetriebliche Leistungsverrechnung:
(siehe BAB, Seite 187)

Verrechnungssätze – Stufenleiterverfahren (Treppenverfahren):

Hilfskostenstellen	Leistungsabgabe an nachgelagerte Kostenstellen	Verrechnungssatz (v)
Kantine	15.100 E	$v_K = \frac{45.300\text{ EUR}}{15.100\text{ E}} = 3{,}00\text{ EUR/E}$
Reparaturstelle	200 Rep-Std.	$v_R = \frac{40.000\text{ EUR}}{200\text{ Std.}} = 200{,}00\text{ EUR/Rep-Std.}$
Arbeitsvorbereitung	924,10 Std.	$v_A = \frac{92.410\text{ EUR}}{924{,}10\text{ Std.}} = 100{,}00\text{ EUR/Std.}$

Aufgabe 3):
(siehe auch BAB, Seite 187)

Ermittlung der Gemeinkostenzuschlagssätze:

Ermittlung der Zuschlagssätze für die Material- und Fertigungskostenstelle:

$$\text{MGK-Zuschlagssatz} = \frac{\text{MGK}}{\text{MEK}} \bullet 100 = \frac{59.670\text{ EUR}}{960.870\text{ EUR}} \bullet 100 = 6{,}2100\ \%$$

$$\text{FGK I-Zuschlagssatz} = \frac{\text{FGK I}}{\text{FEK I}} \bullet 100 = \frac{189.360\text{ EUR}}{145.931\text{ EUR}} \bullet 100 = 129{,}7600\ \%$$

$$\text{FGK II-Zuschlagssatz} = \frac{\text{FGK II}}{\text{FEK II}} \bullet 100 = \frac{147.420\text{ EUR}}{125.208\text{ EUR}} \bullet 100 = 117{,}7401\ \%$$

Ermittlung der Herstellkosten von Produktion und Umsatz:

MEK	960.870 EUR
+ MGK	59.670 EUR
+ FEK I	145.931 EUR
+ FGK I	189.360 EUR
+ FEK II	125.208 EUR
+ FGK II	147.420 EUR
+ SEKF	25.500 EUR
= HK_{Prod}	1.653.959 EUR
– Bestandsmehrungen (Produkt CL)	212.788 EUR
+ Bestandsminderungen (Produkt DN)	180.500 EUR
= HK_{Ums}	1.621.671 EUR

Für die Verwaltungs- und Vertriebsgemeinkosten ergeben sich somit folgende Zuschlagssätze:

$$\text{VwGK-Zuschlagssatz} = \frac{VwGK}{HK_{Prod}} \bullet 100 = \frac{159.825\ EUR}{1.653.959\ EUR} \bullet 100 = 9{,}6632\ \%$$

$$\text{VtGK-Zuschlagssatz} = \frac{VtGK}{HK_{Ums}} \bullet 100 = \frac{165.765\ EUR}{1.621.671\ EUR} \bullet 100 = 10{,}2219\ \%$$

VKR	**Betriebsabrechnungsbogen (BAB) Kramer - GmbH**								
Periode 10 (in EUR)		Hauptkostenstellen					besondere Hilfskostenst.	allgemeine Hilfskostenstellen	
Gemeinkosten (GK)	gesamt	Vertriebs-kostenstelle	Verwaltungs-kostenstelle	Material-kostenstelle	Fertigungs-kostenstelle I	Fertigungs-kostenstelle II	Arbeits-vorbereitung	Reparatur-stelle	Kantine
6. Löhne und Gehälter	300.000	60.000	45.000	20.000	55.000	50.000	35.000	20.000	15.000
7. Soziale Abgaben	60.000	12.000	9.000	4.000	11.000	10.000	7.000	4.000	3.000
8. Fremdleistungskosten	36.000	3.600	7.200	3.600	1.800	1.800	0	7.200	10.800
9. Leasing, Miete	12.000	2.400	1.800	5.400	800	600	1.000	0	0
10. Fernsprechgebühr	3.000	400	600	150	300	300	250	400	600
11. Versicherungen	18.000	2.700	1.800	3.600	540	360	6.300	1.800	900
12. Heizung	9.800	2.400	1.600	800	1.200	1.200	800	600	1.200
13. Reinigung	4.240	0	0	0	0	0	0	1.440	2.800
14. Steuern, Beiträge	39.000	10.000	12.000	8.000	2.000	0	5.000	0	2.000
15. Kalk. Abschreibungen	150.000	40.000	45.000	5.000	30.000	10.000	15.000	0	5.000
16. Kalk. Zinsen	90.000	24.000	27.000	2.000	13.000	10.000	10.000	0	4.000
primäre Gemeinkosten	***722.040***	***157.500***	***151.000***	***52.550***	***115.640***	***84.260***	***80.350***	***35.440***	***45.300***
Umlage Kantine	*3 €/E*	5.265	6.825	3.120	9.720	9.750	6.060	4.560	← 45.300
Umlage Reparatur	*200 €/Std*	3.000	2.000	4.000	13.000	12.000	6.000	← 40.000	
Umlage Arbeitsvorb.	*100 €/Std*				51.000	41.410	← 92.410		
sekundäre Gemeinkosten		*8.265*	*8.825*	*7.120*	*73.720*	*63.160*			
Summe Gemeinkosten	**722.040**	**165.765**	**159.825**	**59.670**	**189.360**	**147.420**			
Zuschlagsbasis									
MEK				*960.870*					
FEK I					*145.931*				
FEK II						*125.208*			
HK Prod			*1.653.959*						
HK Ums		*1.621.671*							
GK - Zuschlagssatz (%)		**10,2219**	**9,6632**	**6,2100**	**129,7600**	**117,7401**			

Sachverhalt III

Ermittlung der Gemeinkostenabweichung (siehe BAB, Seite 189):

Ermittlung der Normal-Gemeinkosten für die Material- und Fertigungskostenstelle:

$$MGK_{Normal} = MEK_{Ist} \bullet MGK_{Normal}\text{-Zuschlagssatz}$$
$$= 960.870 \text{ EUR} \bullet 6\,\% = 57.652 \text{ EUR}$$

$$FGK\ I_{Normal} = FEK\ I_{Ist} \bullet FGK\ I_{Normal}\text{-Zuschlagssatz}$$
$$= 145.931 \text{ EUR} \bullet 130\,\% = 189.710 \text{ EUR}$$

$$FGK\ II_{Normal} = FEK\ II_{Ist} \bullet FGK\ II_{Normal}\text{-Zuschlagssatz}$$
$$= 125.208 \text{ EUR} \bullet 112\,\% = 140.233 \text{ EUR}$$

Ermittlung der Normal-Herstellkosten der Produktion und des Umsatzes:

MEK Ist	960.870 EUR
+ MGK Normal	57.652 EUR
+ FEK I Ist	145.931 EUR
+ FGK I Normal	189.710 EUR
+ FEK II Ist	125.208 EUR
+ FGK II Normal	140.233 EUR
+ SEKF Ist	25.500 EUR
= HK_{Prod} Normal	1.645.104 EUR
– Bestandsmehrungen (Produkt CL) Ist	212.788 EUR
+ Bestandsminderungen (Produkt DN) Ist	180.500 EUR
= HK_{Ums} Normal	1.612.816 EUR

Ermittlung der Normal-Gemeinkosten für die Verwaltungs- und Vertriebskostenstelle:

$$VwGK_{Normal} = HK_{Prod}\text{ Normal} \bullet VwGK_{Normal}\text{-Zuschlagssatz}$$
$$= 1.645.104 \text{ EUR} \bullet 9\,\% = 148.059 \text{ EUR}$$

$$VtGK_{Normal} = HK_{Ums}\text{ Normal} \bullet VtGK_{Normal}\text{-Zuschlagssatz}$$
$$= 1.612.816 \text{ EUR} \bullet 10\,\% = 161.282 \text{ EUR}$$

VKR	Betriebsabrechnungsbogen (BAB) Kramer - GmbH								
Periode 10 (in EUR)		Hauptkostenstellen					besondere Hilfskostenst.	allgemeine Hilfskostenstellen	
	gesamt	Vertriebs-kostenstelle	Verwaltungs-kostenstelle	Material-kostenstelle	Fertigungs-kostenstelle I	Fertigungs-kostenstelle II	Arbeits-vorbereitung	Reparatur-stelle	Kantine
Ist-Gemeinkosten	722.040	165.765	159.825	59.670	189.360	147.420			
Ist-Zuschlagssatz (%)		10,2219	9,6632	6,2100	129,7600	117,7401			
Normal-Zuschlagssatz (%)		10	9	6	130	112			
Normal-Gemeinkosten	696.936	161.282	148.059	57.652	189.710	140.233			
Kostenabweichung Überdeckung (+) Unterdeckung (-)	**-25.104**	**-4.483**	**-11.766**	**-2.018**	**350**	**-7.187**			

Sachverhalt IV

Aufgabe 1) und 2)

Vor- und Nachkalkulation Produkt AZ/Kostenabweichungen:

Kalkulation Produkt AZ					*Kramer - GmbH*
Periode 10 (in EUR)	Vorkalkulation		Nachkalkulation		Überdeckung (+) Unterdeckung (-)
	Normal-Zuschlags-satz %	Normal-Kosten	Ist-Zuschlags-satz %	Ist-Kosten	
MEK		170.000		175.739	-5.739
+ MGK	6	10.200	6,2100	10.913	-713
= *MK*		*180.200*		*186.652*	*-6.452*
FEK I		18.500		19.000	-500
+ FGK I	130	24.050	129,7600	24.654	-604
+ FEK II		19.200		18.250	950
+ FGK II	112	21.504	117,7400	21.488	16
+ SEKF		9.000		8.525	475
= *FK*		*92.254*		*91.917*	*337*
= HK		272.454		278.569	-6.115
+ VwGK	9	24.521	9,6632	26.919	-2.398
+ VtGK	10	27.245	10,2219	28.475	-1.230
+ SEKV		2.100		2.050	50
= SK		326.320		336.013	-9.693
Unterdeckung					*-9.693*

Sachverhalt V

Aufgabe 1)

Progressive Preiskalkulation		
Kramer - GmbH	Produkt AZ	
Periode 10 (in EUR)		Zuschlag %
Selbstkosten	326.320	
+ Gewinn	20.232	6,20
= Barverkaufspreis	346.552	
+ Kundenskonto	10.718	3,00
= Zielverkaufspreis	357.270	
+ Kundenrabatt	18.804	5,00
= Netto-Angebotspreis	376.074	

Aufgabe 2)

Retrograde Preiskalkulation		
Kramer – GmbH	Produkt AZ	
Periode 10 (in EUR)		Zuschlag %
Netto-Marktpreis	375.250	
– Kundenrabatt	18.763	5,00
= Zielverkaufspreis	356.487	
– Kundenskonto	10.695	3,00
= Barverkaufspreis	345.792	
– Gewinn	20.187	6,20
= Selbstkosten	325.605	

Aufgabe 3)

Progressiv-retrograde Gewinnkontrolle (*Soll*)		
Kramer - GmbH	Produkt AZ	
Periode 10 (in EUR)		Zuschlag %
Selbstkosten	326.320	
Gewinn	*19.472*	*5,97*
= Barverkaufspreis	345.792	
– Kundenskonto	10.695	3,00
= Zielverkaufspreis	356.487	
– Kundenrabatt	18.763	5,00
Netto-Marktpreis	375.250	

Sachverhalt VI

Ermittlung des realisierten Gewinns für das Produkt AZ:

Progressiv-retrograde Gewinnkontrolle (*IST*)		
Kramer - GmbH	Produkt AZ	
Periode 10 (in EUR)		Zuschlag %
= Selbstkosten (Ist)	336.013	
Gewinn	*17.060*	*5,08*
= Umsatzerlös	353.073	

Sachverhalt VII

Aufgabe 1)

Ermittlung Selbstkosten des Umsatzes und Betriebsergebnis:

Kostenträgerzeitblatt *Kramer - GmbH*	
Periode 10 (in EUR)	Ist-Wert gesamt
Materialeinzelkosten (MEK)	960.870
+ Materialgemeinkosten (MGK)	59.670
= Materialkosten (MK)	1.020.540
Fertigungseinzelkosten I (FEK I)	145.931
+ Fertigungsgemeinkosten I (FGK I)	189.360
+ Fertigungseinzelkosten II (FEK II)	125.208
+ Fertigungsgemeinkosten II (FGK II)	147.420
+ Sondereinzelkosten der Fertigung (SEKF)	25.500
= Fertigungskosten (FK)	633.419
= Herstellkosten der Produktion (HK_{Prod})	*1.653.959*
– Bestandsmehrungen (*Produkt CL*)	212.788
+ Bestandsminderungen (*Produkt DN*)	180.500
= Herstellkosten des Umsatzes (HK_{Ums})	*1.621.671*
+ Verwaltungsgemeinkosten (VwGK)	159.825
+ Vertriebsgemeinkosten (VtGK)	165.765
+ Sondereinzelkosten des Vertriebs (SEKV)	12.100
= Selbstkosten des Umsatzes (SK_{Ums})	**1.959.361**
Umsatzerlöse	**2.155.123**
– Selbstkosten des Umsatzes (SK_{Ums})	1.959.361
= Betriebsergebnis	**195.762**

Ermittlung Umsatzergebnis und Kostenabweichungen:

Kostenträgerzeitblatt (BAB II) *Kramer - GmbH*					
Periode 10 (in EUR)	Ist-Werte		Normal-Werte		Kosten-abweichung
	gesamt	%	gesamt	%	
Materialeinzelkosten (MEK)	960.870		960.870		
+ Materialgemeinkosten (MGK)	59.670	6,2100	57.652	6	-2.018
= Materialkosten (MK)	1.020.540		1.018.522		
Fertigungseinzelkosten I (FEK I)	145.931		145.931		
+ Fertigungsgemeinkosten I (FGK I)	189.360	129,7600	189.710	130	350
+ Fertigungseinzelkosten II (FEK II)	125.208		125.208		
+ Fertigungsgemeinkosten II (FGK II)	147.420	117,7401	140.233	112	-7.187
+ Sondereinzelkost. der Fertig. (SEKF)	25.500		25.500		
= Fertigungskosten (FK)	633.419		626.582		
= Herstellkosten der Prod. (HK_{Prod})	1.653.959		1.645.104		
– Bestandsmehrungen (*Produkt CL*)	212.788		212.788		
+ Bestandsminderungen (*Produkt DN*)	180.500		180.500		
= Herstellkosten des Ums. (HK_{Ums})	1.621.671		1.612.816		
+ Verwaltungsgemeinkosten (VwGK)	159.825	9,6632	148.059	9	-11.766
+ Vertriebsgemeinkosten (VtGK)	165.765	10,2219	161.282	10	-4.483
+ Sondereinzelk. des Vertriebs (SEKV)	12.100		12.100		
= Selbstkosten des Ums. (SK_{Ums})	**1.959.361**		***1.934.257***		-25.104
Umsatzerlöse	**2.155.123**		**2.155.123**		
– Selbstkosten des Umsatzes (SK_{Ums})	1.959.361		1.934.257		
= Umsatzergebnis			***220.866***		
– Unterdeckung			-25.104	←	-25.104
= Betriebsergebnis	**195.762**		195.762		

Aufgabe 2)

Ergebnisrechnung für das Produktionsprogramm in der Periode 10 der *Kramer GmbH* (siehe Seite 195):

VKR	**Kostenträgerzeitblatt**	**Kramer - GmbH**							
Produktgruppe		A			B		C		D
Produkt		AX	AY	AZ	BT	BU	CK	CL	DN
produzierte Mengen (ME)		1	1	1	1	1	1	1	1
Periode 10 (in EUR) gesamt	%								
Materialeinzelkosten (MEK) 960.870		185.500	195.258	175.739	75.751	80.499	120.753	127.370	
+ Materialgemeinkosten (MGK) 59.670	6,2100	11.520	12.126	10.913	4.704	4.999	7.499	7.910	
= Materialkosten (MK) 1.020.540		197.020	207.384	186.652	80.455	85.498	128.252	135.280	
Fertigungseinzelkosten I (FEK I) 145.931		20.150	18.750	19.000	25.456	35.645	12.150	14.780	
+ Fertigungsgemeinkosten I (FGK I) 189.360	129,7600	26.147	24.330	24.654	33.032	46.253	15.766	19.179	
+ Fertigungseinzelkosten II (FEK II) 125.208		22.150	19.750	18.250	12.458	13.680	20.150	18.770	
+ Fertigungsgemeinkosten II (FGK II) 147.420	117,7401	26.079	23.254	21.488	14.668	16.107	23.725	22.100	
+ Sondereinzelkosten der Fertig. (SEKF) 25.500		4.450	6.995	8.525	0	0	2.850	2.680	
= Fertigungskosten (FK) 633.419		98.976	93.079	91.917	85.614	111.685	74.640	77.508	
= Herstellkosten der Produktion (HK Prod) ***1.653.959***		295.996	300.462	278.569	166.069	197.183	202.892	212.788	
- Bestandsmehrungen (Produkt CL) 212.788									
+ Bestandsminderungen (Produkt DN) 180.500									
= Herstellkosten des Umsatzes (HK Ums) ***1.621.671***		295.996	300.462	278.569	166.069	197.183	202.892		180.500
+ Verwaltungsgemeinkosten (VwGK) 159.825	9,6632	28.603	29.034	26.919	16.048	19.054	19.606	20.562	0
+ Vertriebsgemeinkosten (VtGK) 165.765	10,2219	30.256	30.713	28.475	16.975	20.156	20.739		18.450
+ Sondereinzelkosten des Vertriebs (SEKV) 12.100		3.130	2.225	2.050	2.245	2.450	0		0
= Selbstkosten des Umsatzes (SKUms) **1.959.361**		***357.984***	***362.434***	***336.013***	***201.337***	***238.843***	***243.237***		***198.950***
Umsatzerlöse **2.155.123**		430.500	422.720	353.073	235.345	276.785	215.845		220.855
- Selbstkosten des Umsatzes (SKUms) 1.959.361		357.984	362.434	336.013	201.337	238.843	243.237		198.950
Ergebnis pro Produkt		***72.516***	***60.286***	***17.060***	***34.008***	***37.942***	***-27.392***		***21.905***
Ergebnis pro Produktgruppe		***149.862***			***71.950***		***-27.392***		***21.905***
= Betriebsergebnis [1)] **195.762**		***216.324***							

1) Das Gesamtergebnis der Produktgruppen von 216.324 EUR ist um 20.562 EUR (nicht verrechnete VwGK von Produkt CL) höher als das Betriebsergebnis in Höhe von 195.762 EUR.

Aufgabe 3)

Kostenverrechnung im Rahmen der Vollkostenrechnung in der Rechnungsperiode 10 der *Kramer GmbH*:

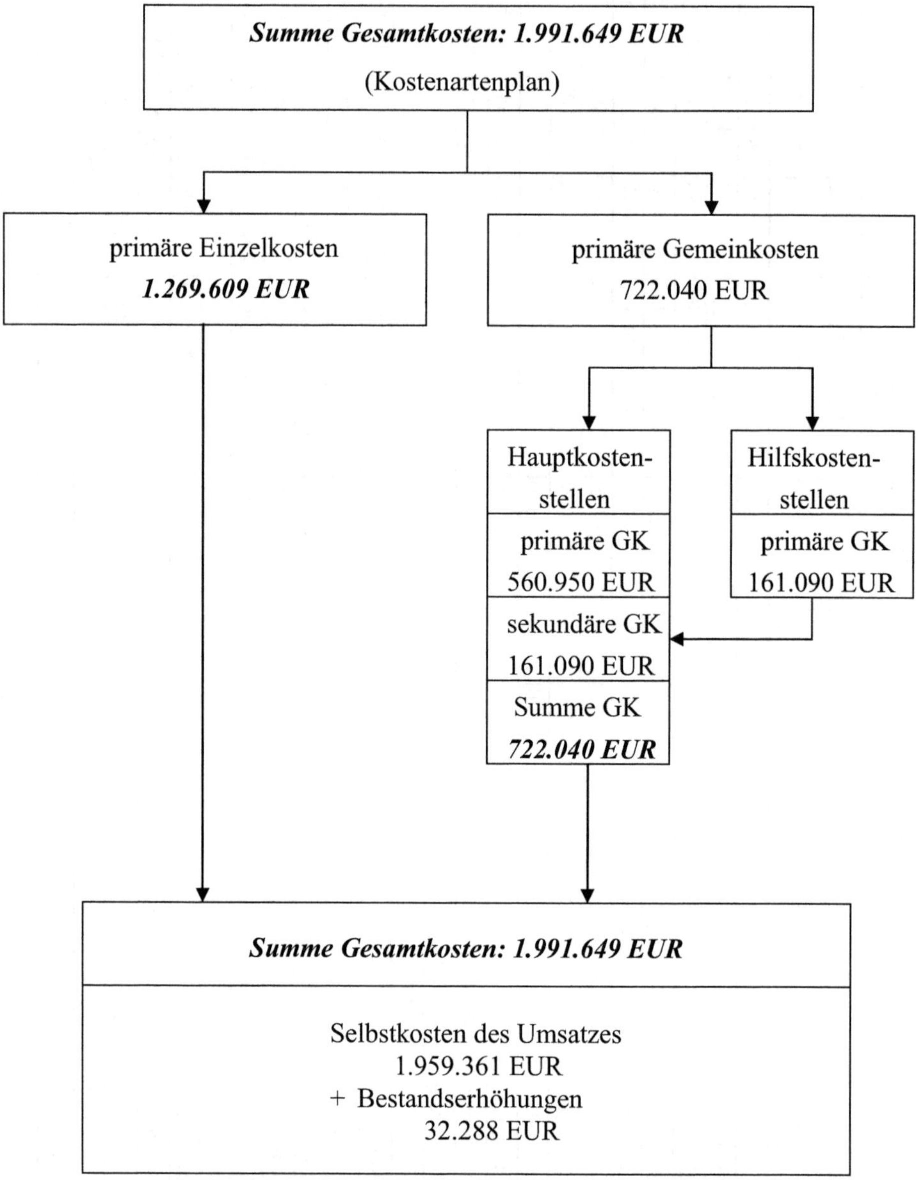

4. Kapitel

Teilkostenrechnung

Aufgaben, Testfragen und Fallstudie
Lösungen

I. Abschnitt: Allgemeine Merkmale der Teilkostenrechnung

Testfragen	**4. Kapitel I.1 - I.2**
Allgemeine Merkmale der Teilkostenrechnung	

Die folgenden Aussagen sind auf ihre Richtigkeit zu überprüfen, wobei mehrere Aussagen richtig bzw. falsch sein können.

Kennzeichnen Sie die Aussagen mit:
(+) Aussage ist richtig
(–) Aussage ist falsch

1) Stimmt es, dass:
   a) (   ) der kostentheoretische Ausgangspunkt der Teilkostenrechnung die Einteilung der gesamten Kosten in fixe und variable Kosten ist?
   b) (   ) Teilkostenrechnungen nur auf Basis von Istkosten durchgeführt werden können?
   c) (   ) im Rahmen der Teilkostenrechnung die Einteilung der Kosten in Einzel- und Gemeinkosten die Basis zur Kostenverrechnung darstellt?
   d) (   ) Teilkostenrechnungssysteme sich in der Kostenerfassung von Vollkostenrechnungssysteme unterscheiden?

2) Teilkostenrechnungen eignen sich insbesondere für:
   a) (+) Entscheidung über Annahme von Zusatzaufträgen
   b) (–) Ermittlung des Betriebsergebnisses
   c) (–) Ermittlung der Stückselbstkosten als Grundlage für Preispolitik
   d) (+) programm- und preispolitische Entscheidungen

3) Fixkosten:
   a) (−) sind immer Einzelkosten
   b) (−) sind immer Gemeinkosten
   c) (+) ergeben sich durch die Auflösung der Gesamtkosten
   d) (+) sind Kosten, die Einfluss auf die langfristige Verfahrenswahl haben

4) Verfahren der Kostenauflösung sind:
   a) (−) Simultanverfahren
   b) (−) Iterationsverfahren
   c) (+) Regressionsanalyse
   d) (+) buchtechnische Methode

5) Bei der Kostenauflösung mit Hilfe des Streupunktdiagramms:
   a) (−) werden Kenntnissen über den technischen Produktionsablauf sowie über die Absatz- und Verwaltungstätigkeiten mit berücksichtigt
   b) (−) werden für zwei unterschiedliche Beschäftigungsgrade, die jeweils angefallenen Gesamtkosten ermittelt
   c) (+) darf der Kostenverlauf nicht a priori als linear angenommen werden
   d) (+) wird nach Augenmaß eine sog. Ausgleichsgerade durch die Punkteschar gelegt

6) Stimmt es, dass:
   a) (+) bei der Hoch-Tief-Punkt-Methode den errechneten Werten der Fixkosten und variablen Stückkosten lediglich zwei Wertepaare zugrunde liegen
   b) (+) die Hoch-Tief-Punkt-Methode stärker zufallsbedingt ist als die graphische Methode
   c) (+) die graphische Methode beim Auftreten von Streupunktballungen versagt
   d) (+) bei der buchtechnischen Kostenauflösung i.d.R. keine objektiven Kriterien zugrunde gelegt werden

7) Die Anwendung der Methode der kleinsten Quadrate setzt voraus, dass:
   a) (   ) die Kosten der jeweiligen Beschäftigung in ein Koordinatensystem eingetragen werden
   b) (   ) detaillierte Aufzeichnungen über die Istkosten und die dabei existierenden Beschäftigungsgrade vorliegen
   c) (   ) die Beschäftigungsänderung ausschließlich für die Kostenhöhe bestimmend ist
   d) (   ) Kostenwerte und Beschäftigung positiv korreliert sind

8) Bei der mathematischen Methode der Kostenauflösung:

a) (+) wird unterstellt, dass der Kostenverlauf zwischen den beiden Punkten linear sei

b) (–) wird der niedrigste und der höchste Beschäftigungsgrad ausgewählt, der die Über- bzw. Unterbeschäftigung repräsentiert

c) (+) sind die proportionalen Stückkosten bei linearem Kostenverlauf identisch mit den Grenzkosten

d) (–) werden die Fixkosten als Residualkosten aus dem Differenzen-Quotienten aus Kosten- und Beschäftigungsdifferenz ermittelt

Lösung: Testfragen	4. Kapitel I.1 - I.2
Allgemeine Merkmale der Teilkostenrechnung	

Aufgabe	a)	b)	c)	d)
1)	+	–	–	–
2)	+	–	–	+
3)	–	–	+	+
4)	–	–	+	+
5)	–	–	+	+
6)	+	+	+	+
7)	–	+	+	+
8)	+	–	+	–

Aufgabe	4.I.1	4. Kapitel I.2
Kostenauflösung		

Sachverhalt:

Der Stromverbrauch in der Periode 05 der Kostenstelle "Fertigungsbereich 3245" der *Laufenmühle AG* ergibt sich aus den Aufschreibungen der vergangenen zwölf Monate laut nachstehender Tabelle:

Monat	i = 1 . . . n i	Beschäftigung in Maschinenstunden (Std.) x_i	Stromkosten EUR K_i
Januar	1	1.400	14.000
Februar	2	1.250	11.000
März	3	1.350	12.700
April	4	1.500	13.700
Mai	5	1.650	14.750
Juni	6	1.700	15.500
Juli	7	1.300	13.000
August	8	1.200	11.300
September	9	1.600	14.000
Oktober	10	1.750	15.000
November	11	1.550	14.700
Dezember	12	1.500	13.000

Aufgaben:

1) Ermitteln Sie mit den oben angegebenen Werte eine lineare Kostenfunktion für den "Fertigungsbereich 3245" der *Laufenmühle AG* mit Hilfe
   a) der graphischen Methode (Streupunktdiagramm)
   b) der mathematischen Kostenauflösung (Hoch-Tief-Punkt-Methode).
2) Bestimmen Sie für den "Fertigungsbereich 3245" der *Laufenmühle AG* eine lineare Kostenfunktion mit Hilfe der Methode der kleinsten Quadrate (Regressionsanalyse).

Lösung	4.I.1

Aufgabe 1) a)

Die Übertragung der Stromkosten und der jeweiligen Maschinenstunden der Periode 05 des "Fertigungsbereichs 3245" der *Laufenmühle AG* in ein Koordinatensystem ergibt ein Streupunktdiagramm (vgl. Abbildung, Seite 155).
In das erhaltene Streupunktdiagramm wird nach Augenmaß eine Ausgleichsgerade durch die Punkteschar so gelegt, dass die Streuung möglichst gut ausgeglichen ist.

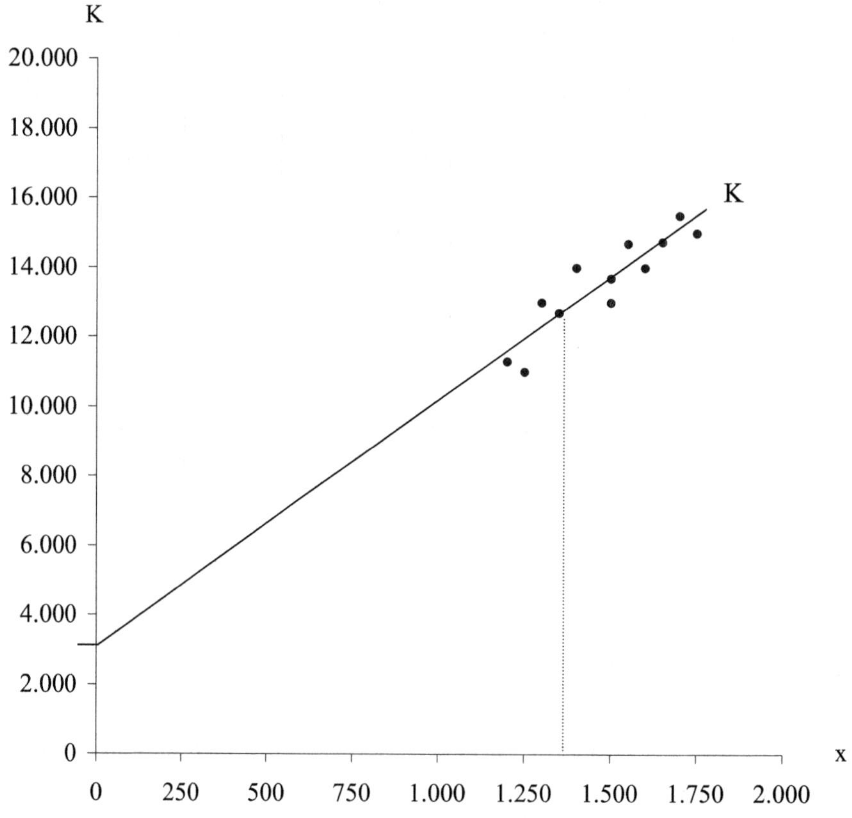

Die Ausgleichsgerade schneidet die y-Achse bei ≈ 3.000. Die fixen Kosten betragen demnach:

$K_f = 3.000$ EUR

Die variablen Gesamtkosten (K_v) ergeben sich für jede Maschinenstunde x_i aus:

$$K_{vi} = K_i - K_f \qquad i = 1, \ldots, n$$

Für den Beschäftigungswert x_3 = 1.350 Stunden, der auf der Geraden liegt, und den dazugehörigen Kostenwert K_3 = 12.700 EUR betragen die variablen Gesamtkosten:

$$K_{v3} = K_3 - K_f$$

$$K_{v3} = 12.700 \text{ EUR} - 3.000 \text{ EUR} = 9.700 \text{ EUR}$$

Für die variablen Stückkosten (k_v) ergibt sich folgender Wert:

$$k_{v3} = \frac{K_{v3}}{x_3} = \frac{9.700 \text{ EUR}}{1.350 \text{ Std.}} = 7{,}1851 \text{ EUR/Std.} \approx 7{,}19 \text{ EUR/Std.}$$

Die lineare Kostenfunktion lautet demnach:

$$K = K_f + k_v \bullet x$$

$$K = 3.000 + 7{,}19 \bullet x$$

Aufgabe 1) b)

Aus den vorliegenden Kosten-/Beschäftigungs-Wertepaaren des "Fertigungsbereichs 3245" der *Laufenmühle AG* lassen sich nach der Hoch-Tief-Punkt-Methode die Kosten ermitteln:

niedrigste Beschäftigung: x_8 = 1.200 Std.
höchste Beschäftigung: x_{10} = 1.750 Std.

die dazugehörigen Kostenwerte sind:

K_8 = 11.300 EUR
K_{10} = 15.000 EUR

Für die Kostenfunktion gilt allgemein:

$$K = K_f + k_v \bullet x$$

Für die variablen Stückkosten (k_v) und die fixen Kosten (K_f) ergeben sich folgende Werte:

$$k_v = \frac{K_{10} - K_8}{x_{10} - x_8} = \frac{15.000\text{ EUR} - 11.300\text{ EUR}}{1.750\text{ Std.} - 1.200\text{ Std.}} = \frac{3.700\text{ EUR}}{550\text{ Std.}}$$

$$= 6{,}727272\text{ EUR/Std.} \approx 6{,}73\text{ EUR/Std.}$$

$$k_v = 6{,}73\text{ EUR/Std.}$$

$$K_f = K_8 - k_v \bullet x_8 = 11.300\text{ EUR} - \frac{3.700\text{ EUR}}{550\text{ Std.}} \bullet 1.200\text{ Std.} = 3.227\text{ EUR}$$

$$K_f = 3.227\text{ EUR}$$

Daraus ergibt sich die lineare Kostenfunktion:

$$K = K_f + k_v \bullet x$$

$$K = 3.227\text{ EUR} + 6{,}73 \bullet x$$

Graphisch liegt folgendes Bild vor:

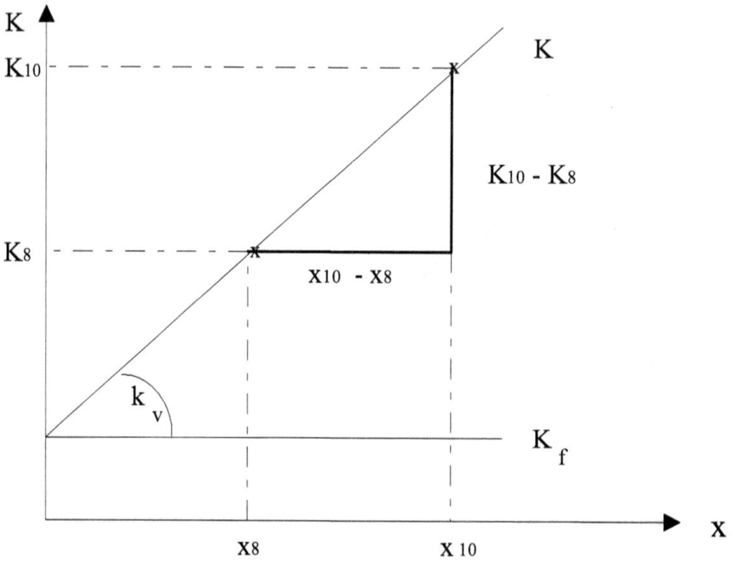

Aufgabe 2)

Mit den vorliegenden Kosten-/Beschäftigungs-Wertepaare des "Fertigungsbereichs 3245" der *Laufenmühle AG* können die Koeffizienten der Bestimmungsgleichungen aus der Tabelle abgelesen werden.

Monat	i = 1 . . n (n = 12)	x_i Std.	K_i EUR	x_i^2	$x_i \bullet K_i$
Januar	1	1.400	14.000	1.960.000	19.600.000
Februar	2	1.250	11.000	1.562.500	13.750.000
März	3	1.350	12.700	1.822.500	17.145.000
April	4	1.500	13.700	2.250.000	20.550.000
Mai	5	1.650	14.750	2.722.500	24.337.500
Juni	6	1.700	15.500	2.890.000	26.350.000
Juli	7	1.300	13.000	1.690.000	16.900.000
August	8	1.200	11.300	1.440.000	13.560.000
September	9	1.600	14.000	2.560.000	22.400.000
Oktober	10	1.750	15.000	3.062.500	26.250.000
November	11	1.550	14.700	2.402.500	22.785.000
Dezember	12	1.500	13.000	2.250.000	19.500.000
Σ		17.750	162.650	26.612.500	243.127.500
$(\Sigma x_i)^2$		315.062.500			

Setzt man die Werte der Tabelle in die Bestimmungsgleichungen ein, so ergeben sich für die fixen Kosten (K_f) und die variablen Stückkosten (k_v) die Werte:

$$K_f = \frac{\Sigma K_i \Sigma x_i^2 - \Sigma x_i \Sigma x_i K_i}{n \Sigma x_i^2 - (\Sigma x_i)^2}$$

$$K_f = \frac{162.650 \bullet 26.612.500 - 17.750 \bullet 243.127.500}{12 \bullet 26.612.500 - 315.062.500} = \frac{13.010.000.000}{4.287.500} = 3.034,40$$

$$K_f = 3.034 \text{ EUR}$$

$$k_v = \frac{n\Sigma x_i K_i - \Sigma x_i \Sigma K_i}{n\Sigma x_i^2 - (\Sigma x_i)^2}$$

$$k_v = \frac{12 \bullet 243.127.500 - 17.750 \bullet 162.650}{12 \bullet 26.612.500 - 315.062.500} = \frac{30.492.500}{4.287.500} = 7{,}1119$$

$k_v = 7{,}11$ EUR/Std.

Die Kostenfunktion (K) lautet demnach:

$$K = K_f + k_v \bullet x$$

$$K = 3.034 + 7{,}11 \bullet x$$

Aufgabe	4.I.2	4. Kapitel I.2
Kostenauflösung		

Sachverhalt:

Von dem *Colombi-Hotel* liegen für die abgelaufene Rechnungsperiode 10 folgende Angaben vor:

Monat	Kosten (EUR)	Auslastung (%)
Januar	1.050.912	94
Februar	1.025.200	86
März	1.042.000	92
April	1.030.000	88
Mai	996.300	73
Juni	990.800	72
Juli	986.400	69
August	982.200	71
September	1.020.000	80
Oktober	1.024.900	85
November	1.048.800	95
Dezember	1.030.500	89

Aufgabe:

Ermitteln Sie für das *Colombi-Hotel* an Hand der oben angegebenen Werte eine lineare Kostenfunktion für die Periode 10 mit Hilfe der mathematischen Kostenauflösung (Hoch-Tief-Punkt-Methode).

Lösung	**4.I.2**

Aus den vorliegenden Kosten-/Auslastungs-Wertepaare des *Colombi-Hotels* lassen sich nach der Hoch-Tief-Punkt-Methode die Kosten ermitteln:

niedrigste Auslastung in % (= Beschäftigung): $x_{Juli} = 69\ \%$

höchste Auslastung in % (= Beschäftigung): $x_{Nov.} = 95\ \%$

die dazugehörigen Kostenwerte sind:

$K_{Juli} = 986.400$ EUR

$K_{Nov.} = 1.048.800$ EUR

Für die Kostenfunktion gilt allgemein (x = Auslastung in %):

$K = K_f + k_v \bullet x$

Für die variablen Stückkosten (k_v) und die fixen Kosten (K_f) ergeben sich folgende Werte:

$$k_v = \frac{K_{Nov} - K_{Juli}}{x_{Nov} - x_{Juli}} = \frac{1.048.800\ \text{EUR} - 986.400\ \text{EUR}}{95 - 69} = 2.400\ \text{EUR}$$

$k_v = 2.400$ EUR

$K_f = K_{Juli} - k_v \bullet x_{Juli} = 986.400\ \text{EUR} - 2.400\ \text{EUR} \bullet 69 = 820.800\ \text{EUR}$

$K_f = 820.800$ EUR

Daraus ergibt sich die lineare Kostenfunktion für das *Colombi-Hotel*:

$K = K_f + k_v \bullet x$ x = Auslastung in %

$K = 820.800\ \text{EUR} + 2.400 \bullet x$

II. Abschnitt: Systeme der Teilkostenrechnung

Testfragen	**4. Kapitel II.2.1 - II.2.6**
Einstufige Deckungsbeitragsrechnung – Direct Costing	

Die folgenden Aussagen sind auf ihre Richtigkeit zu überprüfen, wobei mehrere Aussagen richtig bzw. falsch sein können.

Kennzeichnen Sie die Aussagen mit:

(+) Aussage ist richtig
(–) Aussage ist falsch

1) Das Direct Costing ist gekennzeichnet durch:
   a) (+) die Kostenauflösung
   b) (–) den Break-even-point
   c) (+) die Erfolgsermittlung
   d) (–) die Kostenremanenz

2) Stimmt es, dass im Direct Costing:
   a) (–) die Kostenartenrechnung auf der Gliederung der innerhalb einer Rechnungsperiode angefallenen variablen Kosten basiert?
   b) (+) nur Einzelkosten und die variablen Teile der Gemeinkosten verrechnet werden?
   c) (–) der Betriebserfolg einer Abrechnungsperiode sich durch Subtraktion der variablen Gesamtkosten vom Gesamterlös ergibt?
   d) (–) von einem proportionalen Verlauf der Gesamtkosten ausgegangen wird?

3) Die Kostenstellenrechnung im Direct Costing ist im Rahmen eines einstufigen Betriebsabrechnungsbogens durch folgende Schritte gekennzeichnet:
   a) ( ) Verteilung der primären Gemeinkosten (Primärkostenrechnung)
   b) ( ) innerbetriebliche Leistungsverrechnung (Sekundärkostenrechnung)
   c) ( ) Ermittlung von Gemeinkostenzuschlagssätzen
   d) ( ) Übertragung der Fixkosten auf das Betriebsergebnis

4) Stimmt es, dass im Direct Costing:
   a) ( ) die variablen Kostenstelleneinzelkosten anhand von Aufzeichnungen oder Messungen direkt den Kostenträger zugerechnet werden?
   b) ( ) bei der Ermittlung von proportionalen Gemeinkostenzuschlagssätzen die jeweiligen Bezugsgrößen aus der Vollkostenrechnung übernommen werden?
   c) ( ) von der leistungsabgebenden Hilfskostenstelle an die empfangenden Kostenstellen nur variable Gemeinkosten weiter verrechnet werden?
   d) ( ) bei den leistungsempfangenden Kostenstellen variable Gemeinkosten nochmals in fixe und variable Bestandteile aufgeteilt werden?

5) Im Direct Costing dient die Kalkulation zur Ermittlung:
   a) (–) der proportionalen Herstellkosten des Umsatzes
   b) (+) der variablen Selbstkosten
   c) (+) der proportionale Stückkosten
   d) (–) der Kosten pro Leistungseinheit

6) Der Stückdeckungsbeitrag :
   a) (+) gibt an, ob ein Produkt einen Beitrag zur Deckung der fixen Kosten leistet
   b) (+) stellt ein Bruttoergebnis dar
   c) (–) ist Differenz von Stückpreis und Stückkosten
   d) (+) stellt eine Erfolgsgröße dar

7) Stimmt es, dass im Direct Costing:
   a) ( ) bei der Ermittlung des Angebotspreises die variablen Kosten gemäß ihrer Verursachung auf den Kostenträger verrechnet werden?
   b) ( ) bei der Ermittlung des Angebotspreises der Stückdeckungsbeitrag in der Vorkalkulation nach dem Tragfähigkeitsprinzip dem Kostenträger angelastet wird?
   c) ( ) der Angebotspreis mit Hilfe von Fixkostenprozentsätzen ermittelt werden kann?
   d) ( ) die Nachkalkulation zur Ermittlung des Angebotspreises dient?

8) Die Kostenträgerzeitrechnung im Direct Costing dient insbesondere der Ermittlung:
   a) ( ) der Selbstkosten einer Abrechnungsperiode
   b) ( ) des Deckungsbeitrages je Produktart
   c) ( ) des Gesamtdeckungsbeitrages einer Abrechnungsperiode
   d) ( ) des Betriebserfolgs einer Abrechnungsperiode

9) Stimmt es, dass:
   a) ( ) das System des Direct Costing immer zu einem anderen Betriebsergebnis als die Vollkostenrechnung führt?
   b) ( ) Voraussetzung für die Anwendung des Direct Costing die Kenntnis von Marktpreisen für eigene Produkte ist?
   c) ( ) im Direct Costing der Deckungsbeitrag die Kostentragfähigkeit eines Produktes angibt?
   d) ( ) im Direct Costing die variablen Stückkosten als langfristige Preisuntergrenze angesetzt werden?

10) Im Direct Costing:
   a) ( ) werden Fehler der Vollkostenrechnung bzgl. der Zurechnung von Gemeinkosten auf die Kostenträger vermieden
   b) ( ) werden Preis- und Kostenkontrollen durch Deckungsbeitragsänderungen einzelner Produkte oder Produktgruppen möglich
   c) ( ) ist die Ermittlung des Produktgewinnes mit Hilfe der retrograden Kalkulation möglich
   d) ( ) ist die Bewertung der Bestände und aktivierungspflichtiger Eigenleistungen nur mit Hilfe von Sonderrechnungen möglich

Lösung: Testfragen	**4. Kapitel II.2.1 - II.2.6**
Einstufige Deckungsbeitragsrechnung – Direct Costing	

Aufgabe	a)	b)	c)	d)
1)	+	–	+	–
2)	–	+	–	–
3)	+	–	+	+
4)	–	–	+	+
5)	–	+	+	–
6)	+	+	–	+
7)	+	+	–	–
8)	–	+	+	+
9)	–	+	+	–
10)	–	+	–	+

Aufgabe	4.II.1	4. Kapitel II.2.4 - II.2.5

Einstufige Deckungsbeitragsrechnung - Direct Costing
Ermittlung: Stückdeckungsbeitrag,
Deckungsbeitragszuschlagssatz und -faktor,
optimales Produktionsprogramm,
Betriebsergebnis,
Angebotspreis mit Soll-Deckungsbeiträgen

Sachverhalt I:

Die *Schwarz AG* stellt Fenstern aus Aluminium (S A), Kunststoff (S K) und Holz (S H) in verschiedenen Größen serienmäßig her.

Für die Abrechnungsperiode 10 der *Schwarz AG* liegen folgende Daten vor:

Produktart ⇒	S A10	S A20	S K10	S K20	S K30	S H20	S H30
produzierte Mengen (ME)	400	400	250	350	280	240	200
abgesetzte Mengen (ME)	400	400	250	350	280	240	200
mengenmäßige Absatzobergrenze (ME)	550	600	400	450	400	450	450
erzielter Stückpreis (EUR)	480	560	400	450	500	620	680
variable Stückkosten (EUR	320	340	245	280	375	445	515

Bedingt durch die Kapazität der Produktionsmaschinen beträgt die maximale Periodenleistung 2.120 Mengeneinheiten (ME).
Die fixen Kosten für die gesamte Produktion der Periode 10 der *Schwarz AG* betragen 325.000 EUR.

Aufgaben:

1) Bestimmen Sie für die Abrechnungsperiode 10 der *Schwarz AG*:
   a) die Deckungsbeiträge für die einzelnen Produktarten
   b) den Betriebserfolg des realisierten Produktionsprogramms
   c) den Deckungsbeitragszuschlagssatz (auf 2 Dezimale kaufmännisch runden) für die einzelnen Produktarten
   d) den Deckungsfaktor (auf 4 Dezimale kaufmännisch runden) der einzelnen Produktarten.
2) Bestimmen Sie die Möglichkeit der Umstellung des Produktionsprogramms der *Schwarz AG* zur Verbesserung des Betriebsergebnisses.
   Ermitteln Sie das Betriebsergebnis nach Programmumstellung.

Sachverhalt II:

Die *Schwarz AG* plant im Dezember der Periode 10 aufgrund veränderter Material- und Lohnkosten die Preise ihrer Produkte für die Periode 11.
Für die einzelnen Produktarten liegen folgende geplante variable Stückkosten und mengenmäßige Absatzobergrenzen vor:

Produktart ⇒	S A10	S A20	S K10	S K20	S K30	S H20	S H30
geplante variable Stückkosten (EUR)	320	360	265	270	360	475	545
mengenmäßige Absatzobergrenze (ME)	550	600	400	450	400	450	450

Die Fixkosten für die gesamte Produktion werden für die Periode 11 mit 375.000 EUR angesetzt.
Die maximale Periodenleistung der *Schwarz AG* beträgt 2.120 Mengeneinheiten (ME).

Aufgaben:

1) Bestimmen Sie die Preise (ganzzahlige EUR-Beträge) der einzelnen Produktarten für die Rechnungsperiode 11, wenn die *Schwarz AG* mit den in der Periode 10 realisierten absoluten Deckungsbeiträgen kalkuliert.
2) Kalkulieren Sie die Preise (ganzzahlige EUR-Beträge) der einzelnen Produktarten der *Schwarz AG* für die Periode 11 mit prozentualen Deckungsbeitragszuschlägen aus Rechnungsperiode 10 als:
   a) Auf-Hundert-Rechnung
   b) Im-Hundert-Rechnung
3) Bestimmen Sie das Betriebsergebnis der *Schwarz AG* für die Rechnungsperiode 11, das sie bei den geplanten Preisen maximal realisieren kann.

Lösung	4.II.1

Sachverhalt I:

Aufgabe 1)

Produktart ⇒	S A10	S A20	S K10	S K20	S K30	S H20	S H30
abgesetzte Menge (x)	400	400	250	350	280	240	200
erzielter Stückpreis (p)	480	560	400	450	500	620	680
variable Stückkosten (k_v)	320	340	245	280	375	445	515
Stückdeckungs-beitrag $db = p - k_v$	160	220	155	170	125	175	165
Gesamtdeckungs-beitrag $DB = db \bullet x$	64.000	88.000	38.750	59.500	35.000	42.000	33.000
Σ DB $- K_f$	360.250 325.000						
= Betriebsgewinn	35.250						

Deckungsbeitrags-zuschlagssatz (%) $DBzs = \frac{DB}{K_V} \bullet 100$	50,00	64,71	63,27	60,71	33,33	39,33	32,04
Deckungsfaktor $Df = \frac{DB}{E}$	0,3333	0,3929	0,3875	0,3778	0,2500	0,2823	0,2426

Aufgabe 2)

Produktart ⇒	S A10	S A20	S K10	S K20	S K30	S H20	S H30
mengenmäßige Absatzober-grenze (x)	550	600	400	450	400	450	450
Stückdeckungs-beitrag (db)	160	220	155	170	125	175	165
Rangordnung an-hand des Stückde-ckungsbeitrags (db)	5	1	6	3	7	2	4

produzierte und abgesetzte Menge (x) $\Sigma x = 2.120$ ME	170	600	---	450	---	450	450
Stückdeckungs-beitrag $db = p - k_v$	160	220	---	170	---	175	165
Gesamtdeckungs-beitrag $DB = db \bullet x$	27.200	132.000	---	76.500	---	78.750	74.250
Σ DB $- K_f$	388.700 325.000						
=Betriebsgewinn	63.700						

Sachverhalt II:

Aufgabe 1)

Produktart ⇒	S A10	S A20	S K10	S K20	S K30	S H20	S H30
geplante variable Stückkosten für Periode 11 (k_{v11})	320	360	265	270	360	475	545
Stückdeckungsbeitrag der Periode 10 (db_{10})	160	220	155	170	125	175	165
Stückpreis für Periode 11 $p_{11} = k_{v11} + db_{10}$	480	580	420	440	485	650	710
$db_{11} = db_{10}$	160	220	155	170	125	175	165
Rangordnung anhand db_{11}	5	1	6	3	7	2	4

mengenmäßige Absatzobergrenze (x)	550	600	400	450	400	450	450
produzierte und abgesetzte ME (x) $\Sigma x = 2.120$ ME	170	600	---	450	---	450	450
Gesamtdeckungsbeitrag $DB = db \bullet x$	27.200	132.000	---	76.500	---	78.750	74.250
Σ DB $- K_f$	388.700 375.000						
=Betriebsgewinn	13.700						

Aufgabe 2) a) und 3)

Auf-Hundert-Rechnung

Produktart ⇒	S A10	S A20	S K10	S K20	S K30	S H20	S H30
geplante variable Stückkosten für Periode 11 (k_{v11})	320	360	265	270	360	475	545
DB-Zuschlagssatz Periode 10 $Dbzs_{10}$ (%)	50,00	64,71	63,27	60,71	33,33	39,33	32,04
Stückpreis für Periode 11 $p_{11}=k_{v11}+DBzs_{10}$	480	593	433	434	480	662	720
$db_{11} = p_{11} - k_{v11}$	160	233	168	164	120	187	175
Rangordnung anhand db_{11}	6	1	4	5	7	2	3

mengenmäßige Absatzober-grenze (x)	550	600	400	450	400	450	450
produzierte und abgesetzte ME (x) $\Sigma x = 2.120$ ME	---	600	400	220	---	450	450
Gesamtdeckungs-beitrag (DB)	---	139.800	67.200	36.080	---	84.150	78.750
Σ DB $- K_f$	405.980 375.000						
=Betriebsgewinn	30.980						

Aufgabe 2) b) und 3)

Im-Hundert-Rechnung

Produktart ⇒	S A10	S A20	S K10	S K20	S K30	S H20	S H30
geplante variable Stückkosten für Periode 11 (k_{v11})	320	360	265	270	360	475	545
Deckungsfaktor Periode 10 (Df_{10})	0,3333	0,3929	0,3875	0,3778	0,250	0,2823	0,2426
Stückpreis für Periode 11 $p_{11} = \frac{kv11}{1-Df_{10}}$	480	593	433	434	480	662	720
$db_{11} = p_{11} - k_{v11}$	160	233	168	164	120	187	175
Rangordnung anhand db_{11}	6	1	4	5	7	2	3

mengenmäßige Absatzobergrenze (x)	550	600	400	450	400	450	450
produzierte und abgesetzte ME (x) Σ x = 2.120 ME	---	600	400	220	---	450	450
Gesamtdeckungsbeitrag (DB)	---	139.800	67.200	36.080	---	84.150	78.750
Σ DB $- K_f$	405.980 375.000						
=Betriebsgewinn	30.980						

Aufgabe	4.II.2	4. Kapitel II.2.4.3

Einstufige Deckungsbeitragsrechnung - Direct Costing
Ermittlung: Deckungsbeitragszuschlagssatz und -faktor,
Angebotspreis mit Soll-Deckungsbeiträgen

Sachverhalt:

In der *Speckert GmbH* liegen für das in der Rechnungsperiode 07 produzierte und verkaufte Produkt PT folgende Angaben vor:

variable Stückkosten:	41.712 EUR
Stückdeckungsbeitrag:	34.128 EUR
Stückerlös:	75.840 EUR

Die variable Stückkosten für das in der Periode 08 gefertigte Produkt PT betragen 42.250 EUR

Aufgaben:

1) Ermitteln Sie den Angebotspreis für das Produkt PT in der Periode 08, wenn die *Speckert GmbH* mit absoluten Deckungsbeitragszuschlägen kalkuliert.
2) Kalkulieren Sie den Preis für das Produkt PT in der Periode 08 mit prozentualen Deckungsbeitragszuschlägen als
   a) Auf-Hudert-Rechnung
   b) Im-Hundert-Rechnung

Lösung 4.II.2

Aufgabe 1)

Angebotspreis mit absoluten Deckungsbeitragszuschlägen:

$$p = k_V + db_{Soll}$$

$$db_{Soll} = db_{07} = 34.128 \text{ EUR}$$

$$p_{08} = k_{V\,08} + db_{Soll} = 42.250 \text{ EUR} + 34.128 \text{ EUR}$$

$$p_{08} = 76.378 \text{ EUR}$$

Aufgabe 2) a)

Angebotspreis mit prozentualen Deckungsbeitragszuschlägen - Auf-Hundert-Rechnung:

$$p = k_V + db_{ZS}\,(\%)$$

$$db_{ZS}\,(\%) = \frac{db_{07}}{kv_{07}} \bullet 100 = \frac{34.128 \text{ EUR}}{41.712 \text{ EUR}} \bullet 100 = 81{,}8181\ \%$$

$$p_{08} = k_{V\,08} + db_{ZS}\,(\%) = 42.250 \text{ EUR} + 81{,}8181\ \% = 76.818{,}14 \text{ EUR}$$

$$p_{08} = 76.818 \text{ EUR}$$

Aufgabe 2) b)

Angebotspreis mit prozentualen Deckungsbeitragszuschlägen - Im-Hundert-Rechnung:

$$p = \frac{kv}{1-df}$$

$$df = \frac{db_{07}}{p_{07}} = \frac{34.128 \text{ EUR}}{75.840 \text{ EUR}} = 0{,}4500$$

$$p_{08} = \frac{kv_{08}}{1-df} = \frac{42.250 \text{ EUR}}{1-0{,}45} = \frac{42.250 \text{ EUR}}{0{,}55} = 76.818{,}18 \text{ EUR}$$

$$p_{08} = 76.818 \text{ EUR}$$

Aufgabe	4.II.3	4. Kapitel II.2

Einstufige Deckungsbeitragsrechnung - Direct Costing
Ermittlung: Break-Even-Point,
Beschäftigungsgrad,
Betriebsergebnis

Sachverhalt :

Die *Neutron-GmbH* baut ausschließlich Personalcomputer vom Typ "Amigo AT".
Bei normaler Ausnutzung der Kapazität können 6.000 Stück/Monat gefertigt werden.
Das Unternehmen kalkuliert den Preis auf der Basis der Selbstkosten bei einer Produktion von 4.800 Stück/Monat zuzüglich eines Gewinnzuschlages von 20 %.
Es liegt ein linearer Gesamtkostenverlauf vor.

Für die Monate September und Oktober der Periode 06 liegen folgende Daten vor:

Monat	Produktion (Stück)	Gesamtkosten (EUR)
September	1.520	2.480.000
Oktober	2.000	2.960.000

Aufgaben:

1) Berechnen Sie das Betriebsergebnis der *Neutron-GmbH* für den Monat Oktober der Periode 06.
2) Bei welcher Stückzahl/Monat arbeitet die *Neutron-GmbH* kostendeckend?
3) Die Unternehmensleitung der *Neutron-GmbH* strebt eine Eigenkapitalrentabilität von 10 % jährlich bei einem Eigenkapital von 150 Mio. EUR an.
   Berechnen Sie den dafür erforderlichen Beschäftigungsgrad.

Lösung	4.II.3

Aufgabe 1)

Bestimmung der linearen Kostenfunktion (Hoch-Tief-Punkt-Methode):
Aus den vorliegenden Kosten-/Beschäftigungs-Wertepaaren der *Neutron-GmbH* für die Monate September und Oktober ergeben sich für die variablen Stückkosten (k_v) und die fixen Kosten (K_f) folgende Werte:

$$k_v = \frac{K_2 - K_1}{x_2 - x_1} = \frac{2.960.000\ \text{EUR} - 2.480.000\ \text{EUR}}{2.000\ \text{St} - 1.520\ \text{St}} = \frac{480.000\ \text{EUR}}{480\ \text{St}}$$

$$k_v = 1.000\ \text{EUR/St}$$

$$K_f = K_2 - k_v \bullet x_2 = 2.960.000\ \text{EUR} - 1.000\ \text{EUR/St} \bullet 2.000\ \text{St}$$

$$K_f = 960.000\ \text{EUR}$$

Daraus ergibt sich die lineare Kostenfunktion:

$$K = 960.000\ \text{EUR} + 1.000 \bullet x$$

Ermittlung des Stückpreises (p):

$$p = \text{Stückselbstkosten (bei } x = 4.800\ \text{St)} + \text{Gewinnaufschlag von } 20\ \%$$

Stückselbstkosten (k) bei x = 4.800 St:

$$K = 960.000\ \text{EUR} + 1.000 \bullet x = 960.000\ \text{EUR} + 1.000\ \text{EUR/St} \bullet 4.800\ \text{St}$$

$$K = 5.760.000\ \text{EUR}$$

$$k = 1.200\ \text{EUR/St}$$

Demnach ergibt sich für den Stückpreis (p):

$$p = k + 20\ \%$$

$$p = 1.200\ \text{EUR/St} + 20\ \%$$

$$p = 1.440\ \text{EUR/St}$$

Ermittlung des Betriebsergebnisses für den Monat Oktober bei x = 2.000 St:

$$G = E - K$$

$$G = (p \bullet x) - (K_f + k_v \bullet x)$$

$$G = (1.440 \text{ EUR/St} \bullet 2.000 \text{ St}) - (960.000 \text{ EUR} + 1.000 \text{ EUR/St} \bullet 2.000 \text{ St})$$

$$G = 2.880.000 \text{ EUR} - 2.960.000 \text{ EUR} = -80.000 \text{ EUR}$$

Betriebsergebnis = – 80.000 EUR (Verlust)

Aufgabe 2)

Bestimmung der Break-Even-Menge (x_o) durch Gleichsetzung der Erlösfunktion (E) mit der Kostenfunktion (K):

$$E = K$$

$$p \bullet x = K_f + k_v \bullet x$$

$$p \bullet x - k_v \bullet x = K_f$$

$$x \bullet (p - k_v) = K_f$$

$$x_o = \frac{K_f}{p - k_v}$$

$$x_o = \frac{K_f}{p - k_v} = \frac{960.000 \text{ EUR}}{1.440 \text{ EUR/St} - 1.000 \text{ EUR/St}} = 2.181{,}81 \text{St} \approx 2.182 \text{ St}$$

$$x_o = 2.182 \text{ Stück}$$

Aufgabe 3)

Ermittlung des Beschäftigungsgrades (b) bei einer Eigenkapitalrentabilität von 10 % und der vorhandener Kapazität von 6.000 Stück/Monat:

$$\text{Beschäftigungsgrad (\%)} = \frac{\text{effektiv genutzte Kapazität}}{\text{maximal vorhandene Kapazität}} \bullet 100$$

Ermittlung des Gewinns bei einer Eigenkapitalrentabilität von 20 %:

$$\text{Eigenkapitalrentabilität} = \frac{\text{Gewinn}}{\text{Eigenkapital}} \bullet 100$$

$$\text{Gewinn/Jahr} = \text{EK-Rentabilität} \bullet \text{Eigenkapital}$$

$$= 0{,}10 \bullet 150.000.000 \text{ EUR}$$

$$\text{Gewinn/Jahr} = 15.000.000 \text{ EUR}$$

$$\text{Gewinn/Monat} = 1.250.000 \text{ EUR}$$

Ermittlung der zu produzierenden Stückzahl bei einem geplanten Gewinn in Höhe von 1.250.000 EUR:

$$G = E - K$$

$$G = (p \bullet x) - (K_f + k_v \bullet x)$$

$$1.250.000 \text{ EUR} = (1.440 \text{ EUR/St} \bullet x) - (960.000 \text{ EUR} + 1.000 \text{ EUR/St} \bullet x)$$

$$2.210.000 \text{ EUR} = 440 \text{ EUR/St} \bullet x$$

$$x_G = 5.022{,}72 \text{ St} \approx 5.023 \text{ St}$$

$$x_G = 5.023 \text{ Stück}$$

bzw.

$$x_G = \frac{K_f + G}{p - k_v} = \frac{960.000 \text{ EUR} + 1.250.000 \text{ EUR}}{1.440 \text{ EUR/St} - 1.000 \text{ EUR/St}} = 5.022{,}72\text{St} \approx 5.023 \text{ St}$$

$$x_G = 5.023 \text{ Stück}$$

Um den geplanten Gewinn in Höhe von 1.250.000 EUR zu erzielen müssen demnach 5.023 Stück produziert werden. Dies entspricht der effektiv genutzte Kapazität.
Für den Beschäftigungsgrad (b) ergibt sich somit:

$$\text{Beschäftigungsgrad (\%)} = \frac{5.023 \text{ St}}{6.000 \text{ St}} \bullet 100$$

$$b = 83{,}71 \text{ \%}$$

Aufgabe	**4.II.4**	**4. Kapitel II.2**

Einstufige Deckungsbeitragsrechnung - Direct Costing
Ermittlung: Proportionale Selbstkosten des Umsatzes,
Betriebsergebnis (GKV und UKV)

Sachverhalt :

In der *Krämer AG* wurden im Monat Mai die Erzeugnisse A und B hergestellt. Für den Monat Mai liegen folgende Daten vor:

Krämer AG Monat Mai	gesamt EUR	fix EUR	proportional EUR	Produkt A EUR	Produkt B EUR
Fertigungsmaterial	20.000	---	20.000	15.000	5.000
Sondereinzelkosten des Vertriebs	4.000	---	4.000	2.500	1.500
Materialgemeinkosten	2.000	2.000	---		
Fertigungskosten/Kostenstelle I	12.500	4.500	8.000		
Fertigungskosten/Kostenstelle II	16.000	2.700	13.300		
Verwaltungsgemeinkosten	8.304	5.000	3.304		
Vertriebsgemeinkosten	7.080	4.500	2.580		
	69.884	18.700	51.184		
Produktionsmenge (Stück)				70	60
Absatzmenge (Stück)				60	90
Bestandsveränderung Fertigerzeugnisse (Stück)				+ 10	– 30
Verkaufserlöse (EUR)				38.400	46.800

Maschinenbelegung im Monat Mai (Stunden/Stück)		
	Produkt A	Produkt B
Fertigungsstelle I	1,0	1,5
Fertigungsstelle II	1,0	2,0

Die Ist-Beschäftigung der Fertigungsstelle I betragen 160 Stunden und die der Fertigungsstelle II betragen 190 Stunden.

Aufgaben:

1) Ermitteln Sie für die Abrechnungsperiode Mai die proportionalen Selbstkosten des Umsatzes insgesamt, sowie die für Produkt A und Produkt B.
2) Bestimmen Sie das Betriebsergebnis der *Krämer AG* für den Monat Mai nach dem:
   a) Umsatzkostenverfahren
   b) Gesamtkostenverfahren.

Lösung	**4.II.4**

Aufgabe 1)

Monat Mai	Gesamt	Produkt A	Produkt B
Materialeinzelkosten + prop. Materialgemeinkosten	20.000 ---	15.000 ---	5.000 ---
= prop. Materialkosten	20.000	15.000	5.000
prop. Fertigungskosten Kostenstelle I: (prop. Stundensatz: 50,-/8.000,- : 160 Std.) (A: 70 Stück • 1 Std./Stück • 50,- B: 60 Stück • 1,5 Std./Stück • 50,-)	8.000	3.500	4.500
+ prop. Fertigungskosten Kostenstelle II: (prop. Stundensatz: 70,-/13.300 : 190 Std.) (A: 70 Stück • 1 Std./Stück • 70,- B: 60 Stück • 2 Std./Stück • 70,-)	13.300	4.900	8.400
= prop. Fertigungskosten	21.300	8.400	12.900
= *prop. Herstellkosten der Produktion* (prop. Stückherstellkosten)	*41.300*	*23.400* (334,29)	*17.900* (298,33)
Bestandsänderungen zu prop. Herstellkosten: Mehrung: (A: – (10 Stück • 334,29) = – 3.343 Minderung: (B: + (30 Stück • 298,33) = + 8.950	+ 5.607	– 3.343	+ 8.950
= *prop. Herstellkosten des Umsatzes*	*46.907*	*20.057*	*26.850*
+ prop. Verwaltungsgemeinkosten: VwGK prop - Zuschlagssatz: 3.304,- : 41.300,- • 100 = 8,00 % A: 8 % von 23.400,- = 1.872 B: 8 % von 17.900,- = 1.432	3.304	1.872	1.432
+ prop. Vertriebsgemeinkosten VtGK prop - Zuschlagssatz: 2.580,- : 46.907,- • 100 = 5,50 % A: 5,50 % von 20.057 = 1.103 B: 5,50 % von 26.850 = 1.477	2.580	1.103	1.477
+ Sondereinzelkosten des Vertriebs	4.000	2.500	1.500
= prop. Selbstkosten des Umsatzes	56.791	25.532	31.259

Aufgabe 2) a)

Umsatzkostenverfahren

Umsatzerlöse – prop. Selbstkosten des Umsatzes	85.200 56.791	38.400 25.532	46.800 31.259
= Deckungsbeitrag (Periodendeckungsbeitrag)	28.409	12.868	15.541
– Fixkosten der Periode	18.700		
= Betriebsergebnis (Betriebsgewinn)	9.709		

Aufgabe 2) b)

Gesamtkostenverfahren

	Gesamt	Produkt A	Produkt B
Umsatzerlöse	85.200	38.400	46.800
Bestandsänderungen A: + (10 Stück • 334,29) = + 3.343 B: – (30 Stück • 298,33) = – 8.950	– 5.607	+ 3.343	– 8.950
Ertrag der Periode	79.593	41.743	37.850
– prop. Materialkosten	20.000	15.000	5.000
– prop. Fertigungskosten I	8.000	3.500	4.500
– prop. Fertigungskosten II	13.300	4.900	8.400
– prop. Verwaltungsgemeinkosten	3.304	1.872	1.432
– prop. Vertriebsgemeinkosten	2.580	1.103	1.477
– Sondereinzelkosten des Vertriebs	4.000	2.500	1.500
= Deckungsbeitrag (Periodendeckungsbeitrag)	28.409	12.868	15.541
– Fixkosten der Periode	18.700		
= Betriebsergebnis (Betriebsgewinn)	9.709		

Testfragen	**4. Kapitel II.3.1 - II.3.6**
Mehrstufige Deckungsbeitragsrechnung	

Die folgenden Aussagen sind auf ihre Richtigkeit zu überprüfen, wobei mehrere Aussagen richtig bzw. falsch sein können.

Kennzeichnen Sie die Aussagen mit:
(+) Aussage ist richtig
(–) Aussage ist falsch

1) In der mehrstufigen Deckungsbeitragsrechnung:
a) (+) wird versucht die Nachteile des Direct Costing zu vermeiden
b) (–) werden die Fixkosten nicht mehr en bloc in den Betriebsabrechnungsbogen übernommen
c) (+) werden Fixkosten nur soweit auf die einzelnen Bezugsgrößen verrechnet, wie eine verursachungsgerechte Zurechnung dies ermöglicht
d) (+) werden die Fixkosten in verschiedene Segmente aufgeteilt

2) In der mehrstufigen Deckungsbeitragsrechnung:
a) ( ) werden fixe Gemeinkosten auch als Einzelkosten einer bestimmten Teileinheit bezeichnet
b) ( ) werden die Fixkosten so aufgeteilt, dass sich diese mehreren Bezugsgrößen, für die sie als Einzelkosten erfassbar sind, zuordnen lassen
c) ( ) entspricht der Grundaufbau im wesentlichen dem des Direct Costing
d) ( ) erfolgt die differenzierte Behandlung der Fixkosten ohne jede Schlüsselung

3) Stimmt es, dass:
a) ( ) Produktfixkosten sich selten einer einzelnen Produkteinheit zurechnen lassen?
b) ( ) Kostenstellenfixkosten sich durch Schlüsselung auf einzelne Produkte, bzw. Produktgruppen direkt zurechnen lassen?
c) ( ) Kosten für Betriebsfeuerwehr Kostenstellenfixkosten sind?
d) ( ) in der stufenweisen Fixkostendeckungsrechnung sich keine wesentliche Änderungen im verrechnungstechnischen Ablauf gegenüber dem Direct Costing ergeben?

4) In der stufenweisen Fixkostendeckungsrechnung:
   a) (   ) sind die Deckungsbeiträge dadurch gekennzeichnet, dass sie jeweils nur noch Teile der verbleibenden Fixkosten sowie das Betriebsergebnis selbst enthalten
   b) (   ) erfolgt im Betriebsabrechnungsbogen in der horizontalen Ebene eine Neueinteilung nach den einzelnen Bezugsgrößen
   c) (   ) werden von den Umsatzerlösen der Produkte die proportionalen Kosten und die Fixkosten schichtweise in progressiver Form abgesetzt
   d) (   ) werden die Fixkosten im Betriebsabrechnungsbogen der jeweiligen Bezugsgröße zugewiesen

5) In der stufenweisen Fixkostendeckungsrechnung:
   a) (–) werden anhand der verrechneten Fixkostenschichten, mehrere Betriebsergebnisse ausgewiesen
   b) (–) werden entsprechend dem Verursachungsprinzip die Fixkosten je Stufe auf den unmittelbar vorausgehenden Deckungsbeitrag bezogen und als Prozentsatz (Fixkostenprozentsatz) ausgedrückt
   c) (+) ist es mit Hilfe der Fixkostenprozentsätze möglich, eine Kalkulation als Vollkostenrechnung durchzuführen
   d) (+) ist das Betriebsergebnis gleich dem Ergebnis des Direct Costing

6) Die retrograde Kalkulation in der stufenweisen Fixkostendeckungsrechnung:
   a) (+) ermittelt ausgehend von dem Umsatzerlös in mehreren Stufen den Erfolg pro Produkteinheit
   b) (+) ist eher als Stückerfolgsrechnung, denn als Kalkulationsform zu verstehen
   c) (–) setzt entsprechend dem Proportionalitätsprinzip mit den in der Betriebsergebnisrechnung ermittelten Fixkostenprozentsätzen die Fixkosten jeder Stufe nacheinander ab
   d) (+) eignet sich unter Einbeziehung der bekannten Marktpreise vor allem für die Nachkalkulation

7) Die progressive Kalkulation in der stufenweisen Fixkostendeckungsrechnung:
   a) (–) ermittelt ausgehend von den Stückkosten den Netto-Angebotspreis
   b) (+) eignet sich vor allem als Vorkalkulation
   c) (–) setzt bekannte Marktpreise voraus
   d) (+) ist aussagefähiger als die progressive Kalkulation im Direct Costing

8) Die mehrstufigen Deckungsbeitragsrechnung:
   a) (+) kann als Entscheidungsgrundlage für Absatz- und Produktionsprogramme dienen
   b) (+) erstellt gegenüber dem Direct Costing aussagefähigere Kalkulationen
   c) (-) führt durch kurzfristige Umstellung des Produktionsprogramms zu einer sofortigen Verbesserung des Betriebsergebnisses
   d) (+) kann Anhaltspunkte dafür geben, für welche Produktarten und Produktgruppen Entscheidungsbedarf vorliegt

Lösung: Testfragen	4. Kapitel II.3
Mehrstufige Deckungsbeitragsrechnung	

Aufgabe	a)	b)	c)	d)
1)	+	–	+	+
2)	+	–	+	+
3)	+	–	–	–
4)	+	+	–	+
5)	–	–	+	+
6)	+	+	–	+
7)	–	+	–	+
8)	+	+	–	+

Aufgabe	4.II.5	4. Kapitel II.3

Mehrstufige Deckungsbeitragsrechnung

Ermittlung: Betriebsergebnis,
Fixkostenprozentsätze bezogen auf Deckungsbeiträge und auf proportionale Kosten,
Proportionale Selbstkosten des Umsatzes,
Retrograde und progressive Kalkulation

Hinweis: Aufgabe 4.II.5 baut auf den Ergebnissen der Aufgabe 4.II.1 auf

Sachverhalt:

Die gesamten Fixkosten der *Schwarz AG* für die Produktion ihrer Produkte in der Periode 10 betragen 325.000 EUR und verteilen sich auf die einzelnen Fixkostenstufen wie folgt:

Produktart ⇒ Fixkostenstufen ⇓	S A10	S A20	S K10	S K20	S K30	S H20	S H30	gesamt
Produkt-fixkosten	42.400	58.300	8.300	10.800	8.200	10.500	9.500	148.000
Produktgruppen-fixkosten	48.500		14.200			9.250		71.950
Bereichs-fixkosten	6.800					---		6.800
Unternehmungs-fixkosten	98.250							98.250
								325.000

Im Dezember der Periode 10 plant die *Schwarz AG* aufgrund veränderter Material- und Lohnkosten die Preise ihrer Produkte für die Periode 11.
Für die einzelnen Produktarten liegen folgende geplante variable Stückkosten und mengenmäßige Absatzobergrenzen vor:

Produktart ⇒	S A10	S A20	S K10	S K20	S K30	S H20	S H30
geplante variable Stückkosten (EUR)	320	360	265	270	360	475	545
mengenmäßige Absatzobergrenze (ME)	550	600	400	450	400	450	450

Aufgaben:

1) Führen Sie mit Hilfe der stufenweisen Fixkostendeckungsrechnung eine Erfolgsanalyse der Periode 10 für die *Schwarz AG* durch.
2) Ermitteln Sie für die Periode 10 der *Schwarz AG*
   a) die jeweiligen Fixkostenprozentsätze bezogen auf die Deckungsbeiträge (auf 2 Dezimale kaufmännisch runden)
   b) die jeweiligen Fixkostenprozentsätze bezogen auf die proportionalen Kosten (auf 2 Dezimale kaufmännisch runden).
3) Führen Sie für die Produktart S A20 und S H20 der *Schwarz AG* eine retrograde Vollkostenkalkulation (auf 2 Dezimale kaufmännisch runden) mit Hilfe der vorliegenden Informationen aus Rechnungsperiode 10 durch.
4) Bestimmen Sie vorkalkulatorisch den Netto-Angebotspreis (auf 2 Dezimale kaufmännisch runden) für die Produktart S K10 und S H30 für die Periode 11.
   Die *Schwarz AG* wird in der Rechnungsperiode 11 mit 5 % Gewinn, 3 % Skonto und 10 % Rabatt kalkulieren.

Lösung	**4.II.5**

Aufgabe 1) und Aufgabe 2) a)

Produktart ⇒	S A10	S A20	S K10	S K20	S K30	S H20	S H30
Stückpreis (p)	480	560	400	450	500	620	680
– variable Sückk.(k_v)	320	340	245	280	375	445	515
= Stückdeckungs-beitrag (db)	160	220	155	170	125	175	165
• abgesetzte ME (x)	400	400	250	350	280	240	200
= Deckungsbeitrag I = Produkt-DB	64.000	88.000	38.750	59.500	35.000	42.000	33.000
– Produktfixkosten	42.400	58.300	8.300	10.800	8.200	10.500	9.500
(in % von DB I)	*66,25*	*66,25*	*21,42*	*18,15*	*23,43*	*25,00*	*28,79*
= Deckungsbeitrag II	21.600	29.700	30.450	48.700	26.800	31.500	23.500
= Σ Produkt-gruppen-DB	51.300		105.950			55.000	
– Produktgruppen-fixkosten	48.500		14.200			9.250	
(in % von DB II)	*94,54*		*13,40*			*16,82*	
=Deckungsbeitrag III	2.800		91.750			45.750	
= Σ Bereichs-DB	94.550					45.750	
– Bereichsfixkosten	6.800					---	
(in % von DB III)	*7,19*					---	
=Deckungsbeitrag IV	87.750					45.750	
= Σ Unter-nehmens-DB	133.500						
– Unternehmungs-fixkosten	98.250						
(in % von DB IV)	*73,60*						
= Betriebsgewinn	35.250						

Aufgabe 1) und Aufgabe 2) b)

Produktart ⇒	S A10	S A20	S K10	S K20	S K30	S H20	S H30
Stückpreis (p)	480	560	400	450	500	620	680
– variable Sückk.(k_v)	320	340	245	280	375	445	515
= Stückdeckungs-beitrag (db)	160	220	155	170	125	175	165
• abgesetzte ME (x)	400	400	250	350	280	240	200
= Deckungsbeitrag I = Produkt-DB	64.000	88.000	38.750	59.500	35.000	42.000	33.000
– Produktfixkosten	42.400	58.300	8.300	10.800	8.200	10.500	9.500
(*in % der prop. Kosten*)	*33,13*	*42,87*	*13,55*	*11,02*	*7,81*	*9,83*	*9,22*
= Deckungsbeitrag II	21.600	29.700	30.450	48.700	26.800	31.500	23.500
= Σ Produkt-gruppen-DB	51.300		105.950			55.000	
– Produktgruppen-fixkosten	48.500		14.200			9.250	
(*in % der prop. Kosten d. Gruppe*)	*18,37*		*5,37*			*4,41*	
=Deckungsbeitrag III	2.800		91.750			45.750	
= Σ Bereichs-DB	94.750					45.750	
– Bereichsfixkosten	6.800					---	
(*in % der prop. Kosten d. Bereichs*)	*1,29*					---	
=Deckungsbeitrag IV	87.750					45.750	
= Σ Unter-nehmens-DB	133.500						
– Unternehmungs-fixkosten	98.250						
(*in % aller prop. Kosten*)	*13,31*						
= Betriebsgewinn	35.250						

Aufgabe 3)

Retrograde Kalkulation

	Fixkosten-prozent-satz (%)	Produkt S A20 (EUR)	Fixkosten-prozent-satz (%)	Produkt S H20 (EUR)
Stückpreis		560,00		620,00
– variable Stückkosten		340,00		445,00
= Stückdeckungsbeitrag I		220,00		175,00
– % Produktfixkosten	66,25	145,75	25,00	43,75
= Stückdeckungsbeitrag II		74,25		131,25
– % Produktgruppenfixkosten	94,54	70,20	16,82	22,08
= Stückdeckungsbeitrag III		4,05		109,17
– % Bereichsfixkosten	7,19	0,29	---	---
= Stückdeckungsbeitrag IV		3,76		109,17
– % Unternehmungsfixkosten	73,60	2,77	73,60	80,35
= Stückerfolg		0,99		+ 28,82

Aufgabe 4)

Progressive Kalkulation

	Prozentsatz (%)	Produkt S K10 (EUR)	Prozentsatz (%)	Produkt S H30 (EUR)
gepl. variable Stückkosten		265,00		545,00
+ Produktfixkosten	13,55 [1)]	35,91	9,22 [5)]	50,25
+ Produktgruppenfixkosten	5,37 [2)]	14,23	4,41 [6)]	24,03
+ Bereichsfixkosten	1,29 [3)]	3,42	---	---
+ Unternehmungsfixkosten	13,31 [4)]	35,27	13,31 [4)]	72,54
= Selbstkosten (SK)		353,83		691,82
+ Gewinn (G)	5	17,69	5	34,59
= Barverkaufspreis (BVP)		371,52		726,41
+ Kundenskonto (Ksk)	3	11,49	3	22,47
= Zielverkaufspreis (ZVP)		383,01		748,88
+ Kundenrabatt (Krab)	10	42,56	10	83,21
= Netto-Angebotspreis (Netto-AP)		425,57		832,09

Anmerkungen:

zu 1) $\{8.300 : [(245 \bullet 250)]\} \bullet 100 = 13{,}5511\ \% \approx 13{,}55\ \%$

zu 2) $\{14.200 : [(245 \bullet 250) + (280 \bullet 350) + (375 \bullet 280)]\} \bullet 100 = 5{,}3736\ \% \approx 5{,}37\ \%$

zu 3) $\{6.800 : [(320 \bullet 400) + (340 \bullet 400) + (245 \bullet 250) + (280 \bullet 350) + (375 \bullet 280)]\} \bullet 100$ $= 1{,}2873\ \% \approx 1{,}29\ \%$

zu 4) $\{98.250 : [(320 \bullet 400) + (340 \bullet 400) + (245 \bullet 250) + (280 \bullet 350) + (375 \bullet 280) +$ $(445 \bullet 240) + (515 \bullet 200)]\} \bullet 100 = 13{,}3121\ \% \approx 13{,}31\ \%$

zu 5) $\{9.500 : [(515 \bullet 200)]\} \bullet 100 = 9{,}2233\ \% \approx 9{,}22\ \%$

zu 6) $\{9.250 : [(445 \bullet 240) + (515 \bullet 200)]\} \bullet 100 = 4{,}4090\ \% \approx 4{,}41\ \%$

Aufgabe	**4.II.6**	**4. Kapitel II.3**

Mehrstufige Deckungsbeitragsrechnung
Ermittlung: Betriebsergebnis

Sachverhalt :

Die *Lutz GmbH* produziert und verkauft in der Periode 05 drei verschiedene Produkte. Hierfür liegen folgende Angaben vor:

	Produkt A	Produkt B	Produkt C
Proportionale Selbstkosten je ME:	40 EUR	120 EUR	70 EUR
Fixkosten bezogen auf Deckungsbeitrag:	30 %	20 %	60 %
Absatzmengen in der Periode:	1.000 ME	500 ME	1.500 ME
Fixkosten:	18.000 EUR	8.000 EUR	72.000 EUR

Aufgaben:

1) Ermitteln Sie das Betriebsergebnis der *Lutz GmbH* für die Periode 05.
2) Um wieviel Prozent würde sich das Betriebsergebnis der *Lutz GmbH* verändern, wenn durch Preiserhöhung bei Produkt A um 10 % die Absatzmenge von Produkt A um 20 % zurückginge ?
(rechnerischer Nachweis)

Lösung 4.II.6

Aufgabe 1)

Betriebsergebnis = DB - K_f bzw. Betriebsergebnis = E – K = E – (K_f + K_v)

Produkt	A	B	C	gesamt
Fixkosten (K_f) EUR	18.000	8.000	72.000	98.000
Fixkosten in % von DB	30	20	60	
Gesamtdeckungsbeitrag (DB) EUR DB = K_f / K_f in % von DB	60.000	40.000	120.000	220.000
Ausbringungsmenge (x) ME	1.000	500	1.500	
Stückdeckungsbeitrag (db) EUR	60	80	80	
variable Stückkosten (k_v) EUR	40	120	70	
Stückpreis (p) EUR $p = k_v + db$	100	200	150	
variable Gesamtkosten (K_v) EUR	40.000	60.000	105.000	205.000
Erlös (E) EUR $E = p \bullet x$	100.000	100.000	225.000	425.000

Betriebsergebnis = DB – K_f = 220.000 EUR – 98.000 EUR = 122.000 EUR

bzw.

Betriebsergebnis = E – (K_f + K_v) = 425.000 EUR – (98.000 EUR + 205.000 EUR)
= 122.000 EUR

Aufgabe 2)

$p_{A\,neu}$ = p_A + 10 % = 100 EUR + 10 % = 110 EUR

$db_{A\,neu}$ = $p_{A\,neu}$ – kv = 110 EUR – 40 EUR = 70 EUR

$x_{A\,neu}$ = x_A – 20 % = 1.000 ME – 20 % = 800 ME

$DB_{A\,neu}$ = $db_{A\,neu} \bullet x$ = 70 EUR • 800 ME = 56.000 EUR

ΔDB = DB_A – $DB_{A\,neu}$ = 60.000 EUR – 56.000 EUR = – 4.000 EUR

Das Betriebsergebnis verändert sich um – 4.000 EUR, d.h. um 3,2787 % ≈ 3,28 %.

Testfragen	**4. Kapitel II.4.1 - II.4.8**
Einzelkosten- und Deckungsbeitragsrechnung	

Die folgenden Aussagen sind auf ihre Richtigkeit zu überprüfen, wobei mehrere Aussagen richtig bzw. falsch sein können.

Kennzeichnen Sie die Aussagen mit:
(+) **Aussage ist richtig**
(–) **Aussage ist falsch**

1) Prinzipien der Einzelkosten- und Deckungsbeitragsrechnung sind:
a) ( ) alle Kosten werden als Einzelkosten derart erfasst und ausgewiesen, dass sie in der Hierarchie betrieblicher Bezugsgrößen an einer Stelle ausgewiesen werden, an der sie gerade noch als Einzelkosten erfassbar sind
b) ( ) Identitätsprinzip
c) ( ) Leistungsentsprechungsprinzip
d) ( ) für Kosten, die einer Periode nicht eindeutig zurechenbar sind, können gesondert Deckungsbudgets ausgewiesen werden

2) Stimmt es, dass nach Riebel:
a) ( ) Kosten und Leistungen immer auf Entscheidungen zurückzuführen sind, die sie veranlasst (verursacht) haben?
b) ( ) bei der Zurechnung von Kosten und Leistungen auf Bezugsgrößen stets das Verursachungsprinzip zu beachten ist?
c) ( ) sich durch die Wahl geeigneter Bezugsgrößen schließlich alle Wertverzehre einer Unternehmung als Einzelkosten erfassen?
d) ( ) keine Gemeinkosten entstehen können?

3) Sachbezogene Bezugsgrößen sind:
a) (+) Aufträge
b) (+) Kunden
c) (-) Stromkosten in Fertigungsstellen
d) (–) Büromaterial

4) Zeitbezogen Bezugsgrößen sind:
   a) ( ) Miete
   b) ( ) Aufträge
   c) ( ) Stromkosten in Fertigungsstellen
   d) ( ) Grundsteuer

5) Stimmt es, dass nach Riebel:
   a) ( ) Zahlungen für einen mehrjährigen Lizenzvertrag für eine Produktart als Einzelkosten bezogen auf ein Produkt verrechnet werden?
   b) ( ) zur Erfassung der Kosten die Bildung einer Bezugsgrößenhierarchie erforderlich ist?
   c) ( ) alle Kostenarten - soweit es wirtschaftlich vertretbar ist - auf der jeweils untersten Ebene der Hierarchie auszuweisen sind, an der man sie gerade noch als Einzelkosten erfassen kann?
   d) ( ) die Energiekosten einer Maschine während der Produktion Einzelkosten der jeweiligen Maschine sind?

6) Stimmt es, dass:
   a) ( ) Leistungskosten "automatische" variable Kosten sind?
   b) ( ) Leistungskosten sich mit Art, Menge und Wert der produzierten und abgesetzten Leistungen ändern?
   c) ( ) Bereitschaftskosten kurzfristig nicht veränderbar sind?
   d) ( ) Überstundenlöhne absatzabhängige Leistungskosten sind?

7) Leistungskosten sind:
   a) ( ) Grundsteuer
   b) ( ) Rüstkosten
   c) ( ) Urlaubsgeld
   d) ( ) Kosten für eine Stücklizenz

8) Stimmt es, dass:
   a) (–) Kosten für eine Stücklizenz absatzwertabhängige Kosten sind?
   b) (+) Kosten für Materialverlust erzeugungsabhängige Kosten sind?
   c) (–) Rüstkosten erzeugungsmengenabhängige Kosten sind?
   d) (–) Kosten für Umsatzlizenzen Bereitschaftskosten sind?

9) Bereitschaftskosten sind:
   a) ( ) Kosten, die aufgrund von Entscheidungen über die Bereitstellung von Kapazitäten für die Erstellung eines Leistungsprogramms entstehen
   b) ( ) kurzfristige nichtvariable Kosten sind
   c) ( ) Gehälter einschließlich Sozialabgaben
   d) ( ) Weihnachtsgratifikationen

10) Stimmt es, dass:
   a) ( ) die Einteilung in Perioden-Einzelkosten und Perioden-Gemeinkosten von der Länge der gewählten Abrechnungsperiode abhängt?
   b) ( ) je länger die jeweils betrachtete Periode ist, desto geringer ist der Anteil der Perioden-Einzelkosten an den Gesamtkosten?
   c) ( ) Gemeinkosten "offener" Perioden Einzelkosten von nicht eindeutig bestimmbaren, offenen Zeiträumen sind?
   d) ( ) Perioden-Gemeinkosten die Kosten sind, die nicht mehreren Abrechnungsperioden eindeutig zurechenbar sind

11) Die Grundrechnung:
   a) ( ) erfasst die gesamten Kosten und Leistungen, die während einer Abrechnungsperiode angefallen sind
   b) ( ) ist als kombinierte Kostenarten-, Kostenstellen- und Kostenträgerrechnung aufgebaut
   c) ( ) ist identisch mit dem Aufbau des Betriebsabrechnungsbogens
   d) ( ) hat in der Horizontalen die einzelnen Bezugsgrößen der gewählten Bezugsgrößenhierarchie aufgeführt, die als Verteilungsschlüssel in Betracht kommen

12) Stimmt es, dass bei der Einzelkosten- und Deckungsbeitragsrechnung:
   a) ( ) im Rahmen der Ergebnisrechnung die Erfolgsanalyse einer Periode durch die Ermittlung verschiedener Deckungsbeiträge durchgeführt wird?
   b) ( ) der formale Aufbau der Ergebnisrechnung weitgehend der Betriebsergebnisrechnung in der stufenweisen Fixkostendeckungsrechnung entspricht?
   c) ( ) keine Periodisierung der Perioden-Einzelkosten vorgenommen wird?
   d) ( ) die Ergebnisrechnung weitgehend der Betriebsergebnisrechnung in der stufenweisen Fixkostendeckungsrechnung entspricht?

13) In der Einzelkosten- und Deckungsbeitragsrechnung:
   a) (+) wird kein Betriebserfolg, sondern nur ein Periodenerfolg ausgewiesen
   b) (-) werden Abschreibungen auf Anlagegüter als Gemeinkosten "offener" Perioden auf fest definierte Bezugsgröße ausgewiesen
   c) (+) wird eine eindeutige Periodisierung aller Bereitschaftskosten nicht vorgenommen
   d) (+) ist eine produktbezogene Kalkulation, bzw. Preisermittlung nicht möglich

Lösung: Testfragen — 4. Kapitel II.4.1 - II.4.8

Einzelkosten- und Deckungsbeitragsrechnung

Aufgabe	a)	b)	c)	d)
1)	+	+	–	+
2)	+	–	+	–
3)	+	+	–	–
4)	+	–	+	+
5)	–	+	+	–
6)	+	+	+	–
7)	–	+	–	+
8)	–	+	–	–
9)	+	+	+	+
10)	+	–	+	–
11)	+	+	–	–
12)	+	+	–	–
13)	+	–	+	+

Aufgabe	**4.II.7**	**4. Kapitel II.4**

Einzelkosten- und Deckungsbeitragsrechnung
Ermittlung: Mehrfach gestufte Ergebnisrechnung mit relativen Einzelkosten

Sachverhalt:

Die *Berger-GmbH* führt ihre Deckungsbeitragsrechnung auf Basis relativer Einzelkosten durch.
Die Brutto-Umsatzerlöse der Produkte in der Periode 06 betrugen:

Produktart	P_{A1}	P_{B1}	P_{B2}	P_{C1}	P_{C2}	Σ
Brutto-Umsatzerlös (EUR)	6.500	7.800	6.000	4.900	5.000	30.200

Die Grundrechnung der Kosten der Abrechnungsperiode 06 (ein Jahr) enthält die auf der nachfolgenden Seite angegebenen Daten.
Die Produktgruppe B besteht aus den Produkten P_{B1} und P_{B2}, die Produktgruppe C aus den Produkten P_{C1} und P_{C2}.
Das Produkt A wird in der Kostenstelle 1, die Produktgruppe B in der Kostenstelle 2 und die Produktgruppe C in der Kostenstelle 3 gefertigt.
Kostenstelle 1 und Kostenstelle 2 bilden den Unternehmungsbereich I und Kostenstelle 3 den Unternehmungsbereich II.

Aufgabe:

Erstellen Sie eine mehrfach gestufte Ergebnisrechnung der Periode 06 (1 Jahr) mit Deckungsbeiträgen über relative Einzelkosten.

Periode 06 (in EUR)	Grundrechnung der Kosten *Berger - GmbH*														
Zurechnungsobjekte (Bezugsgrößen)	Kostenstellen						Kostenträger								Σ
	Stellen			Bereiche		Gesamt-unter-nehmung	Produkte					Produktgruppen			
Kostenkategorien	1	2	3	I	II		P_{A1}	P_{B1}	P_{B2}	P_{C1}	P_{C2}	A	B	C	
Leistungskosten															
a) absatzabhängige Kosten															
- Verkaufsprovision							12	17	18	7	9				63
- Lizenzgebühren							35						20	20	75
- Frachtkosten			100												100
- Verpackungskosten							5	7	10	4	2				28
b) erzeugungsabhäng. Kosten															
- Fertigungsmaterial							350	320	400	260	320				1.650
- Überstundenlöhne	60	50	60	30	50										250
Bereitschaftskosten															
a) Monatseinzelkosten															
- Löhne- u. Gehälter	450	550	400	100	200	100									1.800
- Energiekosten	40	25	35	7	8										115
b) Quartalseinzelkosten															
- Versicherung						80									80
c) Jahreseinzelkosten															
- Miete						800									800

Lösung 4.II.7

Produktart ⇒ *Berger - GmbH* Periode 06 (EUR)	P_{A1}	P_{B1}	P_{B2}	P_{C1}	P_{C2}	Σ
Brutto-Umsatzerlöse	6.500	7.800	6.000	4.900	5.000	30.200
– absatzabhängige Produkteinzelkosten						
Verkaufsprovision	12	17	18	7	9	63
Verpackungskosten	5	7	10	4	2	28
Lizenzgebühren	35	---	---	---	---	35
= Netto-Umsatzerlöse	6.448	7.776	5.972	4.889	4.989	30.074
– erzeugungsabhängige Produkteinzelkosten						
Fertigungsmaterial	350	320	400	260	320	1.650
= *Produkt-DB*	*6.098*	*7.456*	*5.572*	*4.629*	*4.669*	28.424
– Produktgruppeneinzelkosten						
Lizenzgebühren	---	20		20		40
= *Produktgruppen-DB*	*6.098*	*13.008*		*9.278*		28.384
– Kostenstelleneinzelkosten						
Frachtkosten	---	---		100		100
Überstundenlöhne	60	50		60		170
Löhn- und Gehälter (•12)	5.400	6.600		4.800		16.800
Energiekosten (•12)	480	300		420		1.200
= *Kostenstellen-DB*	*158*	*6.058*		*3.898*		10.114
– Bereichseinzelkosten						
Überstundenlöhne	30			50		80
Löhn- und Gehälter (•12)	1.200			2.400		3.600
Energiekosten (•12)	84			96		180
= *Bereichs-DB*	*4.902*			*1.352*		6.250
– Unternehmungseinzelkosten						
Löhn- und Gehälter (•12)	1.200					1.200
Versicherung (• 4)	320					320
Miete	800					800
= Periodenbeitrag (Periodenergebnis)	3.934					3.934

Fallstudie	Direct Costing - *Kramer GmbH*	4. Kapitel II.2
Verrechnungstechnischer Ablauf des Direct Costing		

Anmerkung:
Die Fallstudie Direct Costing baut auf denselben Grunddaten auf, die der Fallstudie Vollkostenrechnung - *Kramer GmbH* zugrunde liegen.
(siehe 3. Kapitel, Fallstudie VKR - *Kramer GmbH*, Seite 173 ff.).

Sachverhalt I:

Die nachstehende Tabelle zeigt den Kostenartenplan der *Kramer GmbH* aus der Rechnungsperiode 10 (1 Jahr).

Kostenarten - Periode 10	EUR
I. Einzelkosten	
1. Materialeinzelkosten	960.870
2. Fertigungseinzelkosten I	145.931
3. Fertigungseinzelkosten II	125.208
4. Auftragsbezogene Fertigungskosten	25.500
5. Fracht- und Verpackungskosten	12.100
Summe Einzelkosten	*1.269.609*
II. Gemeinkosten	
6. Löhne und Gehälter	300.000
7. Soziale Abgaben	60.000
8. Fremdleistungskosten	36.000
9. Leasing, Miete	12.000
10. Fernsprechgebühren	3.000
11. Versicherungen	18.000
12. Heizung	9.800
13. Reinigung	4.240
14. Steuern, Beiträge	39.000
15. Kalkulatorische Abschreibungen	150.000
16. Kalkulatorische Zinsen	90.000
Summe Gemeinkosten	*722.040*
III. Gesamtkosten	1.991.649

Die *Kramer GmbH* verfügt über:

5 Hauptkostenstellen: Materialkostenstelle, Fertigungskostenstelle I und II, Verwaltungs- und Vertriebskostenstelle

2 allgemeine Hilfskostenstellen: Kantine, Reparaturstelle

1 besondere Hilfskostenstellen: Fertigungshilfskostenstelle (Arbeitsvorbereitung)

In der abgelaufenen Periode 10 hat die *Kramer GmbH* folgendes Produktionsprogramm erstellt:

Periode 10 (in EUR)		Produktionsprogramm Kramer GmbH							
Produktgruppe		A			B		C		D
Produkt		AX	AY	AZ	BT	BU	CK	CL	DN
Produzierte ME		1	1	1	1	1	1	1	1
	gesamt								
MEK	960.870	185.500	195.258	175.739	75.751	80.499	120.753	127.370	
FEK I	145.931	20.150	18.750	19.000	25.456	35.645	12.150	14.780	
FEK II	125.208	22.150	19.750	18.250	12.458	13.680	20.150	18.770	
SEKF	25.500	4.450	6.995	8.525	0	0	2.850	2.680	
SEKV	12.100	3.130	2.225	2.050	2.245	2.450	0		0
Erlös	2.155.123	430.500	422.720	353.073	235.345	276.785	215.845		220.855

Aufgaben:

1) Führen Sie die Primärkostenrechnung der *Kramer GmbH* anhand des vorliegenden Betriebsabrechnungsbogens (BAB) und mit Hilfe der Angaben zum Betriebsabrechnungsbogen für die Rechnungsperiode 10 durch.
(im BAB mit ganzzahligen Kostenbeträgen arbeiten, kaufmännisch runden)
2) Verrechnen Sie die innerbetriebliche Leistungen nach dem Stufenleiterverfahren (Treppenverfahren) mit den Angaben zum Betriebsabrechnungsbogen.
(mit ganzzahligen Kostenbeträgen arbeiten, kaufmännisch runden)

Angaben zum Betriebsabrechnungsbogen (BAB):

Periode 10 (in EUR)	Kostenstellen Kramer - GmbH							
Gemein kosten	Ver trieb	Ver waltung	Material	Ferti gung I	Ferti gung II	Arbeits vorber.	Repara turstelle	Kantine
Löhne und Gehälter	60.000 75 % fix	45.000 80 % fix	20.000 100 % fix	55.000 80 % fix	50.000 80 % fix	35.000 100 % fix	20.000 100 % fix	15.000 100 % fix
Soziale Abgaben	12.000,- 75 % fix	9.000 80 % fix	4.000 100 % fix	11.000 80 % fix	10.000 80 % fix	7.000 100 % fix	4.000 100 % fix	3.000 100 % fix
Fremd leistungsk.	3.600,- nur prop.	7.200 40 % fix	3.600 nur prop.	1.800 30 % fix	1.800 30 % fix	0	7.200 nur prop.	10.800 45 % fix
Leasing, Miete	2.400,- 100 % fix	1.800,- 100 % fix	5.400,- 100 % fix	800,- 80 % fix	600,- 80 % fix	1.000 50 % fix	0	0
Fernsprech gebühren	400 40 % fix	600 35 % fix	150 20 % fix	300 20 % fix	300 20 % fix	250 20 % fix	400 30 % fix	600 20 % fix
Ver sicherungen	2.700 70 % fix	1.800 100 % fix	3.600 75 % fix	540 100 % fix	360 100 % fix	6.300 100 % fix	1.800 100 % fix	900 100 % fix
Heizung	2.400 100 % fix	1.600 100 % fix	800 100 % fix	1.200 100 % fix	1.200 100 % fix	800 100 % fix	600 100 % fix	1.200 100 % fix
Reinigung	0	0	0	0	0	0	1.440 90 % fix	2.800 100 % fix
Steuern, Beiträge	10.000 100 % fix	12.000 100 % fix	8.000 100 % fix	2.000 100 % fix	0	5.000 100 % fix	0	2.000 100 % fix
Kalk. Abschreib.	40.000 100 % fix	45.000 100 % fix	5.000 90 % fix	30.000 60 % fix	10.000 55 % fix	15.000 100 % fix	0	5.000 100 % fix
Kalk. Zinsen	24.000 100 % fix	27.000 100 % fix	2.000 80 % fix	13.000 100 % fix	10.000 100 % fix	10.000 100 % fix	0	4.000 100 % fix
Verteilung der Sekundärkosten								
1. Kantine (Anzahl erhaltene Essen)	1.755 100 % fix	2.275 80 % fix	1.040 100 % fix	3.240 100 % fix	3.250 100 % fix	2.020 100 % fix	1.520 100 % fix	- - -
2. Reparatur (Stunden)	15 30 % fix	10 25 % fix	20 80% fix	65 40 % fix	60 40% fix	30 60 % fix	- - -	50 100 % fix
3. Arbeits vorber. (Stunden)		- - -	- - -	510 75 % fix	414,10 80% fix	- - -	- - -	- - -

Direct Costing		**Betriebsabrechnungsbogen (BAB) Kramer - GmbH**															
Periode 10 (in EUR)		Hauptkostenstellen										besondere Hilfskostenst.		allgemeine Hilfskostenstellen			
Gemeinkosten (GK)		Vertriebs-kostenstelle		Verwaltungs-kostenstelle		Material-kostenstelle		Fertigungs-kostenstelle I		Fertigungs-kostenstelle II		Arbeits-vorbereitung		Reparatur-stelle		Kantine	
	gesamt	fix	prop	fix	prop	fix	prop	fix	prop	fix	prop	fix	prop	fix	prop	fix	prop
6. Löhne u. Gehälter	300.000	45.000	15.000														
7. Soziale Abgaben	60.000																
8. Fremdleistungsk.	36.000																
9. Leasing, Miete	12.000																
10. Fernsprechgebühr	3.000																
11. Versicherungen	18.000																
12. Heizung	9.800																
13. Reinigung	4.240																
14. Steuern, Beiträge	39.000																
15. Kalk. Abschreib.	150.000																
16. Kalk. Zinsen	90.000																
primäre GK	***722.040***																
Umlage Kantine																	
Umlage Reparatur																	
Umlage Arbeitsvorb.																	
Summe fixe GK																	
Summe prop GK																	

Sachverhalt II:

In der *Kramer GmbH* liegen für die abgelaufene Periode 10 weitere Informationen vor:

- Bestandsmehrungen (Produkt CL zu prop. Kosten bewertet)	170.177,- EUR
- Bestandsminderungen (Produkt DN zu prop. Kosten bewertet)	125.450,- EUR
- Umsatzerlöse:	2.155.123,- EUR

Aufgaben:

1) Ermitteln Sie die proportionalen Gemeinkostenzuschlagssätze (auf vier Dezimale) der *Kramer GmbH* für die abgelaufene Abrechnungsperiode 10 basierend auf dem Kostenartenplan und den Gemeinkosten der Hauptkostenstellen bei Anwendung des Stufenleiterverfahrens.
2) Bestimmen Sie das Betriebsergebnis der *Kramer GmbH* für die Rechnungsperiode 10 mit Hilfe des Kostenträgerzeitblattes.
3) Ermitteln Sie für das in der Rechnungsperiode 10 realisierte Produktionsprogramm der *Kramer GmbH* die Deckungsbeiträge für die einzelnen Produkte und für die Produktgruppen.
4) Zeigen Sie, dass die gesamten Kosten der Rechnungsperiode 10 der *Kramer GmbH* im Rahmen der Betriebsergebnisrechnung kostenrechnerisch richtig verrechnet worden sind. (rechnerischer Nachweis)
5) Zeigen Sie mit Hilfe eines rechnerischen Nachweises, um wie viel EUR das Betriebsergebnis der *Kramer GmbH* auf Basis von Vollkosten von dem auf Basis von Teilkosten abweicht.

Sachverhalt III:

Die *Kramer GmbH* soll im Dezember der Rechnungsperiode 10 für die Eltron AG einen Kostenvoranschlag zur Herstellung des Produktes AZ erstellen. Voraussichtlicher Liefertermin in der Periode 11 ist der Monat Mai.
Die *Kramer GmbH* rechnet für die Fertigung des Produktes AZ in der Periode 11 mit voraussichtlich 240.000 EUR proportionalen Stückkosten.

Von dem Produkt AZ hat die *Kramer GmbH* in der Rechnungsperiode 10 ein Stück produziert und zu einem Stückpreis von 353.073 EUR an die ASKOP GmbH aus Dresden verkauft.

Aufgaben:

1) Bestimmen Sie den Angebotspreis für das Produkt AZ für die Eltron AG, wenn die *Kramer GmbH* mit absoluten Soll-Stückdeckungsbeiträgen kalkuliert.
2) Kalkulieren Sie den Preis für das Produkt AZ für die Eltron AG mit prozentualen Deckungsbeitragszuschlägen als:
   a) Auf-Hundert-Rechnung
   b) Im-Hundert-Rechnung.

Lösung	Fallstudie: Direct Costing - *Kramer GmbH*

Sachverhalt I

Aufgabe 1) und 2)

Primär- und Sekundärkostenrechnung/Innerbetriebliche Leistungsverrechnung:
(siehe BAB, Seite 261)

Proportionale Verrechnungssätze - Stufenleiter-/Treppenverfahren im Direct Costing

Hilfskosten-stellen	Leistungsabgabe an nachgelagerte Kostenstellen	proportionaler Verrechnungssatz (Vprop)
Kantine	15.100 E	$V_{K\ prop} = \frac{6.420\ EUR}{15.100\ E}$ =0,4252 EUR/E
Reparatur	200 Rep-Std	$V_{R\ prop} = \frac{7.624\ EUR}{200\ Std}$ = 38,1200 EUR/Rep-Std
Arbeits-vorbereitung	924,10 Std	$V_{A\ prop} = \frac{1.157\ EUR}{924{,}10\ Std}$ = 1,2520 EUR/Std

Sachverhalt II

Aufgabe 1)
(siehe auch BAB, Seite 261)

Ermittlung der proportionalen Gemeinkostenzuschlagssätze:

Ermittlung der proportionalen Zuschlagssätze für Material- und Fertigungskostenstelle:

$$MGK_{prop}\text{-Zuschlagssatz} = \frac{MGK_{prop}}{MEK} \bullet 100 = \frac{5.673\ EUR}{960.870\ EUR} \bullet 100 = 0{,}5904\ \%$$

$$\text{FGK I}_{prop}\text{-Zuschlagssatz} = \frac{\text{FGK I}_{prop}}{\text{FEK I}} \cdot 100 = \frac{28.507 \text{ EUR}}{145.931 \text{ EUR}} \cdot 100 = 19{,}5346\ \%$$

$$\text{FGK II}_{prop}\text{-Zuschlagssatz} = \frac{\text{FGK II}_{prop}}{\text{FEK II}} \cdot 100 = \frac{19.596 \text{ EUR}}{125.208 \text{ EUR}} \cdot 100 = 15{,}6508\ \%$$

Ermittlung der proportionalen Herstellkosten von Produktion und Umsatz:

MEK	960.870 EUR
+ MGK_{prop}	5.673 EUR
+ FEK I	145.931 EUR
+ FGK I_{prop}	28.507 EUR
+ FEK II	125.208 EUR
+ FGK II_{prop}	19.596 EUR
+ SEKF	25.500 EUR
= $HK_{Prodprop}$	1.311.285 EUR
– Bestandsmehrungen (Produkt CL) zu proportionalen Kosten bewertet	170.177 EUR
+ Bestandsminderungen (Produkt DN) zu proportionalen Kosten bewertet	125.450 EUR
= $HK_{Umsprop}$	1.266.558 EUR

Für die Verwaltungs- und Vertriebsgemeinkosten ergeben sich demnach folgende proportionale Zuschlagssätze:

$$VwGK_{prop}\text{-Zuschlagssatz} = \frac{VwGK_{prop}}{HK_{Prod_{prop}}} \cdot 100 = \frac{15.989 \text{ EUR}}{1.311.285 \text{ EUR}} \cdot 100 = 1{,}2193\ \%$$

$$VtGK_{prop}\text{-Zuschlagssatz} = \frac{VtGK_{prop}}{HK_{Ums_{prop}}} \cdot 100 = \frac{23.050 \text{ EUR}}{1.266.558 \text{ EUR}} \cdot 100 = 1{,}8199\ \%$$

Direct Costing	**Betriebsabrechnungsbogen (BAB) Kramer - GmbH**														
Periode 10 (in EUR)		Hauptkostenstellen										besondere Hilfskostenst.		allgemeine Hilfskostenstellen	
Gemeinkosten (GK)		Vertriebs-kostenstelle		Verwaltungs-kostenstelle		Material-kostenstelle		Fertigungs-kostenstelle I		Fertigungs-kostenstelle II		Arbeits-vorbereitung		Reparatur-stelle		Kantine	
	gesamt	fix	prop	fix	prop	fix	prop	fix	prop	fix	prop	fix	prop	fix	prop	fix	prop
6. Löhne u. Gehälter	300.000	45.000	15.000	36.000	9.000	20.000	0	44.000	11.000	40.000	10.000	35.000	0	20.000	0	15.000	0
7. Soziale Abgaben	60.000	9.000	3.000	7.200	1.800	4.000	0	8.800	2.200	8.000	2.000	7.000	0	4.000	0	3.000	0
8. Fremdleistungsk.	36.000	0	3.600	2.880	4.320	0	3.600	540	1.260	540	1.260	0	0	0	7.200	4.860	5.940
9. Leasing, Miete	12.000	2.400	0	1.800	0	5.400	0	640	160	480	120	500	500	0	0	0	0
10. Fernsprechgebühr	3.000	160	240	210	390	30	120	60	240	60	240	50	200	120	280	120	480
11. Versicherungen	18.000	1.890	810	1.800	0	2.700	900	540	0	360	0	6.300	0	1.800	0	900	0
12. Heizung	9.800	2.400	0	1.600	0	800	0	1.200	0	1.200	0	800	0	600	0	1.200	0
13. Reinigung	4.240	0	0	0	0	0	0	0	0	0	0	0	0	1.296	144	2.800	0
14. Steuern, Beiträge	39.000	10.000	0	12.000	0	8.000	0	2.000	0	0	0	5.000	0	0	0	2.000	0
15. Kalk. Abschreib.	150.000	40.000	0	45.000	0	4.500	500	18.000	12.000	5.500	4.500	15.000	0	0	0	5.000	0
16. Kalk. Zinsen	90.000	24.000	0	27.000	0	1.600	400	13.000	0	10.000	0	10.000	0	0	0	4.000	0
primäre GK	***722.040***	***134.850***	***22.650***	***135.490***	***15.510***	***47.030***	***5.520***	***88.780***	***26.860***	***66.140***	***18.120***	***79.650***	***700***	***27.816***	***7.624***	***38.880***	***6.420***
Umlage Kantine		746	0	774	193	442	0	1.378	0	1.382	0	859	0	646	0	← 6.420	
Umlage Reparatur		172	400	95	286	610	153	991	1.487	915	1.372	686	457	← 7.624			
Umlage Arbeitsvorb.								479	160	414	104	← 1.157					
Summe fixe GK	***629.225***	***135.768***		***136.359***		***48.082***		***91.628***		***68.851***		***81.195***		***28.462***		***38.880***	
Summe prop GK	**92.815**		**23.050**		**15.989**		**5.673**		**28.507**		**19.596**						
Zuschlagsbasis:																	
MEK:							*960.870*										
FEK I:									*145.931*								
FEK II:											*125.208*						
HK Prod prop:					*1.311.285*												
HK Ums prop:			*1.266.558*														
prop GK - Zuschlagssatz (%)			**1,8199**		**1,2193**		**0,5904**		**19,5346**		**15,6508**						

Sachverhalt II

Aufgabe 2)

Ermittlung des Betriebsergebnisses mit Hilfe des Kostenträgerzeitblatts:

Kostenträgerzeitblatt *Kramer GmbH* Direct Costing Periode 10 (in EUR)	
	gesamt
Materialeinzelkosten (MEK)	960.870
+ prop Materialgemeinkosten (MGKprop)	5.673
= prop Materialkosten (MKprop)	966.543
Fertigungseinzelkosten I (FEK I)	145.931
+ prop Fertigungsgemeinkosten I (FGK I prop)	28.507
+ Fertigungseinzelkosten II (FEK II)	125.208
+ prop Fertigungsgemeinkosten II (FGK II prop)	19.596
+ Sondereinzelkosten der Fertig. (SEKF)	25.500
= prop Fertigungskosten (FKprop)	344.742
= prop Herstellkosten der Produktion (HK_{Prod}prop)	*1.311.285*
– Bestandsmehrungen (Prod. CL) zu Hkprop	170.177
+ Bestandsminderungen (Prod. DN) zu prop Kosten	125.450
= prop Herstellkosten des Umsatzes (HK_{Ums}prop)	*1.266.558*
+ prop Verwaltungsgemeinkosten (VwGKprop)	15.989
+ prop Vertriebsgemeinkosten (VtGKprop)	23.050
+ Sondereinzelkosten des Vertriebs (SEKV)	12.100
= prop Selbstkosten des Umsatzes (SK_{Ums}prop)	**1.317.697**
Umsatzerlöse	**2.155.123**
– prop Selbstkosten des Umsatzes (SK_{Ums}prop)	1.317.697
= Deckungsbeitrag	***837.426***
– Fixkosten der Periode	629.225
= Betriebsergebnis	**208.201**

nicht vergessen!!!

Aufgabe 3)

Ermittlung der Ergebnisse für das Produktionsprogramm der *Kramer GmbH* (siehe Seite 263):

Direct Costing	**Kostenträgerzeitblatt Kramer - GmbH**									
Produktgruppe			A			B		C		D
Produkt			AX	AY	AZ	BT	BU	CK	CL	DN
produzierte Mengen (ME)			1	1	1	1	1	1	1	1
Periode 10 (in EUR)										
	gesamt	%								
Materialeinzelkosten (MEK)	960.870		185.500	195.258	175.739	75.751	80.499	120.753	127.370	
+ prop Materialgemeinkosten (MGKprop)	5.673	0,5904	1.095	1.153	1.038	447	475	713	752	
= prop Materialkosten (MKprop)	966.543		186.595	196.411	176.777	76.198	80.974	121.466	128.122	
Fertigungseinzelkosten I (FEK I)	145.931		20.150	18.750	19.000	25.456	35.645	12.150	14.780	
+ prop Fertigungsgemeinkosten I (FGK I prop)	28 507	19,5346	3.936	3.663	3.712	4.973	6.963	2.373	2.887	
+ Fertigungseinzelkosten II (FEK II)	125.208		22.150	19.750	18.250	12.458	13.680	20.150	18.770	
+ prop Fertigungsgemeinkosten II (FGK II prop)	19 596	15,6508	3.467	3.091	2.856	1.950	2.141	3.154	2.938	
+ Sondereinzelkosten der Fertig. (SEKF)	25.500		4.450	6.995	8.525	0	0	2.850	2.680	
= prop Fertigungskosten (FKprop)	344 742		54.153	52.249	52.343	44.836	58.429	40.677	42.055	
= prop Herstellkosten Produktion (HK Prodprop)	***1.311.285***		240.748	248.660	229.119	121.035	139.403	162.143	170.177	
- Bestandsmehrungen (Prod. CL) zu HKprop	170 177									
+ Bestandsminderungen (Prod. DN) zu prop Kosten	125 450									
= prop Herstellkosten Umsatzes (HK Umsprop)	***1.266.558***		240.748	248.660	229.119	121.035	139.403	162.143		125.450
+ prop Verwaltungsgemeinkosten (VwGKprop)	15 989	1,2193	2.935	3.032	2.794	1.476	1.700	1.977	2.075	0
+ prop Vertriebsgemeinkosten (VtGKprop)	23 050	1,8199	4.381	4.525	4.170	2.203	2.537	2.951		2.283
+ Sondereinzelkosten des Vertriebs (SEKV)	12 100		3.130	2.225	2.050	2.245	2.450	0		0
= prop Selbstkosten des Umsatzes (SKUmsprop)	**1.317.697**		***251.195***	***258.442***	***238.133***	***126.958***	***146.090***	***167.071***		***127.733***
Umsatzerlöse	**2.155.123**		430.500	422.720	353.073	235.345	276.785	215.845		220.855
- prop Selbstkosten des Umsatzes (SKUmsprop)	1.317 697		251.195	258.442	238.133	126.958	146.090	167.071		127.733
= Deckungsbeitrag 1)	**837.426**		***179.305***	***164.278***	***114.940***	***108.387***	***130.695***	***48.774***		***93.122***
Deckungsbeitrag Produktgruppe				***458.523***		***239.082***		***48.774***		***93.122***
- Fixkosten der Periode	629 225									
= Betriebsergebnis	**208.201**									

1) Der Deckungsbeitrag der Produktgruppen (458.523 EUR + 239.082 EUR + 48.774 EUR + 93.122 EUR = 839.501 EUR) ist um 2.075 EUR (nicht verrechnete prop. VwGK des Produktes CL) höher als der Deckungsbeitrag gesamt (837.426 EUR = 839.501 EUR - 2.075 EUR)

Aufgabe 4)

Kostenverrechnung im Rahmen des Direct Costing in der Rechnungsperiode 10 der *Kramer GmbH* :

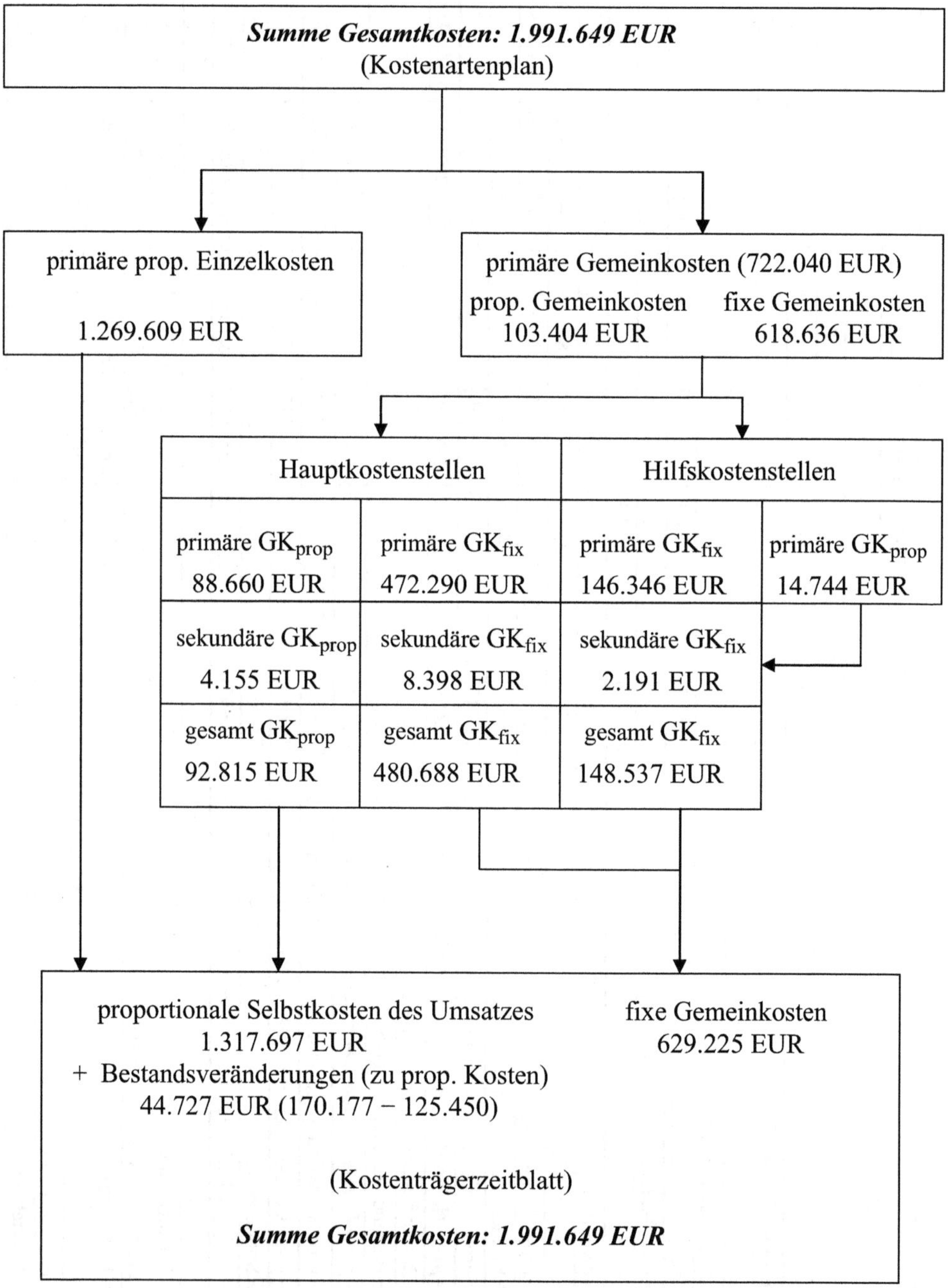

Aufgabe 5)

Betriebsergebnis:	
Vollkostenrechnung (siehe Seite 193):	195.762 EUR
Direct Costing (siehe Seite 262):	208.201 EUR
Differenz:	***– 12.439 EUR***

Die Differenz zwischen dem Betriebsergebnis der Vollkostenrechnung und dem des Direct Costing ergibt sich jeweils in Höhe der Fixkostenanteile der Bestandsveränderungen:

Erfolgsdifferenz: Vollkostenrechnung versus Direct Costing

	Vollkosten-rechnung (bewertet zu volle Herstellkosten) EUR	Direct Costing (bewertet zu prop. Herstellkosten EUR	Differenz EUR
(+) Bestandsmehrung	212.788	170.177	42.611
(–) Bestandsminderung	180.500	125.450	55.050
Summe	32.288	44.727	***– 12.439***

Sachverhalt III

Aufgabe 1) und Aufgabe 2 a) b)

Ermittlung des Angebotspreises für das Produkt AZ:

Preiskalkulation *Kramer - GmbH* Direct Costing	
Periode 11 (in EUR)	Produkt AZ
mit absoluten Soll-Stückdeckungsbeiträgen	
prop. Selbstkosten $(Sk_{prop})_{11}$	240.000
+ db_{Soll} $(db_{Soll} = db_{10} = 114.940)$	114.940
= Angebotspreis	354.940
Auf-Hundert-Rechnung	
$db_{ZS10} = db_{10} : k_{v10} \bullet 100$	
$= 114.940 : 238.133 \bullet 100 = 48{,}2671\ \%$	
prop. Selbstkosten $(Sk_{prop})_{11}$	240.000
+ $db_{ZS\ 10}$ (%) $(240.000 \bullet 0{,}482671 = 115.841)$	115.841
= Angebotspreis	355.841
Im-Hundert-Rechnung	
$df_{10} = db_{10} : p_{10}$	
$= 114.940 : 353.073 = 0{,}325542$	
Angebotspreis = prop. Selbstkosten $(Sk_{prop})_{11} : (1 - df_{10})$	
$= 240.000 : (1 - 0{,}325542)$	
Angebotspreis =	355.841

Fallstudie	Mehrstufige Deckungsbeitragsrechnung - *Kramer GmbH*	4. Kapitel II.3

Verrechnungstechnischer Ablauf der mehrstufigen Deckungsbeitragsrechnung (stufenweise Fixkostendeckungsrechnung)

Anmerkung:
Die Fallstudie der mehrstufigen Deckungsbeitragsrechnung (stufenweise Fixkostendeckungsrechnung) baut auf denselben Grunddaten auf, die der Fallstudie Vollkostenrechnung - *Kramer GmbH* und der Fallstudie Direct Costing - *Kramer GmbH* zugrunde liegen.
(siehe 3. Kapitel, Fallstudie Vollkostenrechnung - *Kramer GmbH*, Seite 173 ff. und 4. Kapitel, Fallstudie Direct Costing - *Kramer GmbH*, Seite 253 ff.).

Sachverhalt:

Die Fixkosten der *Kramer GmbH* in Höhe von 629.225 EUR (vgl. Fallstudie Direct Costing - *Kramer GmbH*, Betriebsergebnisrechnung Seite 262 und 263), die für das in der Rechnungsperiode 10 realisierte Produktionsprogramm angefallen sind, verteilen sich wie folgt:

Periode 10 (in EUR)	Produktionsprogramm Kramer GmbH							
Bereich	I					II		
Produktgruppe	A			B		C		D
Produkt	AX	AY	AZ	BT	BU	CK	CL	DN
produzierte ME	1	1	1	1	1	1	1	1
Produkt fixkosten	36.800	28.500	19.750	32.450	39.650	16.450	12.500	13.550
Produktgruppen fixkosten	47.450			79.450		28.550		
Bereichs fixkosten	165.250					45.250		
Unternehmungs fixkosten	63.625							

Aufgaben:

1) Zeigen Sie anhand der stufenweisen Fixkostendeckungsrechnung die Erfolgsstruktur für das in der Periode 10 realisierte Produktionsprogramm der *Kramer GmbH* auf.
2) Ermitteln Sie für die Rechnungsperiode 10 der *Kramer GmbH* die jeweiligen Fixkostenprozentsätze (auf 2 Dezimale kaufmännisch runden) bezogen auf
   a) die Deckungsbeiträge
   b) die proportionalen Kosten.
3) Führen Sie für die Produkte der *Kramer GmbH* eine retrograde Vollkostenkalkulation durch. Ermitteln Sie hierbei für die Rechnungsperiode 10
   a) das Ergebnis pro Produkt
   b) das Ergebnis pro Produktgruppe und
   c) das Betriebsergebnis.
4) Ermitteln Sie für die Produkte der *Kramer GmbH* im Rahmen der progressiven Kalkulation die vollen Selbstkosten der Rechnungsperiode 10.
5) Bestimmen Sie vorkalkulatorisch den Netto-Angebotspreis (auf 2 Dezimale kaufmännisch runden) der Produkte AZ und BT der *Kramer GmbH* für die Periode 11.
   Die geplanten variablen Stückkosten für die Periode 11 betragen 237.450 EUR für das Produkt AZ und 126.250 EUR für das Produkt BT.
   Die *Kramer GmbH* plant für die Periode 11 mit 5,8 % Gewinn, 3 % Skonto und 5 % Rabatt zu kalkulieren.

Lösung	**Fallstudie: Mehrstufige Deckungsbeitragsrechnung - *Kramer GmbH***

Aufgabe 1)

Erfolgsstruktur anhand der stufenweisen Fixkostendeckungsrechnung (siehe Seite 270)

Aufgabe 2 a) und 2 b)

Fixkostenprozentsätze bezogen auf die Deckungsbeiträge (siehe Seite 271)
Fixkostenprozentsätze bezogen auf die proportionalen Kosten (siehe Seite 272)

Aufgabe 3)

Vollkostenkalkulation/Retrograde Kalkulation (siehe Seite 273)

Aufgabe 4)

Progressive Kalkulation der Produkte für die Rechnungsperiode 10 (siehe Seite 274)

Aufgabe 5)

Progressive Kalkulation, Produkt AZ und BT, für die Periode 11 (siehe Seite 275)

Mehrstufige Deckungsbeitragsrechnung **Betriebsergebnisrechnung** **Kramer - GmbH**

Bereich		Bereich I					Bereich II		
Produktgruppe		A			B		C		D
Produkt		AX	AY	AZ	BT	BU	CK	CL	DN
produzierte Mengen (ME)		1	1	1	1	1	1	1	1
Periode 10 (in EUR)	gesamt								
Umsatzerlöse	2.155.123	430.500	422.720	353.073	235.345	276.785	215.845	0	220.855
- prop Selbstkosten [1]	1.317.697	251.195	258.442	238.133	126.958	146.090	167.071		127.733
= Deckungsbeitrag I	837.426	179.305	164.278	114.940	108.387	130.695	48.774	0	93.122
- Produktfixkosten	199.650	36.800	28.500	19.750	32.450	39.650	16.450	*12.500*	13.550
= Deckungsbeitrag II		142.505	135.778	95.190	75.937	91.045	32.324	0	79.572
Produktgruppen-Deckungsbeiterag		373.473			166.982		32.324		
- Produktgruppenfixkosten	155.450	47.450			79.450		28.550		
= Deckungsbeitrag III		326.023			87.532		3.774		79.572
Bereichs-Deckungsbeiterag		413.555					83.346		
- Bereichsfixkosten	210.500	165.250					45.250		
= Deckungsbeitrag IV		248.305					38.096		
Unternehmungs-Deckungsbeiterag		286.401							
- Unternehmungsfixkosten	63.625	63.625							
= Betriebsergebnis	208.201	222.776							

1) siehe Fallstudie Direct Costing, Seite 263

222.776 EUR - 12.500 EUR = 210.276 EUR - 2.075 EUR = 208.201 EUR
12.500 EUR: nicht erwirtschaftete Produktfixkosten, Produkt CL
2.075 EUR: nicht erwirtschaftete prop. Verwaltungsgemeinkosten, Produkt CL (siehe Fallstudie Direct Costing, Seite 263)

Mehrstufige Deckungsbeitragsrechnung **Betriebsergebnisrechnung** **Kramer - GmbH**

Retrograde Betriebsergebnisrechnung mit Ausweis von Fixkostenzuschlägen bezogen auf Deckungsbeiträge

Bereich		Bereich I					Bereich II		
Produktgruppe			A		B		C		D
Produkt		AX	AY	AZ	BT	BU	CK	CL	DN
produzierte Mengen (ME)		1	1	1	1	1	1	1	1
Periode 10 (in EUR)	gesamt								
Umsatzerlöse	2.155.123	430.500	422.720	353.073	235.345	276.785	215.845	0	220.855
- prop Selbstkosten [1)]	1.317.697	251.195	258.442	238.133	126.958	146.090	167.071		127.733
= Deckungsbeitrag I	837.426	179.305	164.278	114.940	108.387	130.695	48.774	0	93.122
- Produktfixkosten	199.650	36.800	28.500	19.750	32.450	39.650	16.450	12.500	13.550
(in Prozent von DB I der Produkte)		*20,52%*	*17,35%*	*17,18%*	*29,94%*	*30,34%*	*33,73%*		*14,55%*
= Deckungsbeitrag II		142.505	135.778	95.190	75.937	91.045	32.324	0	79.572
Produktgruppen-Deckungsbeiterag			373.473		166.982		32.324		79.572
- Produktgruppenfixkosten	155.450		47.450		79.450		28.550		
(in Prozent von DB II der Produktgruppen)			*12,71%*		*47,58%*		*88,32%*		
= Deckungsbeitrag III			326.023		87.532		3.774		79.572
Bereichs-Deckungsbeiterag				413.555				83.346	
- Bereichsfixkosten	210.500			165.250				45.250	
(in Prozent von DB III des Bereichs)				*39,96%*				*54,29%*	
= Deckungsbeitrag IV				248.305				38.096	
Unternehmungs-Deckungsbeiterag						286.401			
- Unternehmungsfixkosten	63.625					63.625			
(in Prozent von DB IV der Unternehmung)						*22,22%*			
= Betriebsergebnis	208.201					222.776			

1) siehe Fallstudie Direct Costing, Seite 263

222.776 EUR - 12.500 EUR = 210.276 EUR - 2.075 EUR = 208.201 EUR

12.500 EUR: nicht erwirtschaftete Produktfixkosten, Produkt CL

2.075 EUR: nicht erwirtschaftete prop. Verwaltungsgemeinkosten, Produkt CL (siehe Fallstudie Direct Costing, Seite 263)

Mehrstufige Deckungsbeitragsrechnung **Betriebsergebnisrechnung** **Kramer - GmbH**

Retrograde Betriebsergebnisrechnung mit Ausweis von Fixkostenzuschlägen bezogen auf proportionale Kosten

Bereich		Bereich I					Bereich II		
Produktgruppe		A			B		C		D
Produkt		AX	AY	AZ	BT	BU	CK	CL	DN
produzierte Mengen (ME)		1	1	1	1	1	1	1	1
Periode 10 (in EUR)	gesamt								
Umsatzerlöse	2.155.123	430.500	422.720	353.073	235.345	276.785	215.845	0	220.855
- prop Selbstkosten [1)]	1.317.697	251.195	258.442	238.133	126.958	146.090	167.071		127.733
= Deckungsbeitrag I	837.426	179.305	164.278	114.940	108.387	130.695	48.774	0	93.122
- Produktfixkosten	199.650	36.800	28.500	19.750	32.450	39.650	16.450	12.500	13.550
(in Prozent der prop. Kosten der Produkte)		*14,65%*	*11,03%*	*8,29%*	*25,56%*	*27,14%*	*9,85%*		*10,61%*
= Deckungsbeitrag II		142.505	135.778	95.190	75.937	91.045	32.324	0	79.572
Produktgruppen-Deckungsbeiterag		373.473			166.982		32.324		79.572
- Produktgruppenfixkosten	155.450	47.450			79.450		28.550		
(in Prozent der prop. Kosten der Produktgruppen)		*6,35%*			*29,10%*		*17,09%*		
= Deckungsbeitrag III		326.023			87.532		3.774		79.572
Bereichs-Deckungsbeiterag		413.555					83.346		
- Bereichsfixkosten	210.500	165.250					45.250		
(in Prozent der prop. Kosten des Bereichs)		*16,19%*					*15,35%*		
= Deckungsbeitrag IV		248.305					38.096		
Unternehmungs-Deckungsbeiterag		286.401							
- Unternehmungsfixkosten	63.625	63.625							
(in Prozent der prop. Kosten der Unternehmung)		*4,84%*							
= Betriebsergebnis	208.201	222.776							

1) siehe Fallstudie Direct Costing, Seite 263

222.776 EUR - 12.500 EUR = 210.276 EUR - 2.075 EUR = 208.201 EUR

12.500 EUR: nicht erwirtschaftete Produktfixkosten, Produkt CL

2.075 EUR: nicht erwirtschaftete prop. Verwaltungsgemeinkosten, Produkt CL (siehe Fallstudie Direct Costing, Seite 263)

Mehrstufige Deckungsbeitragsrechnung		**Retrograde Kalkulation**					**Kramer - GmbH**		
Bereich		Bereich I					Bereich II		
Produktgruppe		A			B		C		D
Produkt		AX	AY	AZ	BT	BU	CK	CL	DN
produzierte Mengen (ME)		1	1	1	1	1	1	1	1
Periode 10 (in EUR)	gesamt								
Umsatzerlöse	2.155.123	430.500	422.720	353.073	235.345	276.785	215.845	0	220.855
- prop Selbstkosten [1)]	1.317.697	251.195	258.442	238.133	126.958	146.090	167.071		127.733
= Stückdeckungsbeitrag I	837.426	179.305	164.278	114.940	108.387	130.695	48.774	0	93.122
Fixkostenzuschlag (%)		*20,52*	*17,35*	*17,18*	*29,94*	*30,34*	*33,73*		*14,55*
- Produktfixkosten	199.650	36.800	28.500	19.750	32.450	39.650	16.450	12.500	13.550
= Stückdeckungsbeitrag II		142.505	135.778	95.190	75.937	91.045	32.324		79.572
Fixkostenzuschlag (%)		*12,71*	*12,71*	*12,71*	*47,58*	*47,58*	*88,32*		
- Produktgruppenfixkosten	155.450	18.105	17.251	12.094	36.131	43.319	28.550		
= Stückdeckungsbeitrag III		124.400	118.527	83.096	39.806	47.726	3.774		79.572
Fixkostenzuschlag (%)		*39,96*	*39,96*	*39,96*	*39,96*	*39,96*	*54,29*		*54,29*
- Bereichsfixkosten	210.500	49.708	47.362	33.204	15.906	19.070	2.049		43.201
= Stückdeckungsbeitrag IV		74.692	71.166	49.892	23.900	28.655	1.725		36.371
Fixkostenzuschlag (%)		*22,22*	*22,22*	*22,22*	*22,22*	*22,22*	*22,22*		*22,22*
- Unternehmungsfixkosten	63.625	16.593	15.810	11.084	5.310	6.366	383		8.080
= Ergebnis pro Produkt		58.099	55.356	38.808	18.591	22.289	1.342		28.291
= Ergebnis pro Produktgruppe		152.263			40.880		1.342		28.291
= Betriebsergebnis	208.201	222.776							

1) siehe Fallstudie Direct Costing, Seite 263

222.776 EUR - 12.500 EUR = 210.276 EUR - 2.075 EUR = 208.201 EUR

12.500 EUR: nicht erwirtschaftete Produktfixkosten, Produkt CL

2.075 EUR: nicht erwirtschaftete prop. Verwaltungsgemeinkosten, Produkt CL (siehe Fallstudie Direct Costing, Seite 263)

Mehrstufige Deckungsbeitragsrechnung		Progressive Kalkulation					Kramer - GmbH		
Bereich		Bereich I					Bereich II		
Produktgruppe		A			B		C		D
Produkt		AX	AY	AZ	BT	BU	CK	CL	DN
produzierte Mengen (ME)		1	1	1	1	1	1	1	1
Periode 10 (in EUR)	gesamt								
prop Selbstkosten [1)]	1.317.697	251.195	258.442	238.133	126.958	146.090	167.071		127.733
Produktfixkostenzuschlag (%)		*14,65*	*11,03*	*8,29*	*25,56*	*27,14*	*9,85*		*10,61*
+ Produktfixkosten	199.650	36.800	28.500	19.750	32.450	39.650	16.450	12.500	13.550
Produktgruppenfixkostenzuschlag (%)		*6,35*	*6,35*	*6,35*	*29,10*	*29,10*	*17,09*		
+ Produktgruppenfixkosten	155.450	15.940	16.400	15.111	36.942	42.508	28.550		
Bereichsfixkostenzuschlag (%)		*16,19*	*16,19*	*16,19*	*16,19*	*16,19*	*15,35*		*15,35*
+ Bereichsfixkosten	210.500	40.663	41.837	38.549	20.552	23.649	25.644		19.606
Unternehmungsfixkostenzuschlag (%)		*4,84*	*4,84*	*4,84*	*4,84*	*4,84*	*4,84*		*4,84*
+ Unternehmungsfixkosten	63.625	12.148	12.499	11.516	6.140	7.065	8.080		6.177
= Selbstkosten	1.946.922	356.746	357.677	323.059	223.041	258.963	245.795		167.066
		1.037.482			482.004		245.795		167.066
		1.932.347							

1) siehe Fallstudie Direct Costing, Seite 263

1.946.922 EUR - 12.500 EUR = 1.934.422 EUR - 2.075 EUR = 1.932.347 EUR

12.500 EUR: nicht erwirtschaftete Produktfixkosten, Produkt CL

2.075 EUR: nicht erwirtschaftete prop. Verwaltungsgemeinkosten, Produkt CL (siehe Fallstudie Direct Costing, Seite 263)

Aufgabe 5)

Progressive Kalkulation, Produkt AZ und BT, für die Periode 11:

Progressive Kalkulation	**Kramer - GmbH**			
Produkt	AZ		BT	
produzierte Mengen (ME)	1		1	
Periode 11 (in EUR)		EUR		EUR
proportionale Selbstkosten [1]		237.450		126.250
+ Produktfixkosten [2]	8,29%	19.685	25,56%	32.270
+ Produktgruppenfixkosten [2]	6,35%	15.078	29,10%	36.739
+ Bereichsfixkosten [2]	16,19%	38.443	16,19%	20.440
+ Unternehmungsfixkosten [2]	4,84%	11.493	4,84%	6.111
= Selbstkosten (SK)		322.149		221.810
+ Gewinn	5,80%	18.685	5,80%	12.865
= Barverkaufspreis		340.834		234.675
+ Kundenskonto	3,00%	10.541	3,00%	7.258
= Zielverkaufspreis		351.375		241.933
+ Kundenrabatt	5,00%	18.493	5,00%	12.733
= Netto-Angebotspreis		369.868		254.666

1) geplante prop. Selbstkosten für die Periode 11
2) Fixkostenzuschläge bezogen auf die prop. Kosten der Periode 10 (siehe Seite 272)

5. Kapitel

Plankostenrechnung

Aufgaben, Testfragen und Fallstudie
Lösungen

I. Abschnitt: Grundlagen der Plankostenrechnung

Testfragen	**5. Kapitel I.1 - I.4**
Grundlagen der Plankostenrechnung (5.I.1 - 5.I.4)	

Die folgenden Aussagen sind auf ihre Richtigkeit zu überprüfen, wobei mehrere Aussagen richtig bzw. falsch sein können.

Kennzeichnen Sie die Aussagen mit:
(+) **Aussage ist richtig**
(–) **Aussage ist falsch**

1) Hauptaufgaben der Plankostenrechnung sind:
   a) (   ) Kontrolle der Wirtschaftlichkeit
   b) (   ) programm- und preispolitische Entscheidungen
   c) (   ) Erfolgsanalysen
   d) (   ) Bereitstellung von entscheidungsrelevanten Unterlagen für dispositive Zwecke

2) Plankosten:
   a) (   ) sind Kosten, bei denen sowohl die Preise, als auch die Verbrauchsmengen für eine geplante Beschäftigung vorgegeben sind
   b) (   ) sind Kosten, bei denen sowohl die Preise, als auch die Verbrauchsmengen für eine Istbeschäftigung vorgegeben sind
   c) (   ) gehen aus Vergangenheitswerten hervor
   d) (   ) gehen von einem optimalen Betriebsablauf für den Planungszeitraum aus und werden dementsprechend festgelegt

3) Die Plankostenrechnung ist dadurch gekennzeichnet, dass:
   a) ( ) sie durch die Abweichungsanalyse wertvolle Ansatzpunkte zur Steigerung der Wirtschaftlichkeit liefert und so zu einem wirksamen zukunftsorientierten Steuerungs- und Planungsinstrument der Unternehmungsführung wird
   b) ( ) ihr Aufbau identisch mit dem der anderen Kostenrechnungssysteme ist
   c) ( ) die Kostenarten-, Kostenstellen- und Kostenträgerrechnung als Teilbereiche der Kostenrechnung erhalten bleiben
   d) ( ) die Wirtschaftlichkeitskontrolle mit Hilfe eines Soll-Ist-Vergleichs erfolgt

4) Geplante Verrechnungspreise:
   a) ( ) werden ausschließlich für Material gebildet
   b) ( ) werden für Güter des Anlagevermögens gebildet
   c) ( ) werden für Produktionsfaktoren gebildet, die ein klar bestimmbares Mengengerüst haben
   d) ( ) werden für Produktionsfaktoren gebildet, die betragsmäßig derart von Bedeutung sind, dass Preisschwankungen die betriebliche Kostensituation beeinträchtigen würden

5) Planpreise:
   a) ( ) werden i.d.R. für einen Planungszeitraum von einem Monat im voraus festgelegt
   b) ( ) sollen sich nicht zu weit von der Entwicklung der Marktpreise entfernen, da sonst die Abweichungen zum Istpreis zu groß werden
   c) ( ) sollen sich am preisgünstigsten Angebot orientieren
   d) ( ) haben Vorgabecharakter

6) Stimmt es, dass:
   a) ( ) Planpreise für Material insbesondere für extern bezogene Roh-, Hilfs- und Betriebsstoffe, Einbauteile, Ersatzteile, Werkzeuge u.a. festzulegen sind?
   b) ( ) auf Planpreise für selten bezogene Ersatzteile und Werkzeuge verzichtet wird, da eine Kostenkontrolle hierfür nicht möglich ist?
   c) ( ) durch die Verwendung von Planpreisen für Material immer Preisabweichungen auftreten?
   d) ( ) bei negativem Vorzeichen der Preisabweichung zu viele Kosten verrechnet worden sind?

7) Stimmt es, dass:
   a) ( ) bei positivem Vorzeichen der Preisabweichung zu viele Kosten verrechnet worden sind?
   b) ( ) die Preisabweichung für Material nur zum Zeitpunkt des Lagerabgangs ermittelt werden kann?
   c) ( ) als Planpreis für Material sowohl der Einstandspreis als auch der Verbrauchspreis eingesetzt werden kann?
   d) ( ) der Einstandspreis als Planpreis keine Materialgemeinkosten enthält?

8) Stimmt es, dass:
   a) ( ) der Einstandspreis als Verrechnungspreis für die Bewertung von Fertig- und Unfertigerzeugnissen in der Bilanz verwendet werden kann?
   b) ( ) die Preisabweichungen des Verbrauchs als Preisdifferenzkosten direkt in die Betriebsergebnisrechnung übernommen werden können?
   c) ( ) die Preisabweichungen des Endbestands auf die Kostenträger verrechnet werden können?
   d) ( ) die Preisabweichungen des Verbrauchs auf die nächste Periode übertragen werden?

9) Stimmt es, dass:
   a) ( ) man für Personalkosten mehr als einen Verrechnungspreise verwendet?
   b) ( ) Fahrgeld- und Essensgeldzuschüsse sekundäre freiwillige Sozialkosten sind?
   c) ( ) Personalkosten sich aus außer- und innerbetrieblichen Preisbestandteilen zusammensetzen?
   d) ( ) Kosten für Arbeitskleidung primäre freiwillige Sozialkosten sind?

10) Stimmt es, dass:
   a) ( ) Urlaubsgeld sekundäre freiwillige Sozialkosten sind?
   b) ( ) Lohnsatzabweichungen direkt in die Betriebsergebnisrechnung übernommen werden können?
   c) ( ) Lohnsatzabweichungen auf die Kostenstellen nach dem Soll-Ist-Vergleich verteilt werden können?
   d) ( ) Fremdleistungs-/Dienstleistungskosten sich auch für die Festlegung von Planpreisen eignen?

11) Einzelkosten:
   a) ( ) sind Kosten, die einem bestimmten Bezugsobjekt direkt zurechenbar sind
   b) ( ) bezeichnet man auch als Kostenstelleneinzelkosten
   c) ( ) werden in der Plankostenrechnung pro Kostenträger geplant
   d) ( ) werden für Zwecke der Kostenplanung über die Kostenstellen geführt

12) Stimmt es, dass:
   a) ( ) die für eine Kostenträgereinheit geplanten Verbrauchsmengen als Kostenstandard bezeichnet werden?
   b) ( ) die Netto-Plan-Einzelmaterialmenge die Materialmenge ist, die man als Mengenstandard bezeichnet?
   c) ( ) das REFA-System eine Methode zur Ermittlung der vorzugebenden Mengenstandards ist?
   d) ( ) die Netto-Plan-Materialmenge aus Stücklisten, Zeichnungen, Verbrauchsfunktionen u.a. abgeleitet werden kann?

13) Stimmt es, dass zur Ermittlung der vorzugebenden Mengenstandards:
a) ( ) technische Studien für alle Kostengüter angewendet werden können?
b) ( ) externe Richtzahlen als alleinige Grundlage verwendet werden können?
c) ( ) statistische Vergangenheitswerte die Gefahr beinhalten, Unwirtschaftlichkeiten der Vergangenheit zu übernehmen?
d) ( ) Probeläufe und Musterfertigungen relativ aufwendig sein können?

14) Stimmt es, dass:
a) ( ) die Kontrolle der Materialeinzelkosten in den Kostenstellen erfolgt?
b) ( ) für die Abweichungen ersten Grades nur ein Kostenbestimmungsfaktor, die Verbrauchsmengen, verantwortlich ist?
c) ( ) Abweichungen zweiten Grades durch zwei Kostenbestimmungsfaktoren verursacht sind, somit eine eindeutige Zuordnung zu einem der beiden Kostenbestimmungsfaktoren möglich ist?
d) ( ) Kosten stets das Produkt aus Faktormengen und Faktorpreisen sind?

15) Preisabweichungen der Materialeinzelkosten:
a) ( ) entstehen durch Preisänderungen am Markt
b) ( ) sind u.U. durch Beschaffungsabteilungen zu vertreten
c) ( ) werden überwiegend auf die Kostenträger verrechnet
d) ( ) sind primär durch unternehmungsinterne Einflüsse bedingt

16) Mengenabweichungen der Materialeinzelkosten sind:
a) ( ) auftragsbedingte Abweichungen, die auf besonderen Wunsch der Kunden verursacht werden
b) ( ) materialbedingte Abweichungen, die auf beeinflussbare externe Bedingungen zurückzuführen sind
c) ( ) mischungsbedingte Abweichungen, die auftreten, wenn von der geplanten Zusammensetzung von Materialmischungen abgewichen wird
d) ( ) Verfahrensabweichungen

17) Stimmt es, dass:
a) ( ) zur Planung der Lohneinzelkosten für jede Kostenstelle die erforderliche Plan-Arbeitszeit zu ermitteln ist?
b) ( ) die Plan-Arbeitszeit mit Hilfe statistischer Methoden festgelegt werden kann?
c) ( ) alle Methoden der Arbeitszeitermittlung Vorgabezeiten festlegen, in denen u.U. mögliche Auswirkungen von Lernprozessen berücksichtigt werden sollten?
d) ( ) analytische Methoden zur Festlegung der Plan-Arbeitszeit auf betriebsindividuellen Zeitmessungen und Zeitstudienverfahren basieren?

18) Probleme bei der Planung der Lohneinzelkosten ergeben sich aus:
a) ( ) der Mengen- und Wertkomponente
b) ( ) der Art des Lohnformsystems
c) ( ) den für die Prämie festgelegten Prämienbemessungsgrundlagen
d) ( ) Wahl der Bezugsgrößen für eine Kostenstelle

19) Stimmt es, dass:
a) ( ) bei Akkordlohnzahlungen die Vorgabezeiten für die Lohnkostenplanung herangezogen werden können?
b) ( ) Vorgabezeiten auf erwarteten Plan-Leistungsgraden beruhen?
c) ( ) bei Anwendung eines Prämienlohnsystems die Arbeitszeitplanung durch eine Planung der Prämienbemessungsgrundlagen zu ergänzen ist?
d) ( ) Prämienbemessungsgrundlagen bezogen auf die Prämienlohnart festgelegt werden

20) Stimmt es, dass:
a) ( ) die Kontrolle der Lohneinzelkosten in den Kostenstellen erfolgt?
b) ( ) beim Akkordlohn sich die Lohn-Einzelkostenabweichung als Differenz zwischen den Iststunden und den Sollstunden multipliziert mit dem Lohnsatz pro Stunde ergibt?
c) ( ) bei Zeitlöhnen keine Einzellohnabweichungen auftreten?
d) ( ) bei der Gewährung von Prämien zum Zeit- oder Akkordlohn die Prämienabweichungen zusätzlich zu kontrollieren sind?

21) Zusatzlöhne:
a) ( ) können durch akkordstörende Faktoren notwendig werden
b) ( ) treten als Folge von schöpferischer und künstlerischer Arbeit auf
c) ( ) treten als Folge von Auftragsänderungen auf
d) ( ) werden bei deren Untersuchungen bei Akkordlöhnen durch Plan-Leistungsgrade ergänzt

22) Stimmt es, dass:
a) ( ) Planung und Kontrolle projektfixer Kosten in der Kostenstelle erfolgen, in der die Kosten anfallen?
b) ( ) leistungsmengenabhängige Sondereinzelkosten mit der Produktionsmenge einer Produktart variieren?
c) ( ) Kosten für Stücklizenzen Vorleistungskosten sind?
d) ( ) Kosten für Spezialwerkzeuge leistungsmengenabhängige Kosten sind?

Lösung: Testfragen	5. Kapitel I.1 - I.4

Grundlagen der Plankostenrechnung (5.I.1 - 5.I.4)

Aufgabe	a)	b)	c)	d)
1)	+	–	–	+
2)	+	–	–	+
3)	+	–	+	+
4)	–	–	+	+
5)	–	+	+	+
6)	+	–	–	+
7)	–	–	+	+
8)	+	+	–	–
9)	+	–	+	+
10)	–	+	+	–
11)	+	–	+	–
12)	–	–	–	+
13)	–	–	+	+
14)	+	–	–	+
15)	+	+	+	–
16)	+	–	+	–
17)	–	–	+	+
18)	+	+	+	–
19)	+	–	+	+
20)	+	–	–	+
21)	+	–	+	–
22)	+	+	–	–

Aufgabe	5.I.1	5. Kapitel I.3
Planung und Kontrolle von Materialpreisen		

Sachverhalt:

In der *Schwarz GmbH* liegen für die abgelaufene Rechnungsperiode für eine Materialart aufgrund von Lieferantenrechnungen und Materialentnahmescheinen folgende Daten vor:

Datum	Menge (Stück)	Preis (EUR/Stück)
03.08. Zugang	400	11,00
04.08. Abgang	600	
10.08. Zugang	350	14,00
16.08. Zugang	250	13,00
20.08. Abgang	500	
22.08. Abgang	150	
25.08. Zugang	200	11,50

Materialanfangsbestand am 01.08:	450 Stück
Preisabweichung/Anfangsbestand	+ 225,00 EUR
Plan - Einstandspreis:	12,00 EUR/Stück

Aufgaben:

1) Ermitteln Sie die Preisabweichung des Zugangs in statistisch-tabellarischer Form.
2) Wie groß ist der Preisdifferenzprozentsatz des Zugangs ?
3) Bestimmen Sie die Preisabweichung des Verbrauchs und die des Endbestands.

Lösung	5.I.1

Aufgabe 1)

Preisabweichung/Zugangsmethode:

Materialpreisbewertung mit Plan-Einstandspreisen:

Monat: August	Menge Stück	Planpreis EUR/Stück	Planwert EUR
(AB) 01.08	450	12	5.400
(ZG) 03.08	400	12	4.800
(ZG) 10.08	350	12	4.200
(ZG) 16.08	250	12	3.000
(ZG) 25.08	200	12	2.400
Gesamt	1.650		19.800
./. *Materialverbrauch*	./. 1.250	12	*./. 15.000*
= *Endbestand* 31.08	400		*4.800*

Preisabweichung (-differenz) - Material:

Monat: August	Menge Stück	Istwert EUR	Planwert EUR	Preis-abweichung EUR
(AB) 01.08	450	5.625	5.400	225
(ZG) 03.08	400	4.400	4.800	– 400
(ZG) 10.08	350	4.900	4.200	700
(ZG) 16.08	250	3.250	3.000	250
(ZG) 25.08	200	2.300	2.400	– 100
Gesamt	1.650	20.475	19.800	675

Aufgabe 2)

Preisdifferenzprozentsatz des Zugangs (%) =

$$\frac{\text{AB an Preisabweichung} + \text{Preisabweichung des ZG}}{\text{AB an Material zu Planpreisen} + \text{ZG an Material zu Planpreisen}} \bullet 100$$

$$= \frac{225\text{ EUR} + 450\text{ EUR}}{5.400\text{ EUR} + 14.400\text{ EUR}} \bullet 100 = 3{,}40909\ \%$$

Aufgabe 3)

Preisabweichung von insgesamt 675 EUR läßt sich aufteilen auf den

- Verbrauch und
- Endbestand

Preisabweichung des Verbrauchs =

Materialverbrauch zu Planpreisen • Preisdifferenzprozentsatz

= 15.000 EUR • 3,40909 % = 511,36 EUR

Preisabweichung des Endbestands =

Materialendbestand zu Planpreisen • Preisdifferenzprozentsatz

= 4.800 EUR • 3,40909 % = 163,64 EUR

Monat: August	Menge Stück	Istwert EUR	Planwert EUR	Preis-abweichung EUR	
(AB) 01.08	450	5.625	5.400	225	
(ZG) 03.08	400	4.400	4.800	– 400	
(ZG) 10.08	350	4.900	4.200	700	
(ZG) 16.08	250	3.250	3.000	250	
(ZG) 25.08	200	2.300	2.400	– 100	
Gesamt	1.650	20.475	19.800	**675,00**	**3,40909 %**
./. ***Materialverbrauch***	./. 1.250		./. 15.000	***511,36***	
= ***Endbestand*** 31.08	400		4.800	***163,64***	

Aufgabe	5.I.2	5. Kapitel I.4.2
Planung und Kontrolle der Materialeinzelkosten		

Sachverhalt:

Für die Herstellung des Produktes P-XT in der *Schwarz GmbH* liegen für die Einzelmaterialien folgende Angaben vor:

Einzelmaterialart Kosten-Nr.	Netto-Plan-Einzelmaterialmenge (ME)	Plan-Abfallmenge (%)	Planpreis (EUR/ME)
265	750 kg	8	9,00
384	900 kg	15	12,00
468	25 Stück	---	45,00

In der Fertigungskostenstelle II werden für die Produktion von Produkt P-XT von den Einzelmaterialarten tatsächlich verbraucht:

- Materialart Kosten-Nr. 265: 850 kg zu einem Preis von 10 EUR/kg
- Materialart Kosten-Nr. 384: 1.100 kg zu einem Preis von 12 EUR/kg
- Materialart Kosten-Nr. 468: 25 Stück zu einem Preis von 45 EUR/Stück

Aufgaben:

1) Ermitteln Sie den Mengenstandard und Kostenstandard der jeweiligen Materialart.
2) Bestimmen Sie rechnerisch für die Einzelmaterialarten die
   a) Mengenabweichung
   b) Preisabweichung
   c) Abweichung zweiten Grades
   d) Gesamtabweichung

   und stellen Sie die Abweichungen graphisch dar.
3) Stellen Sie für die Materialart Kosten-Nr. 265 die alternative und kumulative Abweichungsverrechnung mathematisch und graphisch dar.

Lösung	**5.I.2**

Aufgabe 1)

Mengen- und Kostenstandards:

Einzelmaterialart Kosten-Nr.	Mengenstandard (Brutto-Plan-Einzelmaterialmenge) (ME)	Planpreis (EUR/ME)	Kostenstandard (Brutto-Plan-Einzelmaterialkosten) (EUR)
265	815 kg	9,00	7.335
384	1.059 kg	12,00	12.708
468	25 Stück	45,00	1.125
Gesamt			21.168

Aufgabe 2)

a) Mengenabweichung (MA) ersten Grades:

Kosten-Nr. 265

MA = Planpreis • (Istverbrauchsmenge – Planverbrauchsmenge)

$= p_{Plan} \bullet (x_{Ist} - x_{Plan}) = p_{Plan} \bullet \Delta x$

= 9 EUR/kg • (850 kg – 815 kg)

= 9 EUR/kg • 35 kg

MA = 315 EUR

Kosten-Nr. 384

MA = Planpreis • (Istverbrauchsmenge – Planverbrauchsmenge)

$= p_{Plan} \bullet (x_{Ist} - x_{Plan}) = p_{Plan} \bullet \Delta x$

= 12 EUR/kg • (1.100 kg – 1.059 kg)

= 12 EUR/kg • 41 kg

MA = 492 EUR

b) Preisabweichung (PA) ersten Grades:

Kosten-Nr. 265

PA = Planverbrauchsmenge • (Istpreis – Planpreis)

$= x_{Plan} \bullet (p_{Ist} - p_{Plan}) = x_{Plan} \bullet \Delta p$

= 815 kg • (10 EUR/kg – 9 EUR/kg)

= 815 kg • 1 EUR/kg

PA = 815 EUR

Kosten-Nr. 384

PA = Planverbrauchsmenge • (Istpreis – Planpreis)

$= x_{Plan} \bullet (p_{Ist} - p_{Plan}) = x_{Plan} \bullet \Delta p$

= 1.059 kg • (12 EUR/kg – 12 EUR/kg)

= 1.059 kg • 0 EUR/kg

PA = 0 EUR

c) Abweichung zweiten Grades/Restabweichung (RestA)

Kosten-Nr. 265

RestA = Verbrauchsmengendifferenz • Preisdifferenz

$= (x_{Ist} - x_{Plan}) \bullet (p_{Ist} - p_{Plan}) = \Delta x \bullet \Delta p$

= (850 kg – 815 kg) • (10 EUR/kg – 9 EUR/kg)

= 35 kg • 1 EUR/kg

RestA = 35 EUR

Kosten-Nr. 384

RestA = Verbrauchsmengendifferenz • Preisdifferenz

$= (x_{Ist} - x_{Plan}) \bullet (p_{Ist} - p_{Plan}) = \Delta x \bullet \Delta p$

= (1.100 kg – 1.059 kg) • (12 EUR/kg – 12 EUR/kg)

= 41 kg • (0 EUR/kg)

RestA = 0 EUR

d) Gesamtabweichung (GA)

Kosten-Nr. 265

GA = Istkosten – Plankosten = $K^I - K^P$

= Istverbrauchsmenge • Istpreis – Planverbrauchsmenge • Planpreis

= $(x_{Ist} \bullet p_{Ist}) - (x_{Plan} \bullet p_{Plan})$

= (850 kg • 10 EUR/kg) – (815 kg • 9 EUR/kg)

= 8.500 EUR – 7.335 EUR

GA = 1.165 EUR

Kosten-Nr. 384

GA = Istkosten – Plankosten = $K^I - K^P$

= Istverbrauchsmenge • Istpreis – Planverbrauchsmenge • Planpreis

= $(x_{Ist} \bullet p_{Ist}) - (x_{Plan} \bullet p_{Plan})$

= (1.100kg • 12 EUR/kg) – (1.059 kg • 12 EUR/kg)

= 13.200 EUR – 12.708 EUR

GA = 492 EUR

Die Gesamtabweichung ergibt sich auch aus der Summe der Teilabweichungen:

Kosten-Nr. 265

GA = MA + PA + RestA

= 315 EUR + 815 EUR + 35 EUR

GA = 1.165 EUR

Kosten-Nr. 384

GA = MA + PA + RestA

= 492 EUR + 0 EUR + 0 EUR

GA = 492 EUR

Graphische Darstellung der Abweichungen:

Kosten-Nr. 265

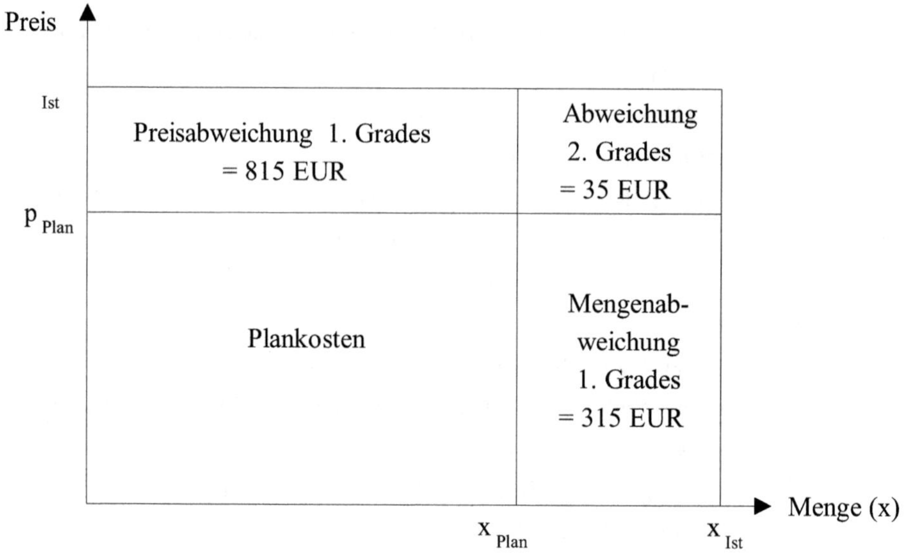

Kosten-Nr. 384

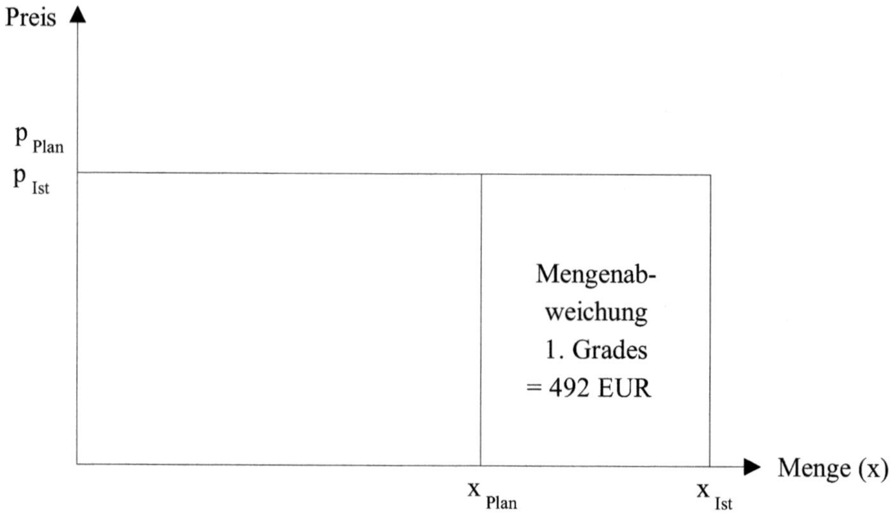

Aufgabe 3)

a) Alternative Abweichungsverrechnung auf Istbezugsgröße (Kosten-Nr. 265):

Mengenabweichung (MA): Istmenge und Planmenge zu Istpreisen
Menge variiert

MA = Istpreis • Istverbrauchsmenge – Istpreis • Planverbrauchsmenge
= Istpreis • (Istverbrauchsmenge – Planverbrauchsmenge)
= $p_{Ist} \bullet (x_{Ist} - x_{Plan})$ = 10 EUR/kg • (850 kg – 815 kg)
MA = 350 kg

Preisabweichung (PA): Istmenge zu Istpreisen und Planpreisen
Preis variiert

PA = Istverbrauchsmenge • Istpreis – Istverbrauchsmenge • Planpreis
= Istverbrauchsmenge • (Istpreis – Planpreis)
= $x_{Ist} \bullet (p_{Ist} - p_{Plan})$ = 850 kg • (10 EUR/kg – 9 EUR/kg)
PA = 850 EUR

Die Gesamtabweichung, die ursprünglich 1.165 EUR betrug (siehe Aufgabe 2.d), wird hier (GA = 1.200 EUR) um 35 EUR zu hoch ausgewiesen. Dieser Betrag resultiert aus der Doppelverrechnung der Restabweichung (RestA = $\Delta x \bullet \Delta p$ = 35 kg • 1 EUR/kg = 35 EUR).

Graphische Darstellung (*Kosten-Nr. 265*):

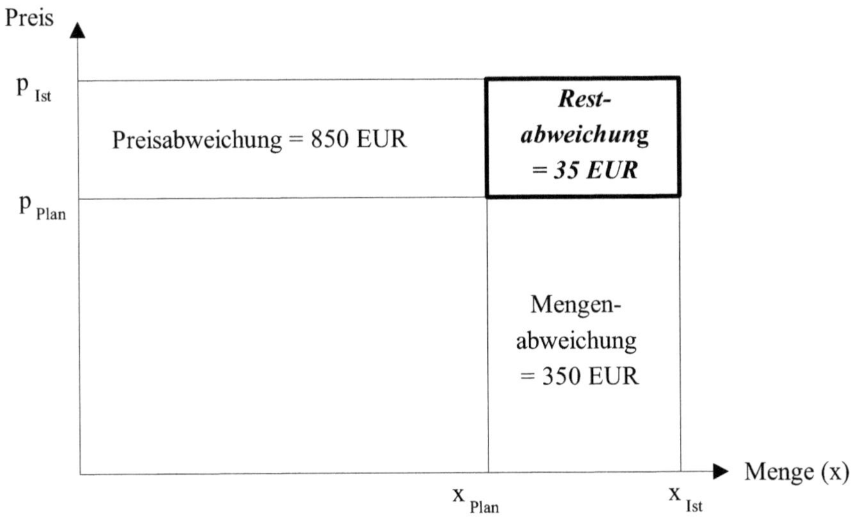

b) Alternative Abweichungsverrechnung auf Planbezugsgröße (Kosten-Nr. 265):

MA = Planpreis • Istverbrauchsmenge – Planpreis • Planverbrauchsmenge
= Planpreis • (Istverbrauchsmenge – Planverbrauchsmenge)
= $p_{Plan} \cdot (x_{Ist} - x_{Plan})$
= 9 EUR/kg • (850 kg – 815 kg)
MA = 315 EUR

PA = Planverbrauchsmenge • Istpreis – Planverbrauchsmenge • Planpreis
= Planverbrauchsmenge • (Istpreis – Planpreis)
= $x_{Plan} \cdot (p_{Ist} - p_{Plan})$
= 815 kg • (10 EUR/kg – 9 EUR/kg)
PA = 815 EUR

Die Gesamtabweichung, die ursprünglich 1.165 EUR betrug (siehe Aufgabe 2.d), wird jetzt (GA = 1.130 EUR) um 35 EUR zu niedrig ausgewiesen.
Die Restabweichung (RestA = Δx • Δp = 35 kg • 1 EUR/kg = 35 EUR) ist weder in der Mengenabweichung noch in der Preisabweichung enthalten und wird somit auch nicht verrechnet.

Graphische Darstellung (*Kosten-Nr. 265*):

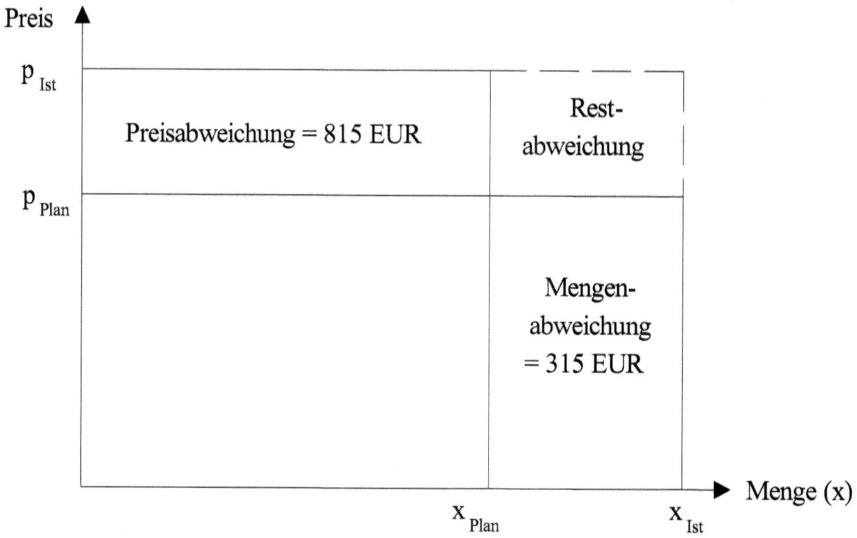

c) Kumulative Abweichungsverrechnung (*Kosten-Nr. 265*)

c.1) Zuordnung der Restabweichung zur Mengenabweichung:

$$MA = p_{Ist} \bullet (x_{Ist} - x_{Plan})$$
$$= 10\ EUR/kg \bullet (850\ kg - 815\ kg)$$
$$MA = 350\ EUR$$

$$PA = x_{Plan} \bullet (p_{Ist} - p_{Plan})$$
$$= 815\ kg \bullet (10\ EUR/kg - 9\ EUR/kg)$$
$$PA = 815\ EUR$$

Gegenüber den Ausgangswerten (MA = 315 EUR und PA = 815 EUR (siehe Aufgabe 2.d) zeigt sich, dass die Mengenabweichung in Höhe von 350 EUR in voller Höhe die Restabweichung von 35 EUR enthält.

Graphische Darstellung:

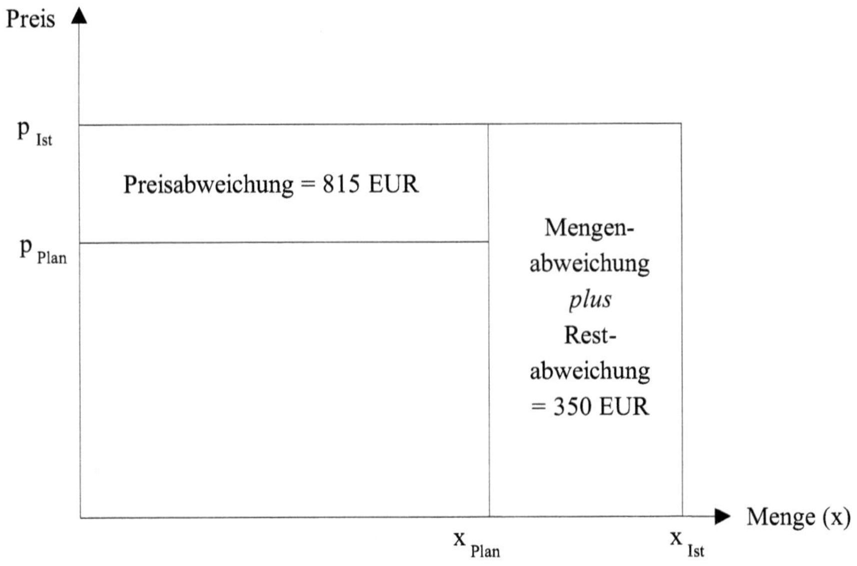

c.2) Zuordnung der Restabweichung zur Preisabweichung

$$\begin{aligned} PA &= x_{Ist} \bullet (p_{Ist} - p_{Plan}) \\ &= 850\ kg \bullet (10\ EUR/kg - 9\ EUR/kg) \\ PA &= 850\ EUR \end{aligned}$$

$$\begin{aligned} MA &= p_{Plan} \bullet (x_{Ist} - x_{Plan}) \\ &= 9\ EUR/kg \bullet (850\ kg - 815\ kg) \\ MA &= 315\ EUR \end{aligned}$$

Gegenüber den Ausgangswerten (PA = 815 EUR und MA = 315 EUR (siehe Aufgabe 2.d) zeigt sich, dass die Preisabweichung in Höhe von 850 EUR in voller Höhe die Restabweichung von 35 EUR enthält.

Graphische Darstellung:

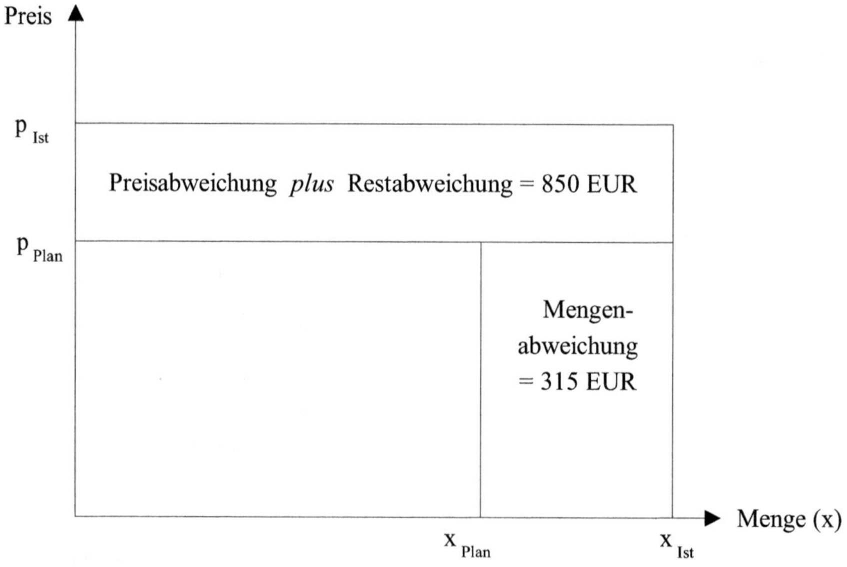

Aufgabe	5.I.3	5. Kapitel I.4.2
Planung und Kontrolle der Materialeinzelkosten		

Sachverhalt:

Für die Herstellung des Produktes P-XT in der *Schwarz GmbH* liegen für die Einzelmaterialien folgende Angaben vor:

Einzelmaterialart Kosten-Nr.	Istmenge (ME)	Mengenstandard (ME)	Istpreis (EUR/ME)	Planpreis (EUR/ME)
145	280 kg	250 kg	8,00	10,00
250	600 kg	500 kg	15,00	20,00

Aufgaben:

1) Bestimmen Sie rechnerisch für die Einzelmaterialarten die
   a) Mengenabweichung
   b) Preisabweichung
   c) Abweichung zweiten Grades
   d) Gesamtabweichung

2) Leiten Sie die Formel her:
   $GA = (p_{Plan} \bullet \Delta x) + (x_{Plan} \bullet \Delta p) + (\Delta x \bullet \Delta p).$

Lösung	5.I.3

Aufgabe 1)

Kosten-Nr. 145

a) Mengenabweichung (MA) ersten Grades:

$$MA = p_{Plan} \bullet (x_{Ist} - x_{Plan}) = p_{Plan} \bullet \Delta x$$
$$= 10\ EUR/kg \bullet (280\ kg - 250\ kg) = 10\ EUR/kg \bullet 30\ kg$$
$$MA = 300\ EUR$$

b) Preisabweichung (PA) ersten Grades:

$$PA = x_{Plan} \bullet (p_{Ist} - p_{Plan}) = x_{Plan} \bullet \Delta p$$
$$= 250\ kg \bullet (8\ EUR/kg - 10\ EUR/kg) = 250\ kg \bullet (-2\ EUR/kg)$$
$$PA = -500\ EUR$$

c) Abweichung zweiten Grades/Restabweichung (RestA)

$$RestA = (x_{Ist} - x_{Plan}) \bullet (p_{Ist} - p_{Plan}) = \Delta x \bullet \Delta p$$
$$= (280\ kg - 250\ kg) \bullet (8\ EUR/kg - 10\ EUR/kg) = 30\ kg \bullet (-2\ EUR/kg)$$
$$RestA = -60\ EUR$$

d) Gesamtabweichung (GA)

$$GA = MA + PA + RestA$$
$$= 300\ EUR + (-500\ EUR) + (-60\ EUR)$$
$$GA = -260\ EUR$$

bzw.

$$GA = (p_{Plan} \bullet \Delta x) + (x_{Plan} \bullet \Delta p) + (\Delta x \bullet \Delta p)$$
$$= (10\ EUR/kg \bullet 30\ kg) + (250\ kg \bullet -2\ EUR/kg) + (30\ kg \bullet -2\ EUR/kg)$$
$$= 300\ EUR + (-500\ EUR) + (-60\ EUR)$$
$$GA = -260\ EUR$$

Aufgabe 1)

Kosten-Nr. 250

a) Mengenabweichung (MA) ersten Grades:

$$MA = p_{Plan} \bullet (x_{Ist} - x_{Plan}) = p_{Plan} \bullet \Delta x$$
$$= 20\ EUR/kg \bullet (600\ kg - 500\ kg) = 20\ EUR/kg \bullet 100\ kg$$
$$MA = 2.000\ EUR$$

b) Preisabweichung (PA) ersten Grades:

$$PA = x_{Plan} \bullet (p_{Ist} - p_{Plan}) = x_{Plan} \bullet \Delta p$$
$$= 500\ kg \bullet (15\ EUR/kg - 20\ EUR/kg) = 500\ kg \bullet (-5\ EUR/kg)$$
$$PA = -2.500\ EUR$$

c) Abweichung zweiten Grades/Restabweichung (RestA)

$$RestA = (x_{Ist} - x_{Plan}) \bullet (p_{Ist} - p_{Plan}) = \Delta x \bullet \Delta p$$
$$= (600\ kg - 500\ kg) \bullet (15\ EUR/kg - 20\ EUR/kg)$$
$$= 100\ kg \bullet (-5\ EUR/kg)$$
$$RestA = -500\ EUR$$

d) Gesamtabweichung (GA)

$$GA = MA + PA + RestA$$
$$= 2.000\ EUR + (-2.500\ EUR) + (-500\ EUR)$$
$$GA = -1.000\ EUR$$

bzw.

$$GA = (p_{Plan} \bullet \Delta x) + (x_{Plan} \bullet \Delta p) + (\Delta x \bullet \Delta p)$$
$$= (20\ EUR/kg \bullet 100\ kg) + (500\ kg \bullet -5 EUR/kg) + (100\ kg \bullet -5\ EUR/kg)$$
$$= 2.000\ EUR + (-2.500\ EUR) + (-500\ EUR)$$
$$GA = -1.000\ EUR$$

Aufgabe 2)

$$\begin{aligned}
\text{Gesamtabweichung} &= \text{Istkosten} - \text{Plankosten} = K^I - K^P \\
&= \text{Istverbrauchsmenge} \bullet \text{Istpreis} - \text{Planverbrauchsmenge} \bullet \text{Planpreis} \\
&= (x_{Ist} \bullet p_{Ist}) - (x_{Plan} \bullet p_{Plan}) \\
&= [x_{Plan} + (x_{Ist} - x_{Plan})] \bullet [p_{Plan} + (p_{Ist} - p_{Plan})] - (x_{Plan} \bullet p_{Plan}) \\
&= (x_{Plan} + \Delta x) \bullet (p_{Plan} + \Delta p) - (x_{Plan} \bullet p_{Plan}) \\
&= x_{Plan} \bullet p_{Plan} + x_{Plan} \bullet \Delta p + \Delta x \bullet p_{Plan} + \Delta x \bullet \Delta p - x_{Plan} \bullet p_{Plan} \\
GA &= (p_{Plan} \bullet \Delta x) + (x_{Plan} \bullet \Delta p) + (\Delta x \bullet \Delta p)
\end{aligned}$$

Testfragen	**5. Kapitel I.5 - I.6**
Grundlagen der Plankostenrechnung (5.I.5 - 5.I.6)	

Die folgenden Aussagen sind auf ihre Richtigkeit zu überprüfen, wobei mehrere Aussagen richtig bzw. falsch sein können.

Kennzeichnen Sie die Aussagen mit:
(+) Aussage ist richtig
(–) Aussage ist falsch

1) Die Planung der Gemeinkosten:
a) ( ) hat zur Aufgabe, für einen bestimmten Planungszeitraum die über Kostenträger verrechneten Kostenarten als Plankosten vorzugeben
b) ( ) setzt die Wahl der für jeden Kostenträger geeigneten Bezugsgröße voraus
c) ( ) erfolgt pro Kostenstelle
d) ( ) wird in tabellarischer Form nach Art und Höhe je Kostenstelle und Bezugsgröße in sog. Gemeinkostenplänen dargestellt

2) Für die Kostenstelleneinteilung in der Plankostenrechnung:
a) ( ) gelten die gleichen Kriterien und Grundsätze wie für die Voll- und Teilkostenrechnung
b) ( ) ist die Bildung selbständiger Verantwortungsbereiche von Bedeutung, d.h. jede Kostenstelle muss mindestens einem Kostenstellenleiter zugeordnet sein
c) ( ) wurde die Kostenplatzrechnung entwickelt
d) ( ) findet die Kapazitätsplanung Anwendung

3) Stimmt es, dass:
a) ( ) die Kostenplanung in der Kostenplatzrechnung für Bezugsgrößengruppen getrennt erfolgt?
b) ( ) die Bereichkostenstellen in der Plankostenrechnung als Hilfskostenstellen abgerechnet werden?
c) ( ) bei der Bildung von Bereichkostenstellen, an der Identität von Planungs- und Kontrolleinheit festgehalten wird?
d) ( ) in der Kostenplatzrechnung eine Kostenkontrolle je Kostenplatz möglich ist?

4) Stimmt es, dass:
   a) ( ) in der Kostenplatzrechnung auftretende Planungsfehler bei den einzelnen Kostenplätzen erkennbar sind?
   b) ( ) in den Bereichkostenstellen die Kosten auf den Kostenstellen geplant und kontrolliert werden?
   c) ( ) durch die Bildung von Bereichkostenstellen Kostenstelle mit unterschiedlicher Kostenstruktur im Soll-Ist-Vergleich gesondert erfasst und ausgewiesen werden kann?
   d) ( ) in der Kostenplatzrechnung die Kostenstellen in einzelne Kostenplätze (z.B. Maschine, Maschinengruppe, Arbeitsplatz) unterteilt werden?

5) Planbezugsgrößen:
   a) ( ) geben an, welche Beschäftigung in der Kostenstelle zu erwarten ist
   b) ( ) werden auch als Planbeschäftigungen, bzw. als Plankapazitäten bezeichnet
   c) ( ) werden mit Hilfe analytischer Verfahren geplant
   d) ( ) sind monatliche Durchschnittswerte, da sich die Kostenplanung auf den Durchschnittsmonat eines Jahres bezieht

6) Gegen die Festlegung der Planbezugsgrößen mit Hilfe der Kapazitätsplanung ist einzuwenden, dass:
   a) ( ) sie i.d.R. aufgrund fehlender Abstimmung mit anderen Kostenstellen abzulehnen ist
   b) ( ) sich die Planbeschäftigung nach dem "Minimumssektor der Planung" richtet
   c) ( ) in Kostenstellen mit indirekten Bezugsgrößen sich keine quantifizierbaren Kapazitätsgrößen bestimmen lassen
   d) ( ) man sich letztlich doch an Absatzerwartungen orientieren muss

7) Bei der Engpassplanung:
   a) ( ) wird die Planbeschäftigung aus der gesamtunternehmerischen Jahresplanung abgeleitet
   b) ( ) muss eine weitaus größere Anzahl von Kostenstellen abgerechnet werden
   c) ( ) kann jeder Teil der Planung, z.B. Beschaffungsplan für Rohstoffe, Finanzplan, u.a. zu einem Engpassplan werden
   d) ( ) richtet sich die Planbeschäftigung danach, von welchem Kapazitätsbegriff jeweils ausgegangen wird

8) Die Gemeinkostenplanung:
   a) ( ) gibt die Plan-Gemeinkosten für die Istbeschäftigung und Soll-Gemeinkosten für die jeweilige Planbeschäftigung vor
   b) ( ) kann mit Hilfe analytischer Verfahren durchgeführt werden
   c) ( ) kann mit Hilfe synthetischer Verfahren durchgeführt werden
   d) ( ) hat die Kostenpläne für alle Kostenstellen und Kostenträger zum Ergebnis

9) Statistische Verfahren:
a) ( ) der Gemeinkostenplanung werden auch als Verfahren der Kostenauflösung bezeichnet
b) ( ) der Gemeinkostenplanung haben zum Ziel, Sollkostenverläufe unmittelbar aus Vergangenheitswerten abzuleiten
c) ( ) sind grundsätzlich nicht für die Gemeinkostenplanung geeignet
d) ( ) der Gemeinkostenplanung sind Hoch-Tief-Punkt-Methode und Regressionsanalyse

10) Stimmt es, dass:
a) ( ) die analytischen Verfahren der Gemeinkostenplanung auf Vergangenheitswerten basieren?
b) ( ) das im Rahmen der mehrstufigen analytischen Gemeinkostenplanung angewandte Verfahren der Kostenauflösung die planmäßige Kostenauflösung ist
c) ( ) die Sollkosten bei den analytischen Verfahren der Gemeinkostenplanung durch Verbrauchsanalysen, Messungen, technische Studien, u.a. geplant werden?
d) ( ) bei der mehrstufigen analytischen Gemeinkostenplanung eine Trennung der gesamten Plankosten in fixe und proportionale Kostenbestandteile erfolgt?

11) Stimmt es, dass:
a) ( ) die planmäßige Kostenauflösung durch zukunftsbezogene Entscheidungen und im Zusammenhang damit durch den zeitlichen Planungshorizont beeinflusst wird?
b) ( ) im Rahmen der mehrstufigen analytischen Gemeinkostenplanung im allgemeinen keine Trennung zwischen fixen und variablen Kosten erfolgt?
c) ( ) das Ergebnis der einstufigen analytischen Kostenauflösung mit dem Variator dargestellt werden kann?
d) ( ) der Variator den Grad der Proportionalität von Bezugsgrößen kennzeichnet?

12) Der Variator:
a) ( ) stellt ein eigenständiges Verfahren der Kostenauflösung dar
b) ( ) kennzeichnet den Grad der Proportionalität von Kosten
c) ( ) wird kostenstellenweise errechnet, d.h. für jede Kostenstelle ist ein eigener Variator zu ermitteln
d) ( ) gibt an um wie viel Prozent sich die Gesamtkosten ändern, wenn die Istbeschäftigung um 10 % von der Planbeschäftigung abweicht

13) Die Kontrolle der Gemeinkosten:
- a) ( ) erfolgt in den sie verursachenden Kostenstellen durch den Soll-Ist-Vergleich
- b) ( ) setzt die Ermittlung der Istbezugsgrößen (Istbeschäftigung) voraus
- c) ( ) erfordert die Ermittlung der verrechneten Sollkosten
- d) ( ) setzt die Ermittlung der Soll-Gemeinkosten voraus

14) Stimmt es, dass:
- a) ( ) die Istbezugsgröße je Kostenstelle durch die in der Periode effektiv verbrauchten Faktormengen ermittelt werden?
- b) ( ) die Ermittlung der Istbezugsgröße je Kostenstelle durch direkte Messung, z.B. Zählen, Messen erfolgt?
- c) ( ) die Ist-Gemeinkosten zu Planpreisen der Rechnungsperiode durch Multiplikation der Ist-Verbrauchsmengen mit den zugehörigen Planpreisen ermittelt werden?
- d) ( ) die Soll-Gemeinkosten der Istbeschäftigung je Kostenart aus geplanten Fixkosten und anteiligen geplanten variablen Kosten multipliziert mit der Istbeschäftigung ermittelt werden?

15) Stimmt es, dass:
- a) ( ) die verrechneten Plankosten bei Istbeschäftigung durch Multiplikation des Plankalkulationssatzes mit der Istbeschäftigung ermittelt werden?
- b) ( ) die Ist-Gemeinkosten zu Istpreisen der Abrechnungsperiode durch Multiplikation der Ist-Verbrauchsmengen mit den zugehörigen Istpreisen ermittelt werden?
- c) ( ) die Ermittlung und Darstellung der Abweichungen im Rahmen der Gemeinkostenkontrolle in einem meist monatlich erstellten Kostenträgerzeitblatt erfolgt?
- d) ( ) die Gemeinkostenkontrolle durch den Soll-Ist-Vergleiche erfolgt?

16) Zum System der Abweichungsermittlung gehören die:
- a) ( ) Mengenabweichung
- b) ( ) Beschäftigungsabweichung
- c) ( ) Preisabweichung
- d) ( ) Kostenstellenabweichung

17) Mengenabweichungen:
- a) ( ) sind die im Kostenträgerzeitblatt ausgewiesenen Abweichungen
- b) ( ) werden auch Kostenstellenabweichungen genannt
- c) ( ) stellen den Maßstab für die Wirtschaftlichkeitskontrolle dar
- d) ( ) werden im Betriebsabrechnungsbogen durch Gegenüberstellung der Istkosten und Sollkosten ermittelt

18) Preisabweichungen:
- a) ( ) können in das Schema des Kostenträgerzeitblatts im Rahmen des Soll-Ist-Vergleichs mit aufgenommen werden
- b) ( ) ergeben sich durch Gegenüberstellung der Ist-Gemeinkosten zu Ist- und zu Planpreisen
- c) ( ) werden bei Material- und Lohneinzelkosten häufig auf die Kostenträger verrechnet
- d) ( ) können immer nur für Kostenarten festgestellt werden die ein geplantes Mengen- und Preisgerüst haben

19) Stimmt es, dass:
- a) ( ) die Beschäftigungsabweichung i.d.R. für alle Kostenarten der Kostenstellen durchgeführt wird?
- b) ( ) Beschäftigungsabweichungen angeben, ob und welcher Teil der proportionalen Kosten ungenutzt bleibt?
- c) ( ) der Kostenstellenleiter für Beschäftigungsschwankungen verantwortlich ist?
- d) ( ) Kostenstellenabweichungen zu den Sollkosten prozentual in Beziehung gesetzt werden sollten, um erhebliche Beschäftigungsabweichungen sofort zu erkennen?

20) Plankalkulation:
- a) ( ) hat für unternehmerische Darstellungsrechnungen große Bedeutung
- b) ( ) ist die Ermittlung der Kosten einer Kostenträgereinheit auf Basis geplanter Kosten
- c) ( ) ist dadurch gekennzeichnet, dass das Ergebnis der Kalkulation während der laufenden Periode geändert wird
- d) ( ) wird auch Vorkalkulation genannt

21) Stimmt es, dass:
- a) ( ) Unternehmen mit auftragsorientierter Einzel- oder Kleinserienfertigung für jeden einzelnen Auftrag eine gesonderte Vorkalkulation erstellen?
- b) ( ) in der Plankostenrechnung nur die differenzierten Zuschlagskalkulation anwendbar ist, da sowohl die Einzel- als auch die Gemeinkosten geplant werden?
- c) ( ) Unternehmen mit marktorientierter Massen-, Sorten- oder Großserienfertigung für die standardisierten Erzeugnisse Plankalkulationen erstellen?
- d) ( ) in der Plankostenrechnung auch die Maschinenstundensatzkalkulation Anwendung findet?

Lösung: Testfragen	**5. Kapitel I.5 - I.6**

Grundlagen der Plankostenrechnung(5.I.5 - 5.I.6)

Aufgabe	a)	b)	c)	d)
1)	–	–	+	+
2)	+	–	+	–
3)	–	+	+	–
4)	–	+	+	+
5)	+	–	–	+
6)	+	–	+	+
7)	+	–	+	–
8)	–	+	–	+
9)	+	+	+	+
10)	–	–	+	–
11)	+	+	+	–
12)	–	+	–	+
13)	+	+	–	+
14)	–	+	+	–
15)	+	+	–	+
16)	+	+	+	+
17)	–	+	+	+
18)	–	+	+	+
19)	+	–	–	–
20)	–	+	–	–
21)	+	–	+	+

Aufgabe	5.I.4	5. Kapitel I.5.1.5
Variatorenrechnung		

Sachverhalt:

In der Kostenstelle 3225 der *Schmidt GmbH* betragen in der Periode 05 die Plankosten bei Planbeschäftigung 400.000 EUR. Davon sind 160.000 EUR fixe Kosten.
Die Beschäftigung der *Schmidt GmbH* ist in der Periode 05 um 20 % gesunken.

Aufgaben:

1) Ermitteln Sie den Variator.
2) Um wieviel Prozent ändern sich die Gesamtkosten bei einer Beschäftigungsänderung von
   a) 10 Prozent
   b) 15 Prozent.
3) Bestimmen Sie die Plankosten der Istbeschäftigung für die Periode 05.
4) Um wieviel Prozent liegen in der Periode 05 die Sollkosten unter den Plankosten.
5) Leiten Sie die Sollkostenfunktion (K^S) unter Verwendung des Variators (V) her.
6) Leiten Sie die Variatorfunktion (V) mit Hilfe der geplanten Fixkosten ($K^P{}_f$) her.

Lösung 5.I.4

Aufgabe 1)

$$V = \frac{K^P{}_v}{K^P} \bullet 10 = \frac{240.000\ \text{EUR}}{400.000\ \text{EUR}} \bullet 10$$

$$V = 6$$

Aufgabe 2)

Der Variator kennzeichnet den Grad der Proportionalität von Kosten. Er gibt an um wie viel Prozent sich die Gesamtkosten ändern, wenn die Istbeschäftigung um 10 % von der Planbeschäftigung abweicht.

a) Variator "6": bei einer Beschäftigungsänderung von 10 % ändern sich die Gesamtkosten um 6 %:

$$10\ \%\ \frac{V}{10} = 10\ \%\ \frac{6}{10} = 6\ \%$$

b) Variator "6": bei einer Beschäftigungsänderung von 15 % ändern sich die Gesamtkosten um 9 %:

$$15\ \%\ \frac{V}{10} = 15\ \%\ \frac{6}{10} = 9\ \%$$

Aufgabe 3)

Variator = 6

K^P = 400.000 EUR

$\frac{B^I}{B^P}$ = b = 0,8; d.h. es liegt ein Beschäftigungsgrad (b) von 80 % vor.

$$K^S = K^P \bullet \left(1 - \frac{V}{10}\right) + K^P \bullet \frac{V}{10} \bullet \frac{B^I}{B^P}$$

$$= 400.000 \text{ EUR} \bullet \left(1 - \frac{6}{10}\right) + 400.000 \text{ EUR} \bullet \frac{6}{10} \bullet 0{,}8$$

$$= 400.000 \text{ EUR} \bullet 0{,}4 + 400.000 \text{ EUR} \bullet 0{,}48 = 160.000 \text{ EUR} + 192.000 \text{ EUR}$$

$$K^S = 352.000 \text{ EUR}$$

Aufgabe 4)

In der Periode 05 liegen die Sollkosten um 12 % unter den Plankosten:

$$K^S = 352.000 \text{ EUR}$$

$$K^P = 400.000 \text{ EUR}$$

$$K^P - K^S = 400.000 \text{EUR} - 352.000 \text{ EUR} = 48.000 \text{ EUR}$$

$$\frac{48.000 \text{ EUR}}{400.000 \text{ EUR}} \bullet 100 = 12\ \%$$

Aufgabe 5)

Die Sollkostenfunktion (K^S) läßt sich unter Verwendung des Variators (V) wie folgt herleiten:

$$(1) \quad K^S = K^P{}_f + K^P{}_v \bullet \frac{B^I}{B^P}$$

$V = \dfrac{K^P{}_v}{K^P} \bullet 10$ nach $K^P{}_v$ aufgelöst: (2) $K^P{}_v = K^P \bullet \dfrac{V}{10}$

$V = 10 - \dfrac{K^P{}_f}{K^P} \bullet 10$ nach $K^P{}_f$ aufgelöst: (3) $K^P{}_f = K^P \bullet \left(1 - \dfrac{V}{10}\right)$

(2) und (3) in (1) eingesetzt:

$$K^S = \underbrace{K^P \bullet \left(1 - \frac{V}{10}\right)}_{\text{fixer Teil}} + \underbrace{K^P \bullet \frac{V}{10} \bullet \frac{B^I}{B^P}}_{\text{variabler Teil}}$$

Aufgabe 6)

Die Variatorfunktion kann mit Hilfe der Fixkosten einer Kostenart folgendermaßen hergeleitet werden:

(1) $V = \frac{K^P{}_v}{K^P} \bullet 10$

$K^P = K^P{}_f + K^P{}_v$ nach $K^P{}_v$ aufgelöst: (2) $K^P{}_v = K^P - K^P{}_f$

(2) in (1) eingesetzt:

$$V = \frac{K^P - K^P_f}{K^P} \bullet 10 = \left(\frac{K^P}{K^P} - \frac{K^P_f}{K^P}\right) \bullet 10 = \left(1 - \frac{K^P_f}{K^P}\right) \bullet 10$$

$$V = \left(1 - \frac{K^P_f}{K^P}\right) \bullet 10$$

bzw.:

$$V = 10 - \frac{K^P_f}{K^P} \bullet 10$$

Aufgabe	5.I.5	5. Kapitel I.5.1.5
Variatorenrechnung		

Sachverhalt:

Die Plankosten der Kostenart 534 der *Elevator AG* sind in der Kostenstelle 3315 bei einer Kapazitätsplanung von 1.000 Maschinenstunden mit 12.000 EUR angesetzt.

Der Variator beträgt 8.

Die zu Planpreise bewerteten Istkosten dieser Kostenart belaufen sich auf 10.300 EUR bei einer tatsächlichen Beschäftigung von 700 Maschinenstunden.

Aufgabe:

Ermitteln Sie für eine durchschnittliche Beschäftigung von 750 Maschinenstunden

a) den Variator

b) die Sollkosten mit Hilfe des Variators.

Lösung	5.I.5

a) Variator für eine durchschnittliche Beschäftigung von 750 Maschinenstunden:

$$V = \frac{K^P{}_v}{K^P} \bullet 10$$

$$K^P{}_v = \frac{V \bullet K^P}{10} = \frac{8 \bullet 12.000 \text{ EUR}}{10}$$

$$K^P{}_v = 9.600 \text{ EUR}$$

$$k^P_v = \frac{K^P_v}{B^P} = \frac{9.600\ EUR}{1.000\ Std} = 9{,}60\ EUR/Std \qquad B^P = 1.000\ Std$$

$$k^P_v = 9{,}60\ EUR/Std$$

$$K^P_f = K^P - K^P_v = 12.000\ EUR - 9.600\ EUR$$

$$K^P_f = 2.400\ EUR$$

$$V = \frac{k^P_v \bullet B^P}{K^P_f + k^P_v \bullet B^P} \bullet 10$$

$$V = \frac{9{,}60 EUR/Std \bullet 750\ Std}{2.400\ EUR + (9{,}60\ EUR/Std \bullet 750\ Std)} \bullet 10 \qquad B^P = 750\ Std$$

$$V = 7{,}5$$

b) Sollkosten für eine durchschnittliche Beschäftigung von 750 Maschinenstunden:

$$K^S = K^P \bullet \left(1 - \frac{V}{10}\right) + K^P \bullet \frac{V}{10} \bullet \frac{B^I}{B^P} \qquad B^I = 700\ Std$$

$$B^P = 750\ Std$$

$$K^S = (K^P_f + k^P_v \bullet B^P) \bullet \left(1 - \frac{V}{10}\right) + (K^P_f + k^P_v \bullet B^P) \bullet \frac{V}{10} \bullet \frac{B^I}{B^P}$$

$$K^S = (2.400\ EUR + 9{,}60\ EUR/Std \bullet 750\ Std) \bullet \left(1 - \frac{7{,}5}{10}\right) +$$

$$(2.400\ EUR + 9{,}60\ EUR/Std \bullet 750\ Std) \bullet \frac{7{,}5}{10} \bullet \frac{700\ Std}{750\ Std}$$

$$K^S = 9.600\ EUR \bullet 0{,}25 + 9.600\ EUR \bullet 0{,}70$$

$$= 2.400\ EUR + 6.720\ EUR$$

$$K^S = 9.120\ EUR$$

Aufgabe	**5.I.6**	**5. Kapitel I.5**
Planung und Kontrolle der Gemeinkosten		

Sachverhalt:

Aus der Fertigungskostenstelle der *Schmitz GmbH* liegen für die Abrechnungsperiode 5 (1 Jahr) folgende Informationen vor:

Kostenplan Schmitz - GmbH			
Periode 5 (in EUR)	Fertigungskostenstelle: F 3345		
Planbeschäftigung: 2.100 Std. Istbeschäftigung: 1.890 Std.	Kostenstellenleiter: Huber Stellvertreter: Fuchs		
Kostenart	Plankosten Gesamt (K^P)	Variator (V)	Istkosten zu Planpreisen (K^I_{PKR})
Fertigungseinzelkosten	140.000	10	145.000
Löhne und Gehälter	80.000	2	87.000
Soziale Abgaben	16.000	2	17.400
Hilfsstoffe	400	9	550
Leasing, Miete	1.360	3	1.250
Fernsprechgebühr	750	8	780
Reisekosten	850	4	900
Heizung	2.400	0	2.260
Reinigung	450	2	480
Beiträge	1.000	0	950
Kalk. Abschreibungen	45.000	4	44.250
Kalk. Zinsen	32.500	0	31.845
Σ primäre Gemeinkosten	180.710		187.665
Umlage Reparatur	1.500	6	1.480
Umlage Arbeitsvorbereitung	900	2,5	830
Σ Gemeinkosten	183.110		189.975
Σ Fertigungskosten	323.110		334.975

Aufgaben:

1) Vervollständigen Sie für die Fertigungskostenstelle F 3345 der *Schmitz GmbH* den vorliegenden Kostenstellenbogen für die Rechnungsperiode 5.
2) Führen Sie einen Soll-Ist-Vergleich für die Fertigungskostenstelle F 3345 der *Schmitz GmbH* für die Periode 5 durch.

   Weisen Sie im vorliegenden Kostenstellenbogen die Mengenabweichung, die Beschäftigungsabweichung sowie die Gesamtabweichung aus.
3) Ermitteln Sie für die Fertigungskostenstelle F 3345 den Plankalkulationssatz der Gemeinkosten zu Voll- und Teilkosten.

   Handelt es sich bei dem Plankalkulationssatz zu variable Kosten um einen echten Grenz-Plankalkulationssatz?
4) Bestimmen Sie die Nutz- und Leerkosten für die Rechnungsperiode 5 für die Fertigungsostenstelle F 3345 der *Schmitz GmbH.*
5) Welche zusätzlichen Informationen wären zur Ermittlung der Preisabweichung erforderlich ?
6) Stellen Sie den Zusammenhang GA = PA + VA + BA in Bezug auf die Faktormengen, Faktorpreise und Beschäftigung in einem Schaubild dar.

Kostenstellenbogen für Fertigungskostenstelle F 3345										Schmitz - GmbH
Kostenplanung	Planbeschäftigung:	2.100 Stunden				Kostenstellenleiter:	Huber			
Periode 5 (in EUR)	Istbeschäftigung:	1.890 Stunden				Stellvertreter:	Fuchs			
	Plankosten			Variator	Istkosten zu	Sollkosten	verrechnete	VA	BA	GA
Kostenart	gesamt	prop	fix		Planpreisen		Plankosten	(EUR)	(EUR)	(EUR)
Fertigungslöhne (FEK)	140.000			10	145.000					
Löhne und Gehälter	80.000			2	87.000					
Soziale Abgaben	16.000			2	17.400					
Hilfsstoffe	400			9	550					
Leasing, Miete	1.360			3	1.250					
Fernsprechgebühr	750			8	780					
Reisekosten	850			4	900					
Heizung	2.400			0	2.260					
Reinigung	450			2	480					
Beiträge	1.000			0	950					
Kalkulatorische Abschreibungen	45.000			4	44.250					
Kalkulatorische Zinsen	32.500			0	31.845					
primäre Gemeinkosten	***180.710***				***187.665***					
Umlage Reparatur:	1.500			6	1.480					
Umlage Arbeitsvorbereitung	900			2,5	830					
sekundäre Gemeinkosten	*2.400*				*2.310*					
Summe Gemeinkosten	***183.110***				***189.975***					
Summe Fertigungkosten	**323.110**				**334.975**					
Gemeinkostenkalkulationssatz *(EUR/Std)*										
Fertigungskalkulationssatz (EUR/Std)										

Lösung 5.I.6

Aufgabe 1) und Aufgabe 2)

Lösung: siehe nachfolgenden Kostenstellenbogen

Anmerkungen zum Kostenstellenbogen:

1) prop. Plankosten: $K^P_v = \frac{V \bullet K^P}{10}$ V = Variator

2) fixe Plankosten: $K^P_f = K^P \quad K^P_v$

3) Sollkosten: $K^S = K^P_f + K^P_v \bullet \frac{B^I}{B^P} = K^P_f + k^P_v \bullet B^I$

4) verrechnete Plankosten: $K^P_{verr} = k^P \bullet B^I = K^P \bullet \frac{B^I}{B^P}$

5) Verbrauchsabweichung: VA = Istkosten (Planpreisen) − Sollkosten

$VA = K^I_{PKR} - K^S$

6) Beschäftigungsabweichung : BA = Sollkosten − verrechnete Plankosten

$BA = K^S - K^P_{verr}$

7) Gesamtabweichung: GA = Istkosten (Planpreisen) − verrechnete Plankosten

$GA = K^I_{PKR}) - K^P_{verr}$

GA = Verbrauchsabweichung + Beschäftigungsabweichung

Lösungshinweise:

Ermittlung der verrechneten Plankosten (K^P_{verr}):

$$K^P_{verr} \quad k^P \bullet B^I$$

$$= 153{,}8619 \text{ EUR/Std} \bullet 1.890 \text{ Std}$$

$$K^P_{verr} = 290.799 \text{ EUR (vgl. Kostenstellenbogen, Seite 317)}$$

bzw.

$$K^P_{verr} = K^P \bullet \frac{B^I}{B^P}$$

$$= 323.110 \text{ EUR} \bullet \frac{1.890 \text{ Std}}{2.100 \text{ Std}}$$

$$K^P_{verr} = 290.799 \text{ EUR (vgl. Kostenstellenbogen, Seite 317)}$$

Kostenstellenbogen für Fertigungskostenstelle F 3345										Schmitz - GmbH
Kostenplanung **Periode 5 (in EUR)**	Planbeschäftigung: Istbeschäftigung:	2.100 Stunden 1.890 Stunden				Kostenstellenleiter: Stellvertreter:	Huber Fuchs			
	Plankosten			Variator	Istkosten zu	Sollkosten	verrechnete	VA	BA	GA
Kostenart	gesamt	prop	fix		Planpreisen		Plankosten	(EUR)	(EUR)	(EUR)
Fertigungslöhne (FEK)	140.000	140.000	0	10	145.000	126.000	126.000	19.000	0	19.000
Löhne und Gehälter	80.000	16.000	64.000	2	87.000	78.400	72.000	8.600	6.400	15.000
Soziale Abgaben	16.000	3.200	12.800	2	17.400	15.680	14.400	1.720	1.280	3.000
Hilfsstoffe	400	360	40	9	550	364	360	186	4	190
Leasing, Miete	1.360	408	952	3	1.250	1.319	1.224	-69	95	26
Fernsprechgebühr	750	600	150	8	780	690	675	90	15	105
Reisekosten	850	340	510	4	900	816	765	84	51	135
Heizung	2.400	0	2.400	0	2.260	2.400	2.160	-140	240	100
Reinigung	450	90	360	2	480	441	405	39	36	75
Beiträge	1.000	0	1.000	0	950	1.000	900	-50	100	50
Kalkulatorische Abschreibungen	45.000	18.000	27.000	4	44.250	43.200	40.500	1.050	2.700	3.750
Kalkulatorische Zinsen	32.500	0	32.500	0	31.845	32.500	29.250	-655	3.250	2.595
primäre Gemeinkosten	***180.710***	***38.998***	***141.712***		***187.665***	***176.810***	***162.639***	***10.855***	***14.171***	***25.026***
Umlage Reparatur:	1.500	900	600	6	1.480	1.410	1.350	70	60	130
Umlage Arbeitsvorbereitung	900	225	675	2,5	830	878	810	-48	68	20
sekundäre Gemeinkosten	*2.400*	*1.125*	*1.275*		*2.310*	*2.288*	*2.160*	*23*	*128*	*150*
Summe Gemeinkosten	***183.110***	***40.123***	***142.987***		***189.975***	***179.098***	***164.799***	***10.877***	***14.299***	***25.176***
Summe Fertigungkosten	**323.110**	**180.123**	**142.987**		**334.975**	**305.098**	**290.799**	**29.877**	**14.299**	**44.176**
Gemeinkostenkalkulationssatz *(EUR/Std)*	**87,195**	**19,106**								
Fertigungskalkulationssatz (EUR/Std)	**153,862**	**85,773**								

Ermittlung der Sollkosten (K^S):

$$K^S = K^P{}_f + K^P{}_v \bullet \frac{B^I}{B^P}$$

$$= 142.987 \text{ EUR} + 180.123 \bullet \frac{1.890 \text{ Std}}{2.100 \text{ Std}}$$

K^S = 305.098 EUR (vgl. Kostenstellenbogen, Seite 317)

Ermittlung der Verbrauchsabweichung (VA):

$$VA = K^I{}_{PKR} - K^S$$

= 334.975 EUR – 305.098 EUR

VA = + 29.877 EUR (vgl. Kostenstellenbogen, Seite 317)

Ermittlung der Beschäftigungsabweichung (BA):

$$BA = K^S - K^P{}_{verr}$$

= 305.098 EUR – 290.799 EUR

BA = + 14.299 EUR (vgl. Kostenstellenbogen, Seite 317)

Ermittlung der Gesamtabweichung (GA):

GA = VA + BA

= (+29.877 EUR) + (+14.299 EUR)

GA = + 44.176 EUR (vgl. Kostenstellenbogen, Seite 317)

bzw.

$$GA = K^I{}_{PKR} - K^P{}_{verr}$$

= (+ 334.975 EUR) – (+ 290.799 EUR)

GA = +44.176 EUR (vgl. Kostenstellenbogen, Seite 317)

Aufgabe 3)

Ermittlung des Plankalkulationssatzes der Gemeinkosten auf Volkostenbasis (k^P):

$$k^P = \frac{K^P}{B^P} = \frac{183.110 \text{ EUR}}{2.100 \text{ Std}} = 87{,}1952 \text{ EUR/Std}$$

Ermittlung des Grenz-Plankalkulationssatzes (k^P_v) der Gemeinkosten:

$$k^P_v = \frac{K^P_V}{B^P} = \frac{40.123\,\text{EUR}}{2.100\,\text{Std}} = 19{,}1061\ \text{EUR/Std}$$

Bei dem Grenz-Plankalkulationssatz in Höhe von 19,10061 EUR/Std. handelt es sich nicht um einen echten Plankalkulationssatz zu variable Kosten, da die Verrechnungssätze für innerbetriebliche Leistungen zu Vollkosten angesetzt sind.
Wenn die Kostensätze auf Grenzkosten umgestellt und die sekundären variablen Kosten getrennt weiterverrechnet würden, könnte ein echter Grenz-Plankalkulationssatz ermittelt werden (siehe hierzu Fallstudie PKR - Kramer GmbH, 5. Kapitel, Seite 353 ff., insbesondere Seite 360 - 364).

Aufgabe 4)

$$K_L = K^P_f \bullet \left(1 - \frac{B^I}{B^P}\right) = BA$$

$$= 142.987\,\text{EUR} \bullet \left(1 - \frac{1.890\,\text{Std}}{2.100\,\text{Std}}\right) = 142.987\,\text{EUR} \bullet (1 - 0{,}9)$$

$$K_L = +\,14.299\,\text{EUR} = BA \text{ (vgl. Kostenstellenbogen, Seite 317)}$$

Die Leerkosten (K_L) sind der Anteil der geplanten Fixkosten, der bei einem Beschäftigungsgrad von 90 % nicht genutzt wird.

Für die Bestimmung der Nutzkosten (K_N) gilt:

$$K_N = K^P_f - K_L$$

$$= 142.987\,\text{EUR} - 14.299\,\text{EUR}$$

$$K_N = 128.688\,\text{EUR}$$

Für die Fixkosten (K^P_f) gilt:

$$K^P_f = K_L + K_N$$

$$= 14.299\,\text{EUR} + 128.688\,\text{EUR}$$

$$K^P_f = 142.987\,\text{EUR (vgl. Kostenstellenbogen, Seite 317)}$$

Aufgabe 5)

Zur Ermittlung der Preisabweichung wäre zusätzlich die Information der Istkosten bewertet zu Istpreisen erforderlich:

$$PA = K^{I}_{IKR} - K^{I}_{PKR}$$

$$\begin{aligned} PA &= \text{Istverbrauchsmenge} \bullet \text{Istpreis} - \text{Istverbrauchsmenge} \bullet \text{Planpreis} \\ &= \text{Istverbrauchsmenge} \bullet (\text{Istpreis} - \text{Planpreis}) \\ &= x_{Ist} \bullet (p_{Ist} - p_{Plan}) = x_{Ist} \bullet \Delta p \end{aligned}$$

Aufgabe 6)

Anhand der einzelnen Abweichungen :

$$\begin{aligned} PA &= K^{I}_{IKR} - K^{I}_{PKR} \\ VA &= K^{I}_{PKR} - K^{S} \\ BA &= K^{S} - K^{P}_{verr} \end{aligned}$$

läßt sich die Gesamtabweichung (GA), in Bezug auf die Faktormengen, Faktorpreise und Beschäftigung, folgendermaßen darstellen:

Istkosten zu Istpreisen		Istkosten zu Planpreisen		Plankosten der Istbeschäftigung		verrechnete Plankosten der Planbeschäftigung
Istverbrauchsmenge bei Istbeschäftigung • Istpreis	–	Istverbrauchsmenge bei Istbeschäftigung • Planpreis	–	Planverbrauchsmenge bei Istbeschäftigung • Planpreis	–	Planverbrauchsmenge bei Planbeschäftigung • Planpreis • Istbeschäftigung
K^{I}_{IKR}	–	K^{I}_{PKR}	–	K^{S}	–	K^{P}_{verr}

PA ($K^{I}_{IKR} - K^{I}_{PKR}$)

VA ($K^{I}_{PKR} - K^{S}$)

BA ($K^{S} - K^{P}_{verr}$)

GA (= VA + BA, ohne Preisabweichung) ($K^{I}_{PKR} - K^{P}_{verr}$)

GA (= PA + VA + BA) ($K^{I}_{IKR} - K^{P}_{verr}$)

II. Abschnitt: Systeme der Plankostenrechnung

Testfragen	**5. Kapitel II.1 - II.5**
Systeme der Plankostenrechnung	

Die folgenden Aussagen sind auf ihre Richtigkeit zu überprüfen, wobei mehrere Aussagen richtig bzw. falsch sein können.

Kennzeichnen Sie die Aussagen mit:
(+) Aussage ist richtig
(−) Aussage ist falsch

1) Die Standardkostenrechnung:
   a) (   ) gibt tatsächlich angefallene Kosten als Standard, bzw. Standardkosten vor
   b) (   ) berücksichtigt im wesentlichen die wertmäßige oder ökonomische Ergiebigkeit des Güterverbrauchs
   c) (   ) ist im wesentlichen auf den Fertigungsbereich einer Unternehmung beschränkt
   d) (   ) bezieht die Normalkosten als Standardkosten auf einen Kostenträger

2) In der Standardkostenrechnung:
   a) (   ) liegt das Hauptgewicht der Kostenverrechnung auf den Kostenträger
   b) (   ) ist der Kostenstellenleiter für alle Abweichungen, die in seinem Bereich verursacht werden, verantwortlich
   c) (   ) bewertet man sowohl den geplanten als auch den tatsächlichen Güterverbrauch mit Verrechnungspreisen
   d) (   ) werden durch die konstant gehaltenen Preise die Plan- und Istverbrauchsmengen über einen längeren Zeitraum hinweg vergleichbar gemacht

3) Die Budgetkostenrechnung:
   a) ( ) ist primär auf die innerbetriebliche Steuerung und Kontrolle der mengenmäßigen oder technischen Ergiebigkeit des Güterverbrauchs gerichtet
   b) ( ) bewertet die vorgegebenen Verbrauchsmengen mit den vorgegebenen Festpreisen
   c) ( ) dient somit der Unternehmungsführung als Instrument zur Planung der Produktionsprozesse
   d) ( ) wird in der betrieblichen Praxis überwiegend im Material-, Verwaltungs- und Vertriebsbereich sowie in Hilfskostenstellen eingesetzt

4) Stimmt es, dass:
   a) ( ) die starre Plankostenrechnung auf dem Ansatz einer Vollkostenrechnung basiert?
   b) ( ) bei der starren Plankostenrechnung die Plankosten pro Kostenstelle - nicht nach Kostenarten differenziert - ermittelt werden?
   c) ( ) die Kostenplanung in der starren Plankostenrechnung nur für einen festgelegten Beschäftigungsgrad erfolgt?
   d) ( ) in der starren Plankostenrechnung die Kosten pro Kostenstelle geplant werden?

5) Stimmt es, dass:
   a) ( ) in der starren Plankostenrechnung eine Anpassung der Plankosten an wechselnde Istbeschäftigungen nur dann stattfindet, wenn verursachungsgerechte Beschäftigungsgrade gefunden werden können?
   b) ( ) die Gesamtabweichung in der starren Plankostenrechnung in Preis- und Beschäftigungsabweichung aufgeteilt werden kann?
   c) ( ) bei der Ermittlung des Plankalkulationssatzes in der starren Plankostenrechnung auf Vergangenheitswerte zurückgegriffen wird?
   d) ( ) in der starren Plankostenrechnung nur die Gesamtabweichung ermittelt werden kann?

6) Die flexible Plankostenrechnung auf Vollkostenbasis:
   a) ( ) ermittelt die Sollkosten für den festgelegten Planbeschäftigungsgrad
   b) ( ) verwendet die Ergebnisse der Aufteilung der Plankosten in fixe und variable Bestandteile nur in der Kostenstellenrechnung
   c) ( ) ermittelt für jede Kostenstelle die Sollkosten für alle Beschäftigungsgrade
   d) ( ) verwendet zur Aufteilung der Plankosten in fixe und variable Bestandteile die Hoch-Tief-Punkt-Methode

7) Stimmt es, dass in der flexiblen Plankostenrechnung auf Vollkostenbasis:
   a) ( ) die ermittelte Gesamtabweichung sich in die Abweichung ersten Grades und die Abweichung zweiten Grades aufteilt?
   b) ( ) nur ein Plankalkulationssatzes auf Vollkostenbasis ermittelt wird?
   c) ( ) die Beschäftigung als variable Kosteneinflussgröße angenommen wird?
   d) ( ) die in der Kostenstellenrechnung durchgeführte Kostenaufspaltung nicht in die Plankalkulation übernommen wird?

8) Stimmt es, dass:
a) ( ) in der flexiblen Plankostenrechnung auf Vollkostenbasis bei jeder Istbeschäftigung die Verbrauchsabweichung isoliert betrachtet werden kann?
b) ( ) die Plankalkulation in der Grenzplankostenrechnung stets nur von variablen Kostenbestandteilen ausgeht?
c) ( ) die flexiblen Plankostenrechnung auf Teilkostenbasis für Planungs- und Entscheidungsaufgaben geeignet ist?
d) ( ) in der flexiblen Plankostenrechnung auf Vollkostenbasis die Kalkulation weiterhin mit dem Plankalkulationssatz auf Vollkostenbasis erfolgt?

9) Stimmt es, dass:
a) ( ) bei der flexiblen Plankostenrechnung auf Teilkostenbasis in der Kostenträgerrechnung die Trennung von variablen und fixen Kostenbestandteilen erfolgt?
b) (der Sollkostenverlauf in der flexiblen Plankostenrechnung auf Vollkostenbasis in Abhängigkeit von der Beschäftigung ableitbar wird?
c) ( ) in der flexiblen Plankostenrechnung auf Vollkostenbasis eine Proportionalisierung der Fixkosten stattfindet?
d) ( ) die flexiblen Plankostenrechnung auf Teilkostenbasis als "Variablen-Kostenrechnung" bezeichnet werden müsste?

10) Stimmt es, dass in der Grenzplankostenrechnung:
a) ( ) die variablen Stückkosten gleich den Grenzkosten sind?
b) ( ) dieselbe Kostenfunktion wie bei der flexiblen Plankostenrechnung auf Vollkostenbasis Anwendung findet?
c) ( ) keine Gesamtkosten je Kostenträger für unterschiedliche Beschäftigungsgrade geplant werden?
d) ( ) bei einem linearen Kostenverlauf die variablen verrechneten Plankosten und die variablen Sollkosten zusammenfallen?

11) Stimmt es, dass in der flexiblen Plankostenrechnung auf Teilkostenbasis:
a) ( ) eine Beschäftigungsabweichung nicht auftreten kann, da die variablen verrechneten Plankosten in der Grenzplankostenrechnung immer mit den Sollkosten übereinstimmen?
b) ( ) die Fixkosten gesondert geplant und i.d.R. en bloc in das Betriebsergebnis übernommen werden?
c) ( ) eine Verbrauchsabweichung nicht ermittelt werden kann?
d) ( ) Gesamtkosten je Kostenträger für einen Beschäftigungsgrad geplant werden?

Lösung: Testfragen — 5. Kapitel II.1 - II.5

Systeme der Plankostenrechnung

Aufgabe	a)	b)	c)	d)
1)	–	–	+	–
2)	–	+	+	+
3)	–	–	+	+
4)	+	–	+	+
5)	–	–	–	+
6)	–	+	+	+
7)	–	–	+	+
8)	+	+	+	+
9)	–	+	+	+
10)	–	+	+	+
11)	–	+	–	–

Aufgabe	5.II.1	5. Kapitel II.3
Starre Plankostenrechnung		

Sachverhalt:

Die Planbeschäftigung in der Fertigungskostenstelle 1979 der *Elevator AG* der Rechnungsperiode 04 beträgt 2.000 Stunden. Für die Planperiode 04 wurden die Plankosten mit 125.000 EUR angesetzt.
Am Ende der Periode 04 beträgt die tatsächliche Istbeschäftigung 1.600 Stunden. Die Istkosten bewertet zu Planpreisen betragen 110.500 EUR.

Aufgabe:

Ermitteln Sie die Gesamtabweichung der Fertigungskostenstelle 1979 der *Elevator AG* in der Rechnungsperiode 04.

Lösung	5.II.1

$GA = K^I_{PKR} - K^P_{verr}$

bzw.

$GA = K^I_{PKR} - k^P \cdot B^I$

Ermittlung des Plankalkulationssatzes auf Vollkostenbasis (k^P):

$$k^P = \frac{K^P}{B^P} = \frac{125.000 \text{ EUR}}{2.000 \text{ Std}} = 62{,}50 \text{ EUR/Std}$$

Ermittlung der verrechneten Plankosten (K^P_{verr}):

$$K^P_{verr} = k^P \cdot B^I$$

$$= 62{,}50 \text{ EUR/Std} \cdot 1.600 \text{ Std}$$

$$K^P_{verr} = 100.000 \text{ EUR}$$

bzw.

$$K^P_{verr} = K^P \cdot \frac{B^I}{B^P} = K^P \cdot b$$

$$= 125.000 \text{ EUR} \cdot 0{,}8$$

$$K^P_{verr} = 100.000 \text{ EUR}$$

Ermittlung der Gesamtabweichung (GA):

$$GA = K^I_{PKR} - K^P_{verr}$$

$$= 110.500 \text{ EUR} - 100.000 \text{ EUR}$$

$$GA = 10.500 \text{ EUR}$$

bzw.

$$GA = K^I_{PKR} - k^P \cdot B^I$$

$$= 110.500 \text{ EUR} - (62{,}50 \text{ EUR/Std} \cdot 1.600 \text{ Std})$$

$$= 110.500 \text{ EUR} - 100.000 \text{ EUR}$$

$$GA = 10.500 \text{ EUR}$$

Aufgabe	5.II.2	5. Kapitel II.3
Starre Plankostenrechnung		

Sachverhalt:

In der Fertigungskostenstelle I der *Schnelle AG* rechnet man in der Rechnungsperiode 10 mit einer Planbeschäftigung von 2.000 Stunden bei 160.000 EUR Plankosten.

Aufgaben:

1) Führen Sie am Ende der Periode 10 der *Schnelle AG* eine Kostenkontrolle der Fertigungskostenstelle I durch, wenn alternativ folgende Situationen vorliegen:
   a) die Istbeschäftigung stimmt mit der geplanten Beschäftigung überein. Hierbei sind Kosten in Hohe von 176.000 EUR angefallen
   b) die Istbeschäftigung erreicht nur 1.800 Stunden bei tatsächlich angefallenen Kosten von 150.000 EUR
   c) die Istbeschäftigung beträgt entgegen den Erwartungen tatsächlich 2.100 Stunden. Dabei sind Istkosten in Hohe von 165.000 EUR angefallen.
2) Stellen Sie die Ergebnisse der Aufgab 1) a) bis 1) c) jeweils graphisch dar.

Lösung	5.II.2

Aufgabe 1)

a) $B^I = B^P = 2.000$ Std

$b = 1$ (100 %)

$K^P = 160.000$ EUR

$K^I_{PKR} = 176.000$ EUR

Ermittlung der Gesamtabweichung (GA):

$$GA = K^I_{PKR} - K^P_{verr} = K^I_{PKR} - K^P \bullet \frac{B^I}{B^P} = K^I_{PKR} - k^P \bullet B^I$$

Ermittlung des Plankalkulationssatzes auf Vollkostenbasis (k^P):

$$k^P = \frac{K^P}{B^P} = \frac{160.000 \text{ EUR}}{2.000 \text{ Std}} = 80 \text{ EUR/Std}$$

Ermittlung der verrechneten Plankosten (K^P_{verr}):

$$K^P_{verr} = K^P \bullet \frac{B^I}{B^P} = k^P \bullet B^I = 80 \text{ EUR/Std} \bullet 2.000 \text{ Std} = 160.000 \text{ EUR}$$

Ermittlung der Gesamtabweichung (GA):

$$GA = K^I_{PKR} - K^P_{verr} = 176.000 \text{ EUR} - 160.000 \text{ EUR} =$$

$$GA = 16.000 \text{ EUR}$$

b) $B^I = 1.800$ Std $\qquad B^P = 2.000$ Std

$b = 0{,}9$ (90 %)

$k^P = 80$ EUR/Std (siehe Aufgabe 1.a)

$K^I_{PKR} = 150.000$ EUR

Ermittlung der Gesamtabweichung (GA):

$$GA = K^I_{PKR} - K^P_{verr}$$

$$K^P_{verr} = K^P \bullet \frac{B^I}{B^P} = k^P \bullet B^I = 80 \text{ EUR/Std} \bullet 1.800 \text{ Std}$$

$$K^P_{verr} = 144.000 \text{ EUR}$$

$$GA = K^I_{PKR} - K^P_{verr}$$
$$= 150.000\text{ EUR} - 144.000\text{ EUR}$$
$$GA = 6.000\text{ EUR}$$

c) $B^I = 2.100$ Std $\qquad B^P = 2.000$ Std

$b = 1{,}05$ (105 %)

$k^P = 80$ EUR/Std (siehe Aufgabe 1.a)

$K^I_{PKR} = 165.000$ EUR

Ermittlung der Gesamtabweichung (GA):

$$GA = K^I_{PKR} - K^P_{verr}$$

$$K^P_{verr} = K^P \bullet \frac{B^I}{B^P} = k^P \bullet B^I = 80\text{ EUR/Std} \bullet 2.100\text{ Std}$$
$$K^P_{verr} = 168.000\text{ EUR}$$

$$GA = K^I_{PKR} - K^P_{verr}$$
$$= 165.000\text{ EUR} - 168.000\text{ EUR}$$
$$GA = -3.000\text{ EUR}$$

Aufgabe 2)

Graphische Darstellung der Gesamtabweichung (GA) zu Aufgabe 1) a):

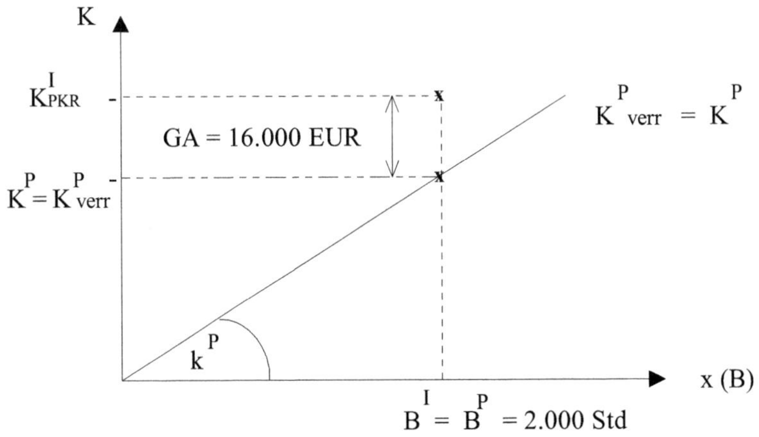

Graphische Darstellung der Gesamtabweichung (GA) zu Aufgabe 1) b):

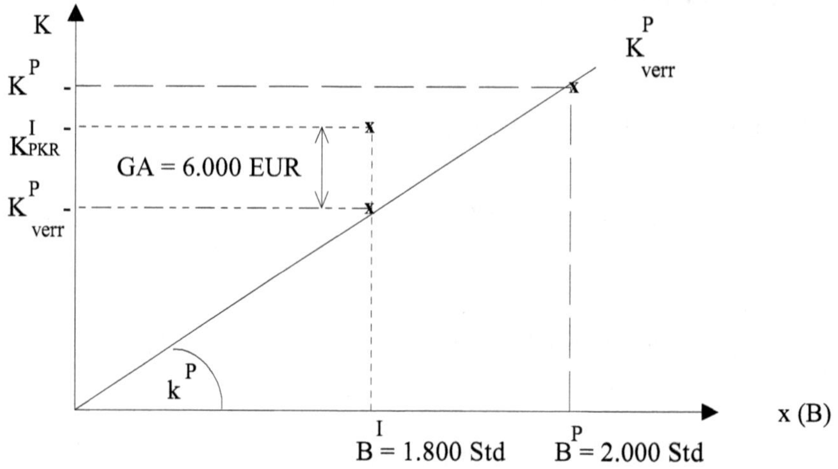

Graphische Darstellung der Gesamtabweichung (GA) zu Aufgabe 1) c):

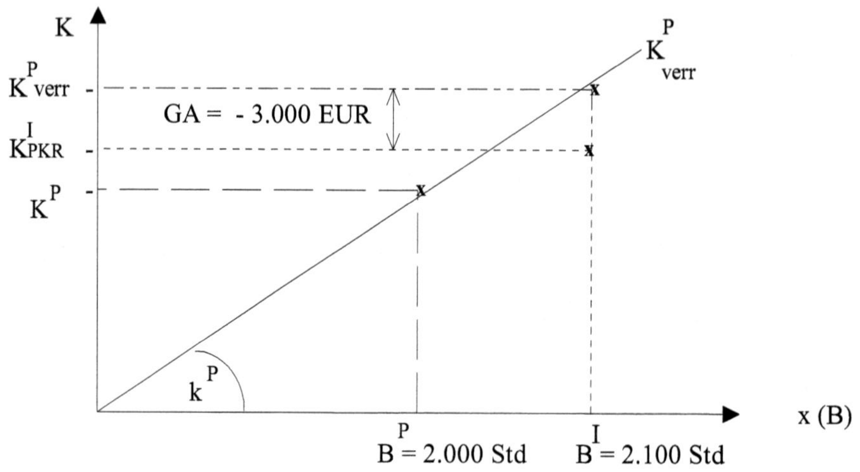

Aufgabe	5.II.3	5. Kapitel II.4
Flexible Plankostenrechnung auf Vollkostenbasis		

Sachverhalt:

Die erwartete Planbeschäftigung der Rechnungsperiode 06 in der Fertigungsstelle 3555 der *Eltron AG* beträgt 5.000 Stück eines Erzeugnisses bei variablen Kosten pro Stück von 50 EUR. Die Fixkosten der Planperiode 06 werden mit 200.000 EUR angesetzt.
In der Abrechnungsperiode 06 wurde in der Fertigungsstelle 3555 der *Eltron AG* ein Istbeschäftigungsgrad von 90 % realisiert. Hierfür sind 500.000 EUR Kosten (zu Planpreisen bewertet) angefallenen.

Aufgaben:

1) Ermitteln Sie für die Rechnungsperiode 06 in der Fertigungsstelle 3555 der *Eltron AG* rechnerisch:
   a) Beschäftigungsabweichung
   b) Verbrauchsabweichung
   c) Gesamtabweichung
2) Stellen Sie die Beschäftigungs-, Verbrauchs- und Gesamtabweichung der Fertigungsstelle 3555 der *Eltron AG* graphisch dar.
3) Erbringen Sie den mathematischen Beweis, dass die Beschäftigungsabweichung (BA) den Leerkosten (K_L) entspricht.
4) Bestimmen Sie die Nutz- und Leerkosten der Rechnungsperiode 06 in der Fertigungsstelle 3555 der *Eltron AG*.

Lösung	5.II.3

Aufgabe 1)

a) $b = 0{,}9\ (90\ \%)$

$B^P = 5.000$ Stück $\quad B^I = 4.500$ Stück

$K^P{}_f = 200.000$ EUR $\quad K^P{}_v = 250.000$ EUR $\quad K^P = 450.000$ EUR

$K^I{}_{PKR} = 500.000$ EUR

Ermittlung der Beschäftigungsabweichung (BA):

$$BA = K^S - K^P{}_{verr}$$

Ermittlung der Sollkosten (K^S):

$$K^S = K^P{}_f + k^P{}_v \cdot B^I$$
$$= 200.000 + 50\ \text{EUR/St} \cdot 4.500\ \text{St}$$
$$K^S = 425.000\ \text{EUR}$$

Ermittlung der verrechneten Plankosten ($K^P{}_{verr}$):

$$K^P{}_{verr} = K^P \cdot \frac{B^I}{B^P} = K^P \cdot b$$
$$= 450.000\ \text{EUR} \cdot 0{,}9$$
$$K^P{}_{verr} = 405.000\ \text{EUR}$$

Ermittlung der Beschäftigungsabweichung (BA):

$$BA = K^S - K^P{}_{verr}$$
$$= 425.000\ \text{EUR} - 405.000\ \text{EUR}$$
$$BA = 20.000\ \text{EUR}$$

b) $K^I{}_{PKR} = 500.000$ EUR

$K^S = 425.000$ EUR

Ermittlung der Verbrauchsabweichung (VA):

$$VA = K^I{}_{PKR} - K^S$$
$$= 500.000\ \text{EUR} - 425.000\ \text{EUR}$$
$$VA = 75.000\ \text{EUR}$$

c) Ermittlung der Gesamtabweichung (GA):

$$\begin{aligned} GA &= VA + BA \\ &= 75.000\ EUR + 20.000\ EUR \\ &= 95.000\ EUR \end{aligned}$$

bzw.

$$\begin{aligned} GA &= K^I_{PKR} - K^P_{verr} \\ &= 500.000\ EUR - 405.000\ EUR \\ GA &= 95.000\ EUR \end{aligned}$$

Aufgabe 2)

Graphische Darstellung der Beschäftigungsabweichung (BA), Verbrauchsabweichung (VA) und Gesamtabweichung (GA):

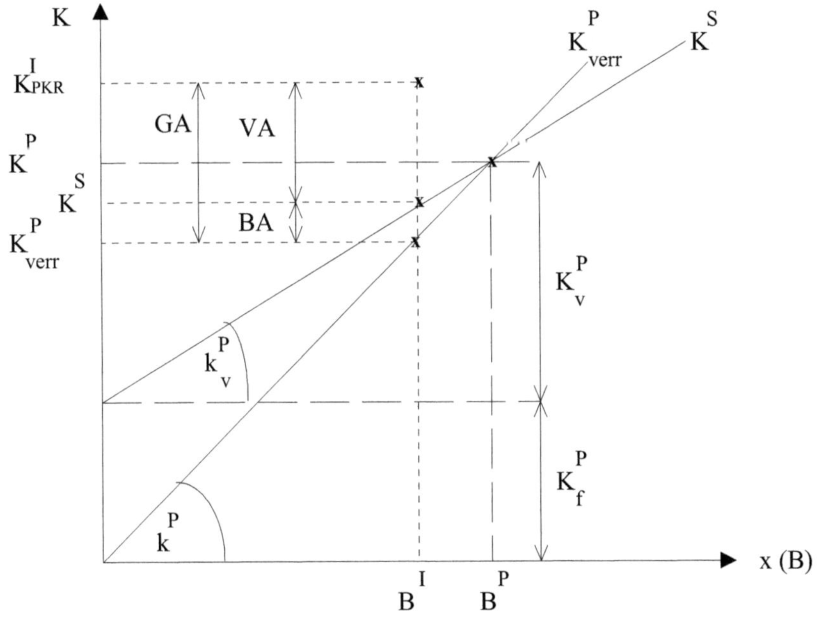

Aufgabe 3)

Bestimmung der Beschäftigungsabweichung (BA):

$$BA = K^S - K^P_{verr}$$
$$= (K^P_f + k^P_v \bullet B^I) - (k^P \bullet B^I)$$
$$= (K^P_f + K^P_v \bullet \frac{B^I}{B^P}) - (K^P \bullet \frac{B^I}{B^P}) \qquad k^P_v = \frac{K^P_v}{B^P} \qquad k^P = \frac{K^P}{B^P}$$
$$= (K^P_f + K^P_v \bullet \frac{B^I}{B^P}) - [(K^P_f + K^P_v) \bullet \frac{B^I}{B^P}] \qquad K^P = K^P_f + K^P_v$$
$$= K^P_f + K^P_v \bullet \frac{B^I}{B^P} - K^P_f \bullet \frac{B^I}{B^P} - K^P_v \bullet \frac{B^I}{B^P}$$
$$= K^P_f - K^P_f \bullet \frac{B^I}{B^P}$$
$$= K^P_f \bullet (1 - \frac{B^I}{B^P}) = K^P_f \bullet (1 - b)$$
$$BA = K^P_f \bullet (1 - b)$$

Für die Bestimmung der Leerkosten (K_L) gilt:

$$K^P_f = K_L + K_N$$
$$K_L = K^P_f - K_N = K^P_f \bullet (K^P_f \bullet b)$$
$$= K^P_f \bullet (1 - b) = K^P_f \bullet (1 - \frac{B^I}{B^P}) \qquad b = \frac{B^I}{B^P}$$
$$K_L = K^P_f \bullet (1 - b)$$

Demnach gilt:

$$BA = K^P_f \bullet (1 - b)$$
$$K_L = K^P_f \bullet (1 - b)$$

$$BA = K_L$$

Aufgabe 4)

Bestimmung der Leerkosten (K_L):

$$K_L = K^P{}_f \bullet \left(1 - \frac{B^I}{B^P}\right) = K^P{}_f \bullet (1 - b)$$

$$= 200.000 \text{ EUR} \bullet \left(1 - \frac{4.500 \text{ St}}{5.000 \text{ St}}\right) = 200.000 \text{ EUR} \bullet (1 - 0{,}9)$$

$$K_L = 20.000 \text{ EUR}$$

Bestimmung der Nutzkosten:

$$K_N = K^P{}_f - K_L = 20.000 \text{ EUR} - 20.000 \text{ EUR}$$

$$K_N = 180.000 \text{ EUR}$$

Demnach werden bei einer Beschäftigung von 4.500 Stunden (b= 90 %) von den insgesamt 200.000 EUR Fixkosten 20.000 EUR Fixkosten (= Leerkosten) nicht genutzt.

$$K^P{}_f = K_L + K_N$$

$$200.000 \text{ EUR} = 20.000 \text{ EUR} + 180.000 \text{ EUR}$$

Aufgabe	5.II.4	5. Kapitel II.4
Flexible Plankostenrechnung auf Vollkostenbasis		

Sachverhalt:

In der Kostenstelle 3650 der *Schmidt GmbH* belaufen sich die gesamten Plankosten der Periode 10 für die Planbeschäftigung auf 37.050 EUR.
Die Plankosten enthalten 15.000 EUR Fixkosten, der variable Plankostenverrechnungssatz (Plankalkulationssatz) beträgt 9 EUR/Stück.
Die zu Istpreisen bewerteten Istkosten betragen 35.000 EUR.

Aufgaben:

1) Von welcher Planbeschäftigung wurde bei der Kostenplanung ausgegangen ?
2) In der Kostenstelle 3650 der *Schmidt GmbH* wurde tatsächlich eine Beschäftigung von 1.960 Stück erreicht. Die zu Planpreisen bewerteten Istkosten betrugen dabei 33.750 EUR.
   Bestimmen Sie für diese Situation die
   a) Beschäftigungsabweichung
   b) Verbrauchsabweichung
3) Bestimmen Sie die
   a) Gesamtabweichung ohne Preisabweichung
   b) Gesamtabweichung mit Preisabweichung.

Lösung	5.II.4

Aufgabe 1)

$K^P = 37.050$ EUR
$K^P_f = 15.000$ EUR
$K^P_v = 22.050$ EUR
$k^P_v = 9$ EUR/St

Ermittlung der Planbeschäftigung:

$$k^P_v = \frac{K^P_v}{B^P}$$

$$B^P = \frac{K^P_v}{k^P_v} = \frac{22.050\ \text{EUR}}{9\ \text{EUR/St}}$$

$$B^P = 2.450\ \text{Stück}$$

Aufgabe 2)

$K^I_{PKR} = 33.750$ EUR
$B^I = 1.960$ St

a) Ermittlung der Beschäftigungsabweichung (BA):

$$BA = K^S - K^P_{verr}$$

$$K^S = K^P_f + K^P_v \cdot \frac{B^I}{B^P}$$

$$= 15.000\ \text{EUR} + 22.000\ \text{EUR} \cdot \frac{1.960\ \text{St}}{2.450\ \text{St}}$$

$$K^S = 32.640\ \text{EUR}$$

$$K^P_{verr} = K^P \cdot \frac{B^I}{B^P} = K^P \cdot b$$

$$= 37.050\ \text{EUR} \cdot \frac{1.960\ \text{St}}{2.450\ \text{St}} = 37.050\ \text{EUR} \cdot 0{,}8$$

$$K^P_{verr} = 29.640\ \text{EUR}$$

$$BA = K^S - K^P_{verr}$$
$$= 32.640 \text{ EUR} - 29.640 \text{ EUR}$$
$$BA = 3.000 \text{ EUR}$$

b) Ermittlung der Verbrauchsabweichung (VA):

$$VA = K^I_{PKR} - K^S$$
$$= 33.750 \text{ EUR} - 32.640 \text{ EUR}$$
$$VA = 1.110 \text{ EUR}$$

Aufgabe 3)

a) Ermittlung der Gesamtabweichung (GA) ohne Preisabweichung (vgl. Aufgabe 5.I.6):

$$GA = VA + BA$$
$$= 1.110 \text{ EUR} + 3.000 \text{ EUR}$$
$$= 4.110 \text{ EUR}$$

bzw.

$$GA = K^I_{PKR} - K^P_{verr}$$
$$= 33.750 \text{ EUR} - 29.640 \text{ EUR}$$
$$= 4.110 \text{ EUR}$$

b) Ermittlung der Gesamtabweichung (GA) mit Preisabweichung (vgl. Aufgabe 5.I.6):

$$GA = PA + VA + BA$$

$$PA = K^I_{IKR} - K^I_{PKR}$$
$$= 35.000 \text{ EUR} - 33.750 \text{ EUR}$$
$$PA = 1.250 \text{ EUR}$$

$$GA = PA + VA + BA + PA$$
$$GA = 1.250 \text{ EUR} + 1.110 \text{ EUR} + 3.000 \text{ EUR}$$
$$= 5.360 \text{ EUR}$$

bzw.

$$GA = K^I_{IKR} - K^P_{verr}$$
$$= 35.000 \text{ EUR} - 29.640 \text{ EUR}$$
$$GA = 5.360 \text{ EUR}$$

Aufgabe	5.II.5	5. Kapitel II.4
Flexible Plankostenrechnung auf Vollkostenbasis		

Sachverhalt:

In der Fertigungskostenstelle II der *Speckert AG* liegen für die Periode 05 folgende Informationen vor:

	Planwert	Istwert
Ausbringungsmenge	2.500 Stück	2.125Stück
Verbrauch Gemeinkostenmaterial	5.000 kg	4.750 kg
Preis des Gemeinkostenmaterials	4,00 EUR/kg	3,75 EUR/kg

Der Variator beträgt 8.

Aufgabe:

Ermitteln Sie für die Periode 05 in der Fertigungskostenstelle II der *Speckert AG* rechnerisch die:

a) Preisabweichung
b) Beschäftigungsabweichung
c) Verbrauchsabweichung
d) Gesamtabweichung.

Lösung 5.II.5

$K^P = x_{Plan} \bullet p_{Plan} = 5.000 \text{ kg} \bullet 4 \text{ EUR/kg}$

$K^P = 20.000 \text{ EUR}$

$V = \frac{K^P_v}{K^P} \bullet 10$ nach K^P_v aufgelöst: $K^P_v = K^P \bullet \frac{V}{10} = 20.000 \text{ EUR} \bullet \frac{8}{10}$

$K^P_v = 16.000 \text{ EUR}$

$K^P_f = K^P - K^P_v = 20.000 \text{ EUR} - 16.000 \text{ EUR}$

$K^P_f = 4.000 \text{ EUR}$

a) Ermittlung der Preisabweichung (PA):

$PA = K^I_{IKR} - K^I_{PKR}$

$K^I_{IKR} =$ Istverbrauchsmenge • Istpreis

$= x_{Ist} \bullet p_{Ist}$

$= 4.750 \bullet 3{,}75 \text{ EUR/kg}$

$K^I_{IKR} = 17.812{,}50 \text{ EUR}$

$K^I_{PKR} =$ Istverbrauchsmenge • Planpreis

$= x_{Ist} \bullet p_{Plan}$

$= 4.750 \bullet 4 \text{ EUR/kg}$

$K^I_{PKR} = 19.000 \text{ EUR}$

$PA = K^I_{IKR} - K^I_{PKR}$

$= 17.812{,}50 \text{ EUR} - 19.000 \text{ EUR}$

$PA = -1.187{,}50 \text{ EUR}$

bzw.

PA = Istverbrauchsmenge • Istpreis – Istverbrauchsmenge • Planpreis

= Istverbrauchsmenge • (Istpreis – Planpreis)

$= x_{Ist} \bullet (p_{Ist} - p_{Plan})$

$= 4.750 \text{ kg} \bullet (3{,}75 \text{ EUR/kg} - 4 \text{ EUR/kg})$

$PA = -1.187{,}50 \text{ EUR}$

b) Ermittlung der Beschäftigungsabweichung (BA):

$$BA = K^S - K^P_{verr}$$

$$K^S = K^P_f + K^P_v \cdot \frac{B^I}{B^P}$$

$$= 4.000 \text{ EUR} + 16.000 \text{ EUR} \cdot \frac{2.125 \text{ St}}{2.500 \text{ St}} = 4.000 \text{ EUR} + 13.600 \text{ EUR}$$

$$K^S = 17.600 \text{ EUR}$$

$$K^P_{verr} = K^P \cdot \frac{B^I}{B^P} = (x_{Plan} \cdot p_{Plan}) \cdot \frac{B^I}{B^P}$$

$$= (5.000 \text{ kg} \cdot 4 \text{ EUR/kg}) \cdot \frac{2.125 \text{ St}}{2.500 \text{ St}} = 20.000 \text{ EUR} \cdot 0{,}85$$

$$K^P_{verr} = 17.000 \text{ EUR}$$

$$BA = K^S - K^P_{verr}$$

$$= 17.600 \text{ EUR} - 17.000 \text{ EUR}$$

$$BA = 600 \text{ EUR}$$

c) Ermittlung der Verbrauchsabweichung (VA):

$$VA = K^I_{PKR} - K^S$$

$$= 19.000 \text{ EUR} - 17.600 \text{ EUR}$$

$$VA = 1.400 \text{ EUR}$$

d) Ermittlung der Gesamtabweichung (GA) einschließlich Preisabweichung:

$$GA = PA + VA + BA$$

$$= -1.187{,}50 \text{ EUR} + 1.400 \text{ EUR} + 600 \text{ EUR}$$

$$GA = 812{,}50 \text{ EUR}$$

bzw.

$$GA = K^I_{IKR} - K^P_{verr}$$

$$= 17.812{,}50 \text{ EUR} - 17.000 \text{ EUR}$$

$$GA = 812{,}50 \text{ EUR}$$

Aufgabe	5.II.6	5. Kapitel II.5
Flexible Plankostenrechnung auf Teilkostenbasis (Grenzplankostenrechnung)		

Sachverhalt:

In der Kostenstelle 4519 der *Greiner GmbH* betragen in der Periode 10 die Istkosten zu Planpreisen bewertet (K^{I}_{PKR}) 2.000.000 EUR (davon sind 30 % fix) bei einer Istbeschäftigung von 30.000 Fertigungsstunden.
Die Fertigungsstunden wurden in der Kostenstelle 4519 für die Rechnungsperiode 10 auf 40.000 Stunden festgelegt. Hierfür wurden folgende Kosten geplant:

Materialeinzelkosten:	400.000 EUR (davon 100 % variabel)
Fertigungseinzelkosten:	800.000 EUR (davon 25 % fix)
Sondereinzelkosten der Fertigung	30.000 EUR
Materialgemeinkosten:	50.000 EUR (davon 100 % variabel)
Fertigungsgemeinkosten:	1.800.000 EUR (davon 60 % fix)
Verwaltungsgemeinkosten:	222.000 EUR (davon 150.000 EUR fix)
Vertriebsgemeinkosten:	61.200 EUR (davon 100 % variabel)

Die *Greiner GmbH* soll entscheiden, ob ein Zusatzauftrag des Produktes PZ 50 angenommen werden soll. Für die Entscheidung liegen zusätzliche Informationen vor:

Materialeinzelkosten:	4.400 EUR
Fertigungseinzelkosten:	2.500 EUR
Sondereinzelkosten der Fertigung:	250 EUR

Für den Zusatzauftrag kann die *Greiner GmbH* einen Preis in Höhe von 13.000 EUR erzielen.

Aufgaben:

1) Erstellen Sie die Plankalkulation auf Basis von Grenzkosten für das Produkt PZ 50 der *Greiner GmbH.*
2) Entscheiden Sie über die Annahme des Zusatzauftrages (rechnerischer Nachweis).

3) Ermitteln Sie für die Abrechnungsperiode 10 der Greiner GmbH die Kostenabweichungen auf Vollkosten- und Teilkostenbasis.
4) Erbringen Sie den mathematischen Beweis, dass
   a) sich die variablen Sollkosten und die variablen verrechneten Plankosten jeweils aus der Multiplikation der variablen Plankosten mit dem Beschäftigungsgrad ergeben
   b) die Beschäftigungsabweichung auf Basis variabler Kosten gleich Null ist.
5) Beweisen Sie mit Hilfe dem vorliegenden Zahlenmaterial, dass die Differenz zwischen der Verbrauchsabweichung auf Vollkostenbasis (VA) und der auf Basis variabler Kosten (VA_v) sich aus dem nicht verrechneten Fixkostenanteil der Istkosten ($K^I_{PKR\,f}$) und dem der Sollkosten (K^P_f) ergibt.

Lösung	5.II.6

Aufgabe 1)

Ermittlung der proportionalen und fixen Plankosten:

Kostenarten (in EUR)	K^P	K^P_v	K^P_f
MEK	400.000	400.000	0
MGK	50.000	50.000	0
FEK	800.000	600.000	200.000
FGK	1.800.00	720.000	1.080.000
SEKF	30.000	30.000	0
VwGK	222.000	72.000	150.000
VtGK	61.200	61.200	0
gesamt	3.363.200	1.933.200	1.430.000

Für die Plan-Material- und Plan-Fertigungsgemeinkosten ergeben sich folgende Zuschlagssätze:

$$\text{Plan-MGK}_{prop}\text{-Zuschlagssatz} = \frac{\text{Plan-MGK}_{prop}}{\text{Plan-MEK}} \bullet 100 = \frac{50.000\ \text{EUR}}{400.000\ \text{EUR}} \bullet 100 = 12{,}50\%$$

$$\text{Plan-FGK}_{prop}\text{-Zuschlagssatz} = \frac{\text{Plan-FGK}_{prop}}{\text{Plan-FEK}} \bullet 100 = \frac{720.000\ \text{EUR}}{600.000\ \text{EUR}} \bullet 100 = 120\ \%$$

Ermittlung der proportionalen Plan-Herstellkosten:

Plan-MEK	400.000 EUR
+ Plan-MGK_{prop}	50.000 EUR
+ Plan-FEK	600.000 EUR
+ Plan-FGK_{prop}	720.000 EUR
+ Plan-SEKF	30.000 EUR
= Plan-$HK_{Prodprop}$	1.800.000 EUR

Für die Plan-Verwaltungs- und Plan-Vertriebsgemeinkosten ergeben sich folgende Zuschlagssätze:

$$\text{Plan-VwGK}_{prop}\text{-Zuschlagssatz} = \frac{\text{Plan - VwGK}_{prop}}{\text{Plan - HK}_{Prod_{prop}}} \bullet 100 = \frac{72.000 \text{ EUR}}{1.800.000 \text{ EUR}} \bullet 100 = 4\ \%$$

$$\text{Plan-VtGK}_{prop}\text{-Zuschlagssatz} = \frac{\text{Plan - VtGK}_{prop}}{\text{Plan - HK}_{Prod_{prop}}} \bullet 100 = \frac{61.200 \text{ EUR}}{1.800.000 \text{ EUR}} \bullet 100 = 3{,}4\ \%$$

Ermittlung der proportionalen Plan-Selbstkosten für Produkt PZ 50:

Kostenarten	Zuschläge (%)	prop. Plan-Kosten Produkt PZ 50 (EUR)
Plan-Materialeinzelkosten		4.400
prop. Plan-Materialgemeinkosten	12,5	550
prop. Plan-Materialkosten		4.950
Plan-Fertigungseinzelkosten I		2.500
prop. Plan-Fertigungsgemeinkosten I	120	3.000
Plan-Sondereinzelkosten der Fertigung		250
prop. Plan-Fertigungskosten		5.750
prop. Plan-Herstellkosten		**10.700**
prop. Plan-Verwaltungsgemeinkosten	4	428
prop. Plan-Vertriebsgemeinkosten	3,4	364
prop. Plan-Selbstkosten		**11.492**

Aufgabe 2)

$$\begin{aligned} \text{Plan-DB} &= \text{Plan-E} - K^{P}_{v} \\ &= 13.000 \text{ EUR} - 11.492 \text{ EUR} \\ \text{Plan-DB} &= 1.508 \text{ EUR} \end{aligned}$$

Fazit: Produkt PZ 50 trägt mit 1.508 EUR zur Deckung der Fixkosten bei; demnach ist die Annahme des Zusatzauftrag bei vorhandener freier Kapazität zu befürworten.

Aufgabe 3)

$K^P = 3.363.200$ EUR
$K^P_v = 1.933.200$ EUR
$K^P_f = 1.430.000$ EUR

$K^I_{PKR} = 2.000.000$ EUR
$K^I_{PKR\,v} = 1.400.000$ EUR
$K^I_{PKR\,f} = 600.000$ EUR
$B^I = 30.000$ Std
$B^P = 40.000$ Std

Ermittlung der Verbrauchsabweichung auf Basis variabler Kosten (VA_V):

$$VA_V = K^I_{PKR\,v} - K^S_v$$

$$K^S_v = k^P_v \cdot B^I$$

$$k^P_v = \frac{K^P_v}{B^P} = \frac{1.933.000 \text{ EUR}}{40.000 \text{ Std}} = 48{,}33 \text{ EUR/Std}$$

$$K^S_v = k^P_v \cdot B^I$$
$$= 48{,}33 \text{ EUR/Std} \cdot 30.000 \text{ Std}$$
$$K^S_v = 1.449.900 \text{ EUR}$$

$$VA_V = K^I_{PKR\,v} - K^S_v$$
$$= 1.400.000 \text{ EUR} - 1.449.900 \text{ EUR}$$
$$VA_V = -49.900 \text{ EUR}$$

Ermittlung der Verbrauchsabweichung auf Basis von Vollkosten (VA):

$$VA = K^I_{PKR} - K^S$$

$$K^S = K^P_f + k^P_v \cdot B^I$$
$$= 1.430.000 \text{ EUR} + 48{,}33 \text{ EUR/Std} \cdot 30.000 \text{ Std}$$
$$K^S = 2.879.900 \text{ EUR}$$

$$VA = K^{I}_{PKR} - K^{S}$$

$$= 2.000.000\ EUR - 2.879.900\ EUR$$

$$VA = -879.900\ EUR$$

Ermittlung der Beschäftigungsabweichung auf Basis variabler Kosten (BA_v):

$$BA_v = K^{S}_{v} - K^{P}_{v\ verr}$$

$$K^{S}_{v} = k^{P}_{v} \bullet B^{I}$$

$$= 48{,}33\ EUR/Std \bullet 30.000\ Std$$

$$K^{S}_{v} = 1.449.900\ EUR$$

$$K^{P}_{v\ verr} = k^{P}_{v} \bullet B^{I}$$

$$= 48{,}33\ EUR/Std \bullet 30.000\ Std$$

$$K^{P}_{v\ verr} = 1.449.900\ EUR$$

$$BA_v = K^{S}_{v} - K^{P}_{v\ verr}$$

$$= 1.449.900\ EUR - 1.449.900\ EUR$$

$$BA_v = 0$$

Ermittlung der Beschäftigungsabweichung auf Basis von Vollkosten (BA):

$$BA = K^{S} - K^{P}_{verr}$$

$$K^{S} = K^{P}_{f} + K^{P}_{v} \bullet \frac{B^{I}}{B^{P}}$$

$$= 1.430.000\ EUR + 1.933.200\ EUR \bullet \frac{30.000\ Std}{40.000\ Std}$$

$$K^{S} = 2.879.900\ EUR$$

$$K^{P}_{verr} = K^{P} \bullet \frac{B^{I}}{B^{P}}$$

$$= 3.363.200 \bullet \frac{30.000\ Std}{40.000\ Std}$$

$$K^{P}_{verr} = 2.522.400\ EUR$$

$$BA = K^{S} - K^{P}_{verr}$$

$$= 2.879.900\ EUR - 2.522.400\ EUR$$

$$BA = 357.500\ EUR$$

Aufgabe 4)

a) $K^S_v = k^P_v \cdot B^I$

$= K^P_v \cdot \frac{B^I}{B^P}$

$K^S_v = K^P_v \cdot b$

$K^P_{v\,verr} = k^P_v \cdot B^I$

$= K^P_v \cdot \frac{B^I}{B^P}$

$K^P_{v\,verr} = K^P_v \cdot b$

b) $BA_v = K^S_v - K^P_{v\,verr}$

$K^S_v = k^P_v \cdot B^I = K^P_v \cdot \frac{B^I}{B^P} = K^P_v \cdot b$

$K^P_{v\,verr} = k^P_v \cdot B^I = K^P_v \cdot \frac{B^I}{B^P} = K^P_v \cdot b$

$BA_v = K^S_v - K^P_{v\,verr}$

$= K^P_v \cdot b - K^P_v \cdot b$

$BA_v = 0$

Aufgabe 5)

$$
\begin{aligned}
VA - VA_v &= [K^I_{PKR} - K^S] - [K^I_{PKR\,v} - K^S_v] \\
&= [(K^I_{PKR\,f} + K^I_{PKR\,v}) - (K^P_f + k^P_v \cdot B^I)] - [K^I_{PKR\,v} - k^P_v \cdot B^I] \\
&= K^I_{PKR\,f} + K^I_{PKR\,v} - K^P_f - k^P_v \cdot B^I - K^I_{PKR\,v} + k^P_v \cdot B^I \\
&= K^I_{PKR\,f} - K^P_f \\
VA - VA_v &= 600.000 \text{ EUR} - 1.430.000 \text{ EUR} = -830.000 \text{ EUR}
\end{aligned}
$$

$$
\begin{aligned}
VA - VA_v &= (-879.900 \text{ EUR}) - (-49.900 \text{ EUR}) \\
&= -830.000 \text{ EUR}
\end{aligned}
$$

(zu VA und VA_v vgl. Aufgabe 3)

Aufgabe	5.II.7	5. Kapitel II.5

Flexible Plankostenrechnung auf Teilkostenbasis (Grenzplankostenrechnung)

Sachverhalt:

In der Kostenstelle 4711 der *Gruwe GmbH* belaufen sich für den Monat Mai der Periode 08 die gesamten Istkosten bewertet zu Planpreisen (K^{I}_{PKR}) auf 618.400 EUR, davon sind 208.400 EUR fix.
Die Istbeschäftigung wurde mit 3.300 Stunden/Monat ermittelt.
Die Kostenstelle 4711 (Produktionshalle) ist angemietet. Die Nutzkosten der Halle betragen 40.000 EUR bei einer Auslastung von 80 %.

Die Gehälter der *Gruwe GmbH* sind Mitte Mai unerwartet um 10 % gestiegen. Die Erhöhung wirkt rückwirkend ab Beginn des Planungszeitraums (Monat Mai). Die Planung pro Monat belief sich bisher auf 4.000 EUR je Mitarbeiter.
Die Planbeschäftigung liegt bei 3.000 Stunden/Monat. Damit werden erfahrungsgemäß 6000 Stück des Produktes AX-45-V hergestellt. Die variablen Kosten je Stück werden mit 60,- EUR angegeben.

In der Kostenstelle 4711 sind kurz nach Beendigung der Planung zusätzlich sechs Mitarbeiter eingestellt worden. Sie arbeiten auftragsunabhängig und erhalten Gehalt ab Beginn des Monats Mai. Die bisherige Planung der Mitarbeiterzahl beträgt 30.

Aufgaben:

1) Ermitteln Sie für den Monat Mai die Verbrauchsabweichung und die Beschäftigungsabweichung
   a) auf Vollkostenbasis
   b) auf Basis variabler Kosten.
2) Erläutern Sie die Differenz der Verbrauchsabweichung auf Vollkostenbasis und auf Basis variabler Kosten.
   Erbringen Sie rechnerisch den Beweis Ihrer Ausführungen.

Lösung	5.II.7

Aufgabe 1)

Bestimmung der fixen Plankosten (K^P_f) für:

Halle: $K^P_f = \dfrac{K_N}{b} = \dfrac{40.000\text{ EUR}}{0,8} = 50.000\text{ EUR}$

Gehälter: $K^P_f = 30\text{ Mitarbeiter} \bullet 4.000\text{ EUR/Mitarbeiter} = 120.000\text{ EUR}$

$K^P_f = 50.000\text{ EUR} + 120.000\text{ EUR}$

$K^P_f = 170.000\text{ EUR}$

a) Ermittlung der Verbrauchsabweichung (VA) und Beschäftigungsabweichung (BA) auf Vollkostenbasis:

$VA = K^I_{PKR} - K^S$

$K^S = K^P_f + K^P_v \bullet \dfrac{B^I}{B^P}$

$K^P_v = k^P_v \bullet x_{Plan} = 60\text{ EUR/St} \bullet 6.000\text{ St}$

$K^P_v = 360.000\text{ EUR}$

$K^S = K^P_f + K^P_v \bullet \dfrac{B^I}{B^P}$

$= 170.000\text{ EUR} + 360.000\text{ EUR} \bullet \dfrac{3.300\text{ Std}}{3.000\text{ Std}}$

$K^S = 566.000\text{ EUR}$

$VA = K^I_{PKR} - K^S$

$= 618.400\text{ EUR} - 566.000\text{ EUR}$

$VA = 52.400\text{ EUR}$

$$BA = K^S - K^P_{verr}$$

$$K^P_{verr} = K^P \cdot \frac{B^I}{B^P} = (K^P_f + K^P_v) \cdot \frac{B^I}{B^P}$$

$$= (170.000 \text{ EUR} + 360.000 \text{ EUR}) \cdot \frac{3.300 \text{ Std}}{3.000 \text{ Std}} = 530.000 \text{ EUR} \cdot 1{,}1$$

$$K^P_{verr} = 583.000 \text{ EUR}$$

$$BA = K^S - K^P_{verr}$$

$$= 566.000 \text{ EUR} - 583.000 \text{ EUR}$$

$$BA = -17.000 \text{ EUR}$$

b) Ermittlung der Verbrauchsabweichung (VA_v) und Beschäftigungsabweichung (BA_v) auf Teilkostenbasis:

$$VA_v = K^I_{PKR\,v} - K^S_v$$

$$K^S_v = K^P_v \cdot \frac{B^I}{B^P}$$

$$= 360.000 \text{ EUR} \cdot \frac{3.300 \text{ Std}}{3.000 \text{ Std}}$$

$$K^S_v = 396.000 \text{ EUR}$$

$$VA_v = K^I_{PKR\,v} - K^S_v$$

$$= (K^I_{PKR} - K^I_f) - K^S_v$$

$$= (618.400 \text{ EUR} - 208.400 \text{ EUR}) - 396.000 \text{ EUR}$$

$$= 410.000 \text{ EUR} - 396.000 \text{ EUR}$$

$$VA_v = 14.000 \text{ EUR}$$

$$BA_v = K^S_v - K^P_{v\,verr}$$

$$= K^P_v \cdot b - K^P_v \cdot b$$

$$BA_v = 0$$

Aufgabe 2)

$$VA - VA_V = 52.400 \text{ EUR} - 14.000 \text{ EUR} = 38.400 \text{ EUR}$$

Demnach wurden 38.400 EUR fixe Kosten nicht verrechnet. Diese Kosten setzen sich zusammen aus:

- neu eingestellte Mitarbeitergehälter: 6 Mitarbeiter • 4.400 EUR = 26.400 EUR
- Erhöhung der Gehälter der bisherigen Mitarbeitern um 10 %:

30 Mitarbeiter • 400 EUR = 12.000 EUR

gesamt 38.400 EUR

Diese Kosten in Höhe von 38.400 EUR konnten in der Planung nicht berücksichtigt werden, da sie zum Zeitpunkt der Planung noch nicht bekannt waren

Fallstudie	PKR - *Kramer GmbH*	5. Kapitel I.5
Planung und Kontrolle der Gemeinkosten		

Anmerkung:

Die Fallstudie PKR - *Kramer GmbH* baut auf denselben Grunddaten auf, die der Fallstudie Vollkostenrechnung und der Fallstudie Direct Costing zugrunde liegen.
(siehe: 3. Kapitel, Fallstudie VKR - *Kramer GmbH*, Seite 173 ff.
4. Kapitel, Fallstudie Direct Costing - *Kramer GmbH*, Seite 253 ff.)

Sachverhalt:

Für die Materialkostenstelle, Fertigungskostenstelle I, Fertigungskostenstelle II, Verwaltungskostenstelle und Vertriebskostenstelle der *Kramer GmbH* liegen für die Periode 10 die nachfolgenden Informationen auf Seite 354 bis 358 vor.

Die Istbeschäftigung für die einzelnen Kostenstellen beträgt:

- Materialkostenstelle: 960.870 EUR (MEK)
- Fertigungskostenstelle I: 145.931 EUR (FEK I)
- Fertigungskostenstelle II: 125.208 EUR (FEK II)
- Verwaltungskostenstelle: 1.311.284 EUR ($HK\ Prod_{prop}$)
- Vertriebskostenstelle: 1.266.553 EUR ($HK\ Ums_{prop}$)

Aufgaben:

1) Vervollständigen Sie für die:
   - Materialkostenstelle
   - Fertigungskostenstelle I
   - Fertigungskostenstelle II
   - Verwaltungskostenstelle und
   - Vertriebskostenstelle

   den vorliegenden Kostenplan der *Kramer GmbH* für die Periode 10.
2) Ermitteln Sie für jede Kostenstelle den Plankalkulationssatz auf Teilkostenbasis.
3) Führen Sie den Soll-Ist-Vergleich für die Kostenstellen der *Kramer GmbH* für die Periode 10 durch und weisen Sie jeweils die Mengenabweichung, die Beschäftigungsabweichung und die Gesamtabweichung aus.
4) Handelt es sich bei dem in den Kostenstellen ermittelten Plankalkulationssatz auf Teilkostenbasis um einen echten Grenz-Plankalkulationssatz?

Kostenstellenplan: ***Materialkostenstelle***							Kramer - GmbH			
Kostenplanung **Periode 10 (in EUR)**	Planbeschäftigung: 940.000 EUR (MEK) Istbeschäftigung: EUR (MEK)						Kostenstellenleiter: Schulz Stellvertreter: Müller			
	Plankosten			Variator	Istkosten zu Planpreisen	Sollkosten	verrechnete Plankosten	VA (EUR)	BA (EUR)	GA (EUR)
Kostenart	gesamt	prop	fix							
6. Löhne und Gehälter	21.000			0	22.000					
7. Soziale Abgaben	4.200			0	4.400					
8. Fremdleistungskosten	3.750			10	3.650					
9. Leasing, Miete	5.400			0	5.400					
10. Fernsprechgebühr	155			8	160					
11. Versicherungen	3.600			2,5	3.600					
12. Heizung	875			0	850					
13. Reinigung	0				0					
14. Steuern, Beiträge	7.850			0	7.900					
15. Kalk. Abschreibungen	5.200			1	5.150					
16. Kalk. Zinsen	2.050			2	2.100					
primäre Plan-Gemeinkosten	***54.080***				***55.210***					
Umlage Kantine: *430 EUR (prop Plan-GK)*				0	445					
Umlage Reparatur: *770 EUR (prop Plan-GK)*				2	780					
Umlage Arbeitsvorb.					0					
sekundäre Plan-Gemeinkosten					*1.225*					
Plan-Materialgemeinkosten					***56.435***					
Planbeschäftigung (EUR)										
prop. Plan- MGK-Kalkulationssatz (%)										

Kostenstellenplan: ***Fertigungskostenstelle I***									Kramer - GmbH			
Kostenplanung **Periode 10 (in EUR)**	Planbeschäftigung: 145.000 EUR (FEK I) Istbeschäftigung: EUR (FEK I)							Kostenstellenleiter: Gimpel Stellvertreter: Maier				
	Flankosten			Variator	Istkosten zu Planpreisen	Sollkosten	verrechnete Plankosten	VA (EUR)	BA (EUR)	GA (EUR)		
Kostenart	gesamt	prop	fix									
6. Löhne und Gehälter	50.000			2	57.000							
7. Soziale Abgaben	10.000			2	11.400							
8. Fremdleistungskosten	1.900			7	1.850							
9. Leasing, Miete	860			2	850							
10. Fernsprechgebühr	240			8	280							
11. Versicherungen	520			0	500							
12. Heizung	1.300			0	1.260							
13. Reinigung	0				0							
14. Steuern, Beiträge	2.050			0	2.200							
15. Kalk. Abschreibungen	27.970			4	30.000							
16. Kalk. Zinsen	13.200			0	13.000							
primäre Plan-Gemeinkosten	***108.040***				***118.340***							
Umlage Kantine: *1.350 EUR (prop Plan-GK)*				0	1.400							
Umlage Reparatur: *2.240 EUR (prop Plan-GK)*				6	2.300							
Umlage Arbeitsvorb.: *640 EUR (prop Plan-GK)*				2,5	630							
sekundäre Plan-Gemeinkosten					*4.330*							
Plan-Fertigungsgemeinkosten I					***122.670***							
Planbeschäftigung (EUR)												
prop. Plan- FGK I-Kalkulationssatz (%)												

Kostenstellenplan: ***Fertigungskostenstelle II***							Kramer - GmbH			
Kostenplanung **Periode 10 (in EUR)**	Planbeschäftigung: 124.000 EUR (FEK II) Istbeschäftigung: EUR (FEK II)						Kostenstellenleiter: Reichel Stellvertreter: Patzel			
	Plankosten			Variator	Istkosten zu Planpreisen	Sollkosten	verrechnete Plankosten	VA (EUR)	BA (EUR)	GA (EUR)
Kostenart	gesamt	prop	fix							
6. Löhne und Gehälter	55.000			2	53.500					
7. Soziale Abgaben	11.000			2	10.700					
8. Fremdleistungskosten	1.900			7	1.850					
9. Leasing, Miete	650			2	660					
10. Fernsprechgebühr	240			8	280					
11. Versicherungen	350			0	310					
12. Heizung	1.300			0	1.260					
13. Reinigung	0				0					
14. Steuern, Beiträge	0				0					
15. Kalk. Abschreibungen	10.500			4,5	10.000					
16. Kalk. Zinsen	10.200			0	10.200					
primäre Plan-Gemeinkosten	***91.140***				***88.760***					
Umlage Kantine: *1.400 EUR (prop Plan-GK)*				0	1.380					
Umlage Reparatur: *2.400 EUR (prop Plan-GK)*				6	2.350					
Umlage Arbeitsvorb.: *520 EUR (prop Plan-GK)*				2	530					
sekundäre Plan-Gemeinkosten					*4.260*					
Plan-Fertigungsgemeinkosten II					***93.020***					
Planbeschäftigung (EUR)										
prop. Plan- FGK II-Kalkulationssatz (%)										

Kostenstellenplan: ***Verwaltungskostenstelle***							Kramer - GmbH			
Kostenplanung	Planbeschäftigung:	1.288.643	EUR (HK Prod prop)				Kostenstellenleiter:	Weber		
Periode 10 (in EUR)	Istbeschäftigung:		EUR (HK Prod prop)				Stellvertreter:	Danner		
	Plankosten			Variator	Istkosten zu Planpreisen	Sollkosten	verrechnete Plankosten	VA (EUR)	BA (EUR)	GA (EUR)
Kostenart	gesamt	prop	fix							
6. Löhne und Gehälter	44.000			2	46.000					
7. Soziale Abgaben	8.800			2	9.200					
8. Fremdleistungskosten	7.000			6	7.300					
9. Leasing, Miete	1.800			0	1.700					
10. Fernsprechgebühr	550			6,5	610					
11. Versicherungen	1.800			0	1.850					
12. Heizung	1.550			0	1.650					
13. Reinigung	0				0					
14. Steuern, Beiträge	12.500			0	12.500					
15. Kalk. Abschreibungen	44.500			0	45.100					
16. Kalk. Zinsen	26.500			0	26.800					
primäre Plan-Gemeinkosten	***149.000***				***152.710***					
Umlage Kantine: *920 EUR (prop Plan-GK)*				2	925					
Umlage Reparatur: *360 EUR (prop Plan-GK)*				7,5	375					
Umlage Arbeitsvorb.					0					
sekundäre Plan-Gemeinkosten					*1.300*					
Plan-Verwaltungsgemeinkosten					***154.010***					
Planbeschäftigung (EUR)										
prop. Plan- VwGK-Kalkulationssatz (%)										

Kostenstellenplan: ***Vertriebskostenstelle***							Kramer - GmbH			
Kostenplanung	Planbeschäftigung:	1.243.812	EUR (HK Ums prop)				Kostenstellenleiter:	Schober		
Periode 10 (in EUR)	Istbeschäftigung:		EUR (HK Ums prop)				Stellvertreter:	Grimm		
	Plankosten			Variator	Istkosten zu Planpreisen	Sollkosten	verrechnete Plankosten	VA (EUR)	BA (EUR)	GA (EUR)
Kostenart	gesamt	prop	fix							
6. Löhne und Gehälter	65.000			2,5	64.500					
7. Soziale Abgaben	12.500			2,5	12.900					
8. Fremdleistungskosten	3.500			10	3.550					
9. Leasing, Miete	2.400			0	2.250					
10. Fernsprechgebühr	450			6	440					
11. Versicherungen	2.700			3	2.650					
12. Heizung	2.350			0	2.400					
13. Reinigung	0				0					
14. Steuern, Beiträge	9.850			0	9.800					
15. Kalk. Abschreibungen	40.500			0	41.500					
16. Kalk. Zinsen	24.250			0	24.500					
primäre Plan-Gemeinkosten	***163.500***				***164.490***					
Umlage Kantine: *780 EUR (prop Plan-GK)*				0	800					
Umlage Reparatur: *550 EUR (prop Plan-GK)*				7	600					
Umlage Arbeitsvorb.					0					
sekundäre Plan-Gemeinkosten					*1.400*					
Plan-Vertriebsgemeinkosten					***165.890***					
Planbeschäftigung (EUR)										
prop. Plan- VtGK-Kalkulationssatz (%)										

Lösung | Fallstudie: PKR - *Kramer GmbH*

Aufgabe 1) Aufgabe 2) und Aufgabe 3)

Lösung: siehe Kostenstellenplan der einzelnen Kostenstellen, Seite 360 - 364

Anmerkungen zum Kostenstellenplan:

1) prop. Plankosten: $K^P_v = \frac{V \bullet K^P}{10}$ V = Variator

2) fixe Plankosten: $K^P_f = K^P \quad K^P_v$

3) Sollkosten: $K^S = K^P_f + K^P_v \bullet \frac{B^I}{B^P} = K^P_f + k^P_v \bullet B^I$

4) verrechnete Plankosten: $K^P_{verr} = k^P \bullet B^I = K^P \bullet \frac{B^I}{B^P}$

5) Verbrauchsabweichung: $VA = \text{Istkosten} \, (_{\text{Planpreisen}}) - \text{Sollkosten}$

$VA = K^I_{PKR} - K^S$

6) Beschäftigungsabweichung : $BA = \text{Sollkosten} - \text{verrechnete Plankosten}$

$BA = K^S - K^P_{verr}$

7) Gesamtabweichung: $GA = \text{Istkosten} \, (_{\text{Planpreisen}}) - \text{verrechnete Plankosten}$

$GA = K^I_{PKR}) - K^P_{verr}$

$GA = \text{Verbrauchsabweichung} + \text{Beschäftigungsabweichung}$

$GA = VA + BA$

8) prop. Plankalkulationssatz (Grenz-Plankalkulationssatz): $k^P_v = \frac{K^P_V}{B^P}$

Aufgabe 4)

Bei dem in den Kostenstellen ermittelten Grenz-Plankalkulationssatz handelt es sich um einen Plankalkulationssatz zu variable Kosten, da die Verrechnungssätze für innerbetriebliche Leistungen zu proportional Kosten angesetzt sind.

Kostenstellenplan: ***Materialkostenstelle***							Kramer - GmbH			
Kostenplanung	Planbeschäftigung:	940.000	EUR (MEK)				Kostenstellenleiter:		Schulz	
Periode 10 (in EUR)	Istbeschäftigung:	960.870	EUR (MEK)				Stellvertreter:		Müller	
	Plankosten			Variator	Istkosten zu Planpreisen	Sollkosten	verrechnete Plankosten	VA (EUR)	BA (EUR)	GA (EUR)
Kostenart	gesamt	prop	fix							
6. Löhne und Gehälter	21.000	0	21.000	0	22.000	21.000	21.466	1.000	-466	534
7. Soziale Abgaben	4.200	0	4.200	0	4.400	4.200	4.293	200	-93	107
8. Fremdleistungskosten	3.750	3.750	0	10	3.650	3.833	3.833	-183	0	-183
9. Leasing, Miete	5.400	0	5.400	0	5.400	5.400	5.520	0	-120	-120
10. Fernsprechgebühr	155	124	31	8	160	158	158	2	-1	2
11. Versicherungen	3.600	900	2.700	2,5	3.600	3.620	3.680	-20	-60	-80
12. Heizung	875	0	875	0	850	875	894	-25	-19	-44
13. Reinigung	0	0	0		0	0	0	0	0	0
14. Steuern, Beiträge	7.850	0	7.850	0	7.900	7.850	8.024	50	-174	-124
15. Kalk. Abschreibungen	5.200	520	4.680	1	5.150	5.212	5.315	-62	-104	-165
16. Kalk. Zinsen	2.050	410	1.640	2	2.100	2.059	2.096	41	-36	4
primäre Plan-Gemeinkosten	***54.080***	***5.704***	***48.376***		***55.210***	***54.207***	***55.281***	***1.003***	***-1.074***	***-71***
Umlage Kantine: *430 EUR (prop Plan-GK)*		0	430	0	445	430	440	15	-10	5
Umlage Reparatur: *770 EUR (prop Plan-GK)*		154	616	2	780	773	791	7	-17	-11
Umlage Arbeitsvorb.		0	0		0	0	0	0	0	0
sekundäre Plan-Gemeinkosten		*154*	*1.046*		*1.225*	*1.203*	*1.230*	*22*	*-27*	*-5*
Plan-Materialgemeinkosten		***5.858***	***49.422***		***56.435***	***55.410***	***56.511***	***1.025***	***-1.101***	***-76***
Planbeschäftigung (EUR)		940.000								
prop. Plan- MGK-Kalkulationssatz (%)		***0,6232***								

Kostenstellenplan: ***Fertigungskostenstelle I***								Kramer - GmbH			
Kostenplanung	Planbeschäftigung:	145.000	EUR (FEK I)				Kostenstellenleiter:		Gimpel		
Periode 10 (in EUR)	Istbeschäftigung:	145.931	EUR (FEK I)				Stellvertreter:		Maier		
	Plankosten			Variator	Istkosten zu Planpreisen	Sollkosten	verrechnete Plankosten	VA (EUR)	BA (EUR)	GA (EUR)	
Kostenart	gesamt	prop	fix								
6. Löhne und Gehälter	50.000	10.000	40.000	2	57.000	50.064	50.321	6.936	-257	6.679	
7. Soziale Abgaben	10.000	2.000	8.000	2	11.400	10.013	10.064	1.387	-51	1.336	
8. Fremdleistungskosten	1.900	1.330	570	7	1.850	1.909	1.912	-59	-4	-62	
9. Leasing, Miete	860	172	688	2	850	861	866	-11	-4	-16	
10. Fernsprechgebühr	240	192	48	8	280	241	242	39	0	38	
11. Versicherungen	520	0	520	0	500	520	523	-20	-3	-23	
12. Heizung	1.300	0	1.300	0	1.260	1.300	1.308	-40	-8	-48	
13. Reinigung	0	0	0		0	0	0	0	0	0	
14. Steuern, Beiträge	2.050	0	2.050	0	2.200	2.050	2.063	150	-13	137	
15. Kalk. Abschreibungen	27.970	11.188	16.782	4	30.000	28.042	28.150	1.958	-108	1.850	
16. Kalk. Zinsen	13.200	0	13.200	0	13.000	13.200	13.285	-200	-85	-285	
primäre Plan-Gemeinkosten	***108.040***	***24.882***	***83.158***		***118.340***	***108.200***	***108.734***	***10.140***	***-534***	***9.606***	
Umlage Kantine: *1.350 EUR (prop Plan-GK)*		0	1.350	0	1.400	1.350	1.359	50	-9	41	
Umlage Reparatur: *2.240 EUR (prop Plan-GK)*		1.344	896	6	2.300	2.249	2.263	51	-14	37	
Umlage Arbeitsvorb.: *640 EUR (prop Plan-GK)*		160	480	2,5	630	641	645	-11	-4	-15	
sekundäre Plan-Gemeinkosten		*1.504*	*2.726*		*4.330*	*4.240*	*4.267*	*90*	*-27*	*63*	
Plan-Fertigungsgemeinkosten I		***26.386***	***85.884***		***122.670***	***112.439***	***113.001***	***10.231***	***-561***	***9.669***	
Planbeschäftigung (EUR)		145.000									
prop. Plan- FGK I-Kalkulationssatz (%)		***18,1972***									

Kostenstellenplan: ***Fertigungskostenstelle II***								Kramer - GmbH			
Kostenplanung **Periode 10 (in EUR)**	Planbeschäftigung: Istbeschäftigung:	124.000 125.208	EUR (FEK II) EUR (FEK II)				Kostenstellenleiter: Stellvertreter:		Reichel Patzel		
	Plankosten			Variator	Istkosten zu	Sollkosten	verrechnete	VA	BA	GA
Kostenart	gesamt	prop	fix		Planpreisen		Plankosten	(EUR)	(EUR)	(EUR)
6. Löhne und Gehälter	55.000	11.000	44.000	2	53.500	55.107	55.536	-1.607	-429	-2.036
7. Soziale Abgaben	11.000	2.200	8.800	2	10.700	11.021	11.107	-321	-86	-407
8. Fremdleistungskosten	1.900	1.330	570	7	1.850	1.913	1.919	-63	-6	-69
9. Leasing, Miete	650	130	520	2	660	651	656	9	-5	4
10. Fernsprechgebühr	240	192	48	8	280	242	242	38	0	38
11. Versicherungen	350	0	350	0	310	350	353	-40	-3	-43
12. Heizung	1.300	0	1.300	0	1.260	1.300	1.313	-40	-13	-53
13. Reinigung	0	0	0		0	0	0	0	0	0
14. Steuern, Beiträge	0	0	0		0	0	0	0	0	0
15. Kalk. Abschreibungen	10.500	4.725	5.775	4,5	10.000	10.546	10.602	-546	-56	-602
16. Kalk. Zinsen	10.200	0	10.200	0	10.200	10.200	10.299	0	-99	-99
primäre Plan-Gemeinkosten	***91.140***	***19.577***	***71.563***		***88.760***	***91.331***	***92.028***	***-2.571***	***-697***	***-3.268***
Umlage Kantine: *1.400 EUR (prop Plan-GK)*		0	1.400	0	1.380	1.400	1.414	-20	-14	-34
Umlage Reparatur: *2.400 EUR (prop Plan-GK)*		1.440	960	6	2.350	2.414	2.438	-64	-24	-88
Umlage Arbeitsvorb.: *520 EUR (prop Plan-GK)*		104	416	2	530	521	526	9	-5	4
sekundäre Plan-Gemeinkosten		*1.544*	*2.776*		*4.260*	*4.335*	*4.377*	*-75*	*-42*	*-117*
Plan-Fertigungsgemeinkosten II		***21.121***	***74.339***		***93.020***	***95.666***	***96.405***	***-2.646***	***-739***	***-3.385***
Planbeschäftigung (EUR)		124.000								
prop. Plan- FGK II-Kalkulationssatz (%)		***17,0331***								

Kostenstellenplan: ***Verwaltungskostenstelle***									Kramer - GmbH		
Kostenplanung	Planbeschäftigung:		1.288.643 EUR (HK Prod prop)				Kostenstellenleiter:		Weber		
Periode 10 (in EUR)	Istbeschäftigung:		1.311.284 EUR (HK Prod prop)				Stellvertreter:		Danner		
	Plankosten			Variator	Istkosten zu	Sollkosten	verrechnete	VA	BA	GA	
Kostenart	gesamt	prop	fix		Planpreisen		Plankosten	(EUR)	(EUR)	(EUR)	
6. Löhne und Gehälter	44.000	8.800	35.200	2	46.000	44.155	44.773	1.845	-618	1.227	
7. Soziale Abgaben	8.800	1.760	7.040	2	9.200	8.831	8.955	369	-124	245	
8. Fremdleistungskosten	7.000	4.200	2.800	6	7.300	7.074	7.123	226	-49	177	
9. Leasing, Miete	1.800	0	1.800	0	1.700	1.800	1.832	-100	-32	-132	
10. Fernsprechgebühr	550	358	193	6,5	610	556	560	54	-3	50	
11. Versicherungen	1.800	0	1.800	0	1.850	1.800	1.832	50	-32	18	
12. Heizung	1.550	0	1.550	0	1.650	1.550	1.577	100	-27	73	
13. Reinigung	0	0	0		0	0	0	0	0	0	
14. Steuern, Beiträge	12.500	0	12.500	0	12.500	12.500	12.720	0	-220	-220	
15. Kalk. Abschreibungen	44.500	0	44.500	0	45.100	44.500	45.282	600	-782	-182	
16. Kalk. Zinsen	26.500	0	26.500	0	26.800	26.500	26.966	300	-466	-166	
primäre Plan-Gemeinkosten	***149.000***	***15.118***	***133.883***		***152.710***	***149.266***	***151.618***	***3.444***	***-2.352***	***1.092***	
Umlage Kantine: *920 EUR (prop Plan-GK)*		184	736	2	925	923	939	2	-16	-14	
Umlage Reparatur: *360 EUR (prop Plan-GK)*		270	90	7,5	375	365	371	10	-6	4	
Umlage Arbeitsvorb.		0	0		0	0	0	0	0	0	
sekundäre Plan-Gemeinkosten		*454*	*826*		*1.300*	*1.288*	*1.311*	*12*	*-23*	*-11*	
Plan-Verwaltungsgemeinkosten		***15.572***	***134.709***		***154.010***	***150.554***	***152.928***	***3.456***	***-2.375***	***1.082***	
Planbeschäftigung (EUR)		1.288.643									
prop. Plan- VwGK-Kalkulationssatz (%)		***1,2084***									

Kostenstellenplan: ***Vertriebskostenstelle***										Kramer - GmbH
Kostenplanung **Periode 10 (in EUR)**	Planbeschäftigung: 1.243.812 EUR (Plan-HK Ums prop) Istbeschäftigung: 1.266.553 EUR (HK Ums prop)						Kostenstellenleiter: Schober Stellvertreter: Grimm			
	Plankosten			Variator	Istkosten zu	Sollkosten	verrechnete	VA	BA	GA
Kostenart	gesamt	prop	fix		Planpreisen		Plankosten	(EUR)	(EUR)	(EUR)
6. Löhne und Gehälter	65.000	16.250	48.750	2,5	64.500	65.297	66.188	-797	-891	-1.688
7. Soziale Abgaben	12.500	3.125	9.375	2,5	12.900	12.557	12.729	343	-171	171
8. Fremdleistungskosten	3.500	3.500	0	10	3.550	3.564	3.564	-14	0	-14
9. Leasing, Miete	2.400	0	2.400	0	2.250	2.400	2.444	-150	-44	-194
10. Fernsprechgebühr	450	270	180	6	440	455	458	-15	-3	-18
11. Versicherungen	2.700	810	1.890	3	2.650	2.715	2.749	-65	-35	-99
12. Heizung	2.350	0	2.350	0	2.400	2.350	2.393	50	-43	7
13. Reinigung	0	0	0		0	0	0	0	0	0
14. Steuern, Beiträge	9.850	0	9.850	0	9.800	9.850	10.030	-50	-180	-230
15. Kalk. Abschreibungen	40.500	0	40.500	0	41.500	40.500	41.240	1.000	-740	260
16. Kalk. Zinsen	24.250	0	24.250	0	24.500	24.250	24.693	250	-443	-193
primäre Plan-Gemeinkosten	***163.500***	***23.955***	***139.545***		***164.490***	***163.938***	***166.489***	***552***	***-2.551***	***-1.999***
Umlage Kantine: *780 EUR (prop Plan-GK)*		0	780	0	800	780	794	20	-14	6
Umlage Reparatur: *550 EUR (prop Plan-GK)*		385	165	7	600	557	567	43	-10	33
Umlage Arbeitsvorb.		0	0		0	0	0	0	0	0
sekundäre Plan-Gemeinkosten		*385*	*945*		*1.400*	*1.337*	*1.361*	*63*	*-24*	*39*
Plan-Vertriebsgemeinkosten		***24.340***	***140.490***		***165.890***	***165.275***	***167.851***	***615***	***-2.576***	***-1.961***
Planbeschäftigung (EUR)		1.243.812								
prop. Plan- VtGK-Kalkulationssatz (%)		***1,9569***								

6. Kapitel

Prozesskostenrechnung

Aufgaben und Testfragen
Lösungen

I. Abschnitt: Grundlagen der Prozesskostenrechnung

Testfragen	**6. Kapitel I.1 - I.3**
Grundlagen der Prozesskostenrechnung	

Die folgenden Aussagen sind auf ihre Richtigkeit zu überprüfen, wobei mehrere Aussagen richtig bzw. falsch sein können.

Kennzeichnen Sie die Aussagen mit:
(+) **Aussage ist richtig**
(–) **Aussage ist falsch**

1) Die Prozesskostenrechnung:
a) ( ) ist auf die direkten Fertigungsbereiche ausgerichtet
b) ( ) stellt entscheidungsrelevante Kosten in den Mittelpunkt ihrer Verrechnung
c) ( ) soll aufzeigen, welche Gemeinkosten in den Kostenstellen für welche Aktivitäten anfallen
d) ( ) wird auch Activity Based Costing genannt

2) Stimmt es, dass:
a) ( ) die Veränderung der Kostenstruktur in den indirekten Leistungsbereichen gleichzeitig durch einen Anstieg der fixen Kosten gekennzeichnet ist?
b) ( ) die in den indirekten Leistungsbereichen anfallenden Gemeinkosten i.d.R. über Bezugsgrößen den Produkten zugerechnet werden?
c) ( ) Gemeinkosten in den indirekten Leistungsbereichen häufig durch wertabhängige Bezugsgrößen ausgelöst werden?
d) ( ) die Prozesskostenrechnung auch auf Basis von Planwerten aufgebaut werden kann?

3) Hauptzielsetzung der Prozesskostenrechnung ist die:
   a) ( ) Erhöhung der Kostentransparenz in den direkten Leistungsbereichen
   b) ( ) Eliminierung wertschöpfungsneutraler Aktivitäten
   c) ( ) Lieferung von Informationen für mittel- und langfristige Entscheidungen
   d) ( ) Erfassung aller Gemeinkosten in den indirekten Leistungsbereichen

4) Die Anforderungen an die indirekten Leistungsbereiche der Unternehmung sind gestiegen, insbesondere durch:
   a) ( ) immer kürzer werdende Innovations- und Produktlebenszyklen
   b) ( ) den Einsatz neuer Fertigungstechniken mit steigendem Automatisierungsgrad
   c) ( ) den permanenten Anstieg der Sachgüterproduktion
   d) ( ) die sinkende Zahl der Produktvarianten

5) Stimmt es, dass:
   a) ( ) Voraussetzung für die Durchführung einer Prozesskostenrechnung die Tätigkeitsanalyse in den Kostenstellen ist?
   b) ( ) Nacharbeiten bei fehlerhafter Produktion value activities sind?
   c) ( ) die Prozesskostenrechnung auch Activity Based Accounting genannt wird?
   d) ( ) für jede Kostenstelle im Unternehmen ein Kostentreiber zu bestimmen ist?

Lösung: Testfragen	**6. Kapitel I.1 - I.3**
Grundlagen der Prozesskostenrechnung	

Aufgabe	a)	b)	c)	d)
1)	–	–	+	–
2)	+	+	–	+
3)	–	+	+	–
4)	+	+	–	–
5)	+	–	+	–

II. Abschnitt:
System der Prozesskostenrechnung

Testfragen	**6. Kapitel II.1 - II.6**
System der Prozesskostenrechnung	

Die folgenden Aussagen sind auf ihre Richtigkeit zu überprüfen, wobei mehrere Aussagen richtig bzw. falsch sein können.

Kennzeichnen Sie die Aussagen mit:
(+) Aussage ist richtig
(–) Aussage ist falsch

1) Stimmt es, dass:
   a) ( ) die Prozesskostenrechnung sich der traditionellen Kostenarten-, Kostenstellen- und Kostenträgerrechnung bedient?
   b) ( ) in der Prozesskostenrechnung die Kostenarten nach ihrer Zurechenbarkeit auf Kostenträger in Einzel- und Gemeinkosten unterteilt werden?
   c) ( ) die Primärkostenrechnung in der Prozesskostenrechnung von der in der Vollkostenrechnung abweicht?
   d) ( ) in der Prozesskostenrechnung die Kosten in jeder Kostenstelle nach Tätigkeiten (Prozessen) gruppiert werden?

2) Teilschritte der Prozesskostenstellenrechnung sind insbesondere:
   a) ( ) Bestimmung der Prozesse und Bildung einer Prozesshierarchie
   b) ( ) Unterteilung der Kosten nach ihrer Zurechenbarkeit auf Kostenträger in Einzel- und Gemeinkosten
   c) ( ) Bestimmung der Kostentreiber (Cost Driver)
   d) ( ) Festlegung der Prozessmengen

3) Stimmt es dass:
   a) (   ) eine Tätigkeit einen Vorgang in verschiedenen Kostenstellen einer Unternehmung zur Erreichung eines Sachziels darstellt?
   b) (   ) für die Analyse und Strukturierung der Tätigkeiten in den Kostenstellen Ergebnissen der Gemeinkosten-Wertanalyse verwendet werden?
   c) (   ) Prozesse repetitive, logisch zusammenhängende Aktivitäten sind?
   d) (   ) zusammenhängende Aktivitäten zu sog. Hauptprozesse zusammengefasst werden?

4) Stimmt es, dass:
   a) (   ) zusammenhängende Aktivitäten zu Teilprozessen Kostenstellen übergreifend zusammengefasst werden müssen?
   b) (   ) eine Prozesshierarchie aus einer Verdichtung der einzelnen Tätigkeiten/Aktivitäten entsteht?
   c) (   ) Kostentreiber Maßstab für die Gemeinkostenverursachung sind?
   d) (   ) Kostentreiber Maßstab für die Gemeinkostenzurechnung auf Kostenträger sind?

5) Stimmt es, dass:
   a) (   ) Kostentreiber entsprechend dem Proportionalitätsprinzip ausgewählt werden?
   b) (   ) Kostentreiber an die Stelle der in den traditionellen Kostenrechnungssystemen verwendeten Bezugsgrößen treten?
   c) (   ) dispositive und innovative Prozesse zu den leistungsmengeninduzierten Prozessen zählen?
   d) (   ) die Prozessmenge die Häufigkeit darstellt, wie oft ein Prozess in einer Periode durchgeführt wird?

6) Stimmt es, dass:
   a) (   ) für leistungsmengenneutralen Prozesse keine geeignete Kostentreiber festgelegt werden können?
   b) (   ) Planprozessmengen auch als "Standards of Performance" (SOP) bezeichnet werden?
   c) (   ) die Festlegung der Planprozessmenge der Bestimmung der Planbezugsgröße in der Plankostenrechnung entspricht?
   d) (   ) die Plankosten für die leistungsmengenneutralen Prozesse i.d.R. budgetiert werden?

7) Stimmt es, dass:
   a) (   ) Prozesskostensätze ausschließlich für die Prozesskalkulation ermittelt werden?
   b) (   ) die Prozesskostensätze den aus der "traditionellen" Kostenstellenrechnung bekannten Gemeinkostenzuschlagssätzen entsprechen?
   c) (   ) sich der Gesamtprozesskostensatz eines Teilprozesses aus der Addition des lmi-Prozesskostensatzes und den lmn-Prozesskosten ergibt?
   d) (   ) die Summe der Prozesskosten aller Teilprozesse die Prozesskosten eines Hauptprozesses ergibt?

8) Stimmt es, dass:
a) ( ) ein Hauptprozess ein zusammenhängender, kostenstellenübergreifender Prozess ist, der die Gemeinkosten beeinflusst?
b) ( ) der Zusammenhang zwischen Haupt- und Teilprozessen auch mittels Prozesskoeffizienten ausgedrückt werden kann?
c) ( ) die Grundlage der Hauptprozessverdichtung die im Rahmen der Tätigkeitsanalyse hervorgegangenen Kostentreiber sind?
d) ( ) Prozesskoeffizienten die Anzahl der Teilprozesse am Hauptprozess angeben?

9) Stimmt es, dass:
a) ( ) die prozessorientierte Kalkulation auf dem Grundschema der Zuschlagskalkulation basiert?
b) ( ) im Rahmen der prozessorientierten Kalkulation alle Kosten mit Hilfe der Hauptprozesskostensätze auf die Kostenträger verrechnet werden?
c) ( ) die Veränderung der Kosten pro Produkt, als Folge der Verwendung von Mengenbezugsgrößen anstelle von Wertbezugsgrößen in der Prozesskostenrechnung als Degressionseffekt bezeichnet wird?
d) ( ) bei Prozessen, die von der Stückzahl unabhängig sind, sich die Prozesskosten pro Stück mit steigender Stückzahl verringern?

10) Stimmt es, dass:
a) ( ) in der Prozesskostenrechnung Produkte mit niedriger Stückzahl geringere Gemeinkosten als bei der traditionellen Zuschlagskalkulation tragen?
b) ( ) in der Prozesskostenrechnung Produkte mit hoher Stückzahl geringere Gemeinkosten als bei der traditionellen Zuschlagskalkulation tragen?
c) ( ) die "kritische Masse" angibt, ab welcher Mindestauftragsgröße Kostenvorteile gegenüber der Konkurrenz bestehen?
d) ( ) die traditionelle Zuschlagskalkulation die Komplexitätskosten proportional in Abhängigkeit von der Höhe der jeweiligen Zuschlagsbasis verrechnet?

11) Stimmt es, dass:
a) ( ) komplexe Produktvarianten gemeinkostentreibende Faktoren sind?
b) ( ) die Prozesskostenrechnung Informationen für eine strategieorientierte Gestaltung der betrieblichen Wertschöpfung liefert?
c) ( ) die Prozesskostenrechnung die Schlüsselung der Gemeinkosten vermeidet?
d) ( ) im Rahmen der Prozesskostenrechnung die Fixkosten verursachungsgerecht auf die Produkte verrechnet werden?

Lösung: Testfragen	**6. Kapitel II.1 - II.6**
System der Prozesskostenrechnung	

Aufgabe	a)	b)	c)	d)
1)	+	+	–	+
2)	+	–	+	+
3)	–	+	+	–
4)	+	–	+	+
5)	–	+	–	+
6)	+	+	+	+
7)	–	+	–	–
8)	+	+	–	+
9)	+	–	–	+
10)	–	+	+	+
11)	+	+	–	–

Aufgabe	6.II.1	6. Kapitel II.2
Ermittlung:	**Prozesskosten** **Prozesskostensätze**	

Sachverhalt:

In der Kostenstelle 2110 Einkauf der *Müller GmbH* liegen für die Planperiode 11 folgende Informationen vor:

Kostenplan		*Müller GmbH*
Zeitraum: Periode 11	Kostenstelle: Einkauf 2110	Kostenstellenleiter: Schaller
Kostenart		Plan-Gemeinkosten (EUR)
Gehälter		750.000
Sozialaufwendungen		200.000
Büromaterial		9.000
Telefonkosten		35.000
Reisekosten		22.000
Fremdleistungskosten		25.000
Raumkosten		20.000
Kalkulatorische Abschreibungen		35.000
sonstige Kosten		4.000
Gesamt		1.100.000

Die jeweiligen Kostentreiber (Cost Driver) und Kostentreibermengen (Plan-Prozessmengen) der Kostenstelle 2110 Einkauf sind in der nachfolgenden Tabelle enthalten.

Die Kosten der Kostenstellenleitung 2110 Einkauf sind nicht von der Leistungsmenge der Kostenstelle abhängig.

Zeitraum: Periode 11		Kostenstelle: Einkauf 2110		Kostenstellenleiter: Schaller
Teilprozesse		Cost Driver	Plan-Prozess-mengen	Kosten-zurechnungsbasis (Planbasis)
Nr.	Bezeichnung	Art (Anzahl der...)	Menge	Mannjahre (MJ)
1.	Angebot einholen	Angebote	2.000	4
2.	Bestellvorgang	Bestellungen	4.000	6
3.	Abteilung leiten	-----	------	1

Aufgaben:

1) Ermitteln Sie die Plan-Prozesskosten für die Kostenstelle 2110 Einkauf der *Müller GmbH* für die Periode 11.
2) Bestimmen Sie die Plan-Teilprozesskostensätze der Kostenstelle 2110 Einkauf der *Müller GmbH.*

Lösung	**6.II.1**

Aufgabe 1)

Ermittlung der Plan-Prozesskosten:

Zeitraum: Periode 11	Kostenstelle: Einkauf 2110		Kostenstellenleiter: Schaller		
Teilprozesse	Cost Driver	Kosten-zurechnungs-basis	Plan-Prozesskosten des Teilprozesses		
Bezeichnung	Anzahl der...	Mannjahre (MJ)	gesamt EUR	lmi EUR	lmn EUR
Angebot einholen	Angebote	4	400.000	400.000	—
Bestellvorgang	Bestellungen	6	600.000	600.000	—
Abteilung leiten	-----	1	100.000	—	100.000
			1.100.000	1.000.000	100.000

Aufgabe 2)

Ermittlung der Plan-Teilprozesskostensätze:

lmi-Plan-Prozesskostensatz des Teilprozesses "Angebot einholen":

$$\text{lmi-Plan-Prozesskostensatz} = \frac{\text{lmi - Plan - Prozesskosten}}{\text{Plan - Prozessmenge}}$$

$$= \frac{400.000 \text{ EUR}}{2.000 \text{ Angebote}} = 200 \text{ EUR/Angebot}$$

lmi-Plan-Prozesskostensatz des Teilprozesses "Bestellvorgang":

$$\text{lmi-Plan-Prozesskostensatz} = \frac{\text{lmi - Plan - Prozesskosten}}{\text{Plan - Prozessmenge}}$$

$$= \frac{600.000 \text{ EUR}}{4.000 \text{ Bestellungen}} = 150 \text{ EUR/Bestellung}$$

Umlagesatz in Prozent für leistungsmengenneutrale (lmn) Plan-Prozesskosten:

$$\text{lmn-Umlagesatz (\%)} = \frac{\text{lmn - Plan - Prozesskosten}}{\text{lmi - Plan - Prozesskosten}} \cdot 100$$

$$= \frac{100.000 \text{ EUR}}{1.000.000 \text{ EUR}} \cdot 100 = 10{,}00\ \%$$

lmn-Umlagesatz (EUR) des Teilprozesses "Angebot einholen":

lmn-Umlagesatz (EUR) = lmi-Plan-Prozesskostensatz • lmn-Umlagesatz (%)

= 200 EUR • 0,10 = 20 EUR

Plan-Gesamtprozesskostensatz (EUR) des Teilprozesses "Angebot einholen":

Plan-Gesamtprozesskostensatz = lmi-Plan-Prozesskostensatz + lmn-Umlagesatz

Plan-Gesamtprozesskostensatz = 200 EUR + 20 EUR = 220 EUR

lmn-Umlagesatz (EUR) des Teilprozesses " Bestellvorgang ":

lmn-Umlagesatz (EUR) = lmi-Plan-Prozesskostensatz • lmn-Umlagesatz (%)

= 150 EUR • 0,10 = 15 EUR

Plan-Gesamtprozesskostensatz (EUR) des Teilprozesses " Bestellvorgang ":

Plan-Gesamtprozesskostensatz = lmi-Plan-Prozesskostensatz + lmn-Umlagesatz

Plan-Gesamtprozesskostensatz = 150 EUR + 15 EUR = 165 EUR

Zeitraum: Periode 11		Kostenstelle: Einkauf 2110			Kostenstellenleiter: Schaller			
Teilprozesse	Plan-Prozess-menge	Plan-Prozesskosten			Plan-Prozesskostensatz			
		gesamt EUR	lmi EUR	lmn EUR	lmi EUR	lmn Umlage satz %	lmn Umlage satz EUR	gesamt EUR
Angebot einholen	2.000	400.000	400.000		200	10	20	220
Bestellvorgang	4.000	600.000	600.000		150	10	15	165
Abteilung leiten		100.000		100.000				
gesamt		1.100.000	1.000.000	100.000				

Aufgabe	6.II.2	6. Kapitel II.2 - II.3
Ermittlung:	**Prozesskosten (Teil- und Hauptprozesskosten) Teil- und Hauptprozesskostensätze**	

Sachverhalt:

In der *Tuner GmbH* liegen für die Periode 12 in dem Bereich Logistik folgende Informationen vor:

Bereich: Logistik		*Tuner GmbH*
Bezeichnung	Kostenstelle	Kosten (EUR)
EIN001	Einkauf	1.050.000
WE002	Wareneingang	1.100.000
WP003	Wareneingangsprüfung	750.000
LAH004	Lagerhaltung	1.250.000
IBT005	Innerbetrieblicher Transport	440.000
FEST006	Fertigungsplanung/ -steuerung	532.000
Gesamt		5.122.000

Die Unternehmensleitung der *Tuner GmbH* plant die Einführung einer Prozesskostenrechnung. Dazu sollen die Gemeinkosten des Bereichs Logistik auf der Basis eines prozessorientierten Ansatz verrechnet werden.

Nach einer Tätigkeitsanalyse in allen Kostenstellen des Bereichs Logistik liegen auszugsweise für die Kostenstelle Einkauf (EIN001) folgende Informationen vor:

Kostenstelle: Einkauf (EIN001)				*Tuner GmbH*
Teilprozesse		Cost Driver		Kapazität
Nr.	Bezeichnung	Anzahl der …..	Menge	Mannjahre
TPE01	Einzelbestellungen Serienmaterial	Bestellungen	4.500	3,00
TPE02	Abrufe über Rahmenverträge	Abrufe	2.500	0,80
TPE03	Bestellung Gemeinkostenmaterial	Bestellungen	3.000	2,60
TPE04	Rahmenverträge abschließen	Rahmenverträge	30	0,30
TPE05	Lieferantenpflege	Lieferanten	50	0,70
TPR06	Bestelländerung durchführen	Bestelländerungen	2.000	1,00
TPR07	Reklamationen abwickeln	Reklamationen	600	0,50
TPR08	Eilbestellungen	Eilbestellungen	1.000	0,70
TPN09	Abteilung leiten			0,90
	Summe			10,50

Im Rahmen der durchgeführten Prozessanalyse im Bereich Logistik der *Tuner GmbH* konnten mehrere sachlich zusammenhängende und kostenstellenübergreifende Teilprozesse unterschieden, und zu den nachstehenden Hauptprozesse zusammengefasst werden:

Bereich: Logistik			*Tuner GmbH*
Hauptprozesse		Cost Driver	
Nr.	Bezeichnung	Anzahl der	Menge
HP01	Beschaffung Einzelbestellungen	Bestellungen	4.500
HP02	Beschaffung über Rahmenverträge	Abrufe	2.500
HP03	Beschaffung Gemeinkostenmaterial	Bestellungen	2.000
HP04	Lieferanten betreuen	Lieferanten	50
HP05	Fertigungsauftragsbearbeitung	Stücklistenpositionen	70.000
HP06	Fertigungsauftragssteuerung	Arbeitspläne	45.000
HP07	Fertigungsauftragsplanung	Fertigungsaufträge	9.000

Der Hauptprozess "HP03 Beschaffung Gemeinkostenmaterial" umfasst die in nachfolgender Tabelle angegebenen Teilprozesse.
Das Leistungs- und Kostenvolumen des "HP03 Beschaffung Gemeinkostenmaterial" wird über die Anzahl der Bestellungen (Cost Driver) gemessen.

Bereich: Logistik			*Tuner GmbH*	
Hauptprozess HP03 Cost Driver: Bestellungen Cost Driver Menge: 2000				
Teilprozesse des HP03	KST-Nr.	TP-Nr.	Teil-prozess-menge	Teilprozess-kostensatz (gesamt) EUR
Bestellung Gemeinkostenmaterial	EIN001	TPE03	3.000	
Bestelländerungen durchführen	EIN001	TPR06	2.000	
Reklamationen abwickeln	EIN001	TPR07	600	
Eilbestellungen	EIN001	TPR08	1.000	
Warenannahme	WE002	TPWE01	2.500	120,00
Wareneingang/Erfassung	WE002	TPWE02	2.500	9,00
Warenüberprüfung	WP003	TPWP01	2.800	27,57
Transport in das Lager	IBT005	TPIBT01	2.200	7,89
Ware einlagern	LAH004	TPL01	2.200	29,71

Nach Abschluss der Prozessanalyse liegen für die Hauptprozesse - mit Ausnahme des Hauptprozesses "HP03 Beschaffung Gemeinkostenmaterial" - im Bereich Logistik der *Tuner GmbH* folgende Prozesskosten vor:

Bereich: Logistik		*Tuner GmbH*
Hauptprozesse		Hauptprozesskosten
Nr.	Bezeichnung	EUR
HP01	Beschaffung Einzelbestellungen	698.450
HP02	Beschaffung über Rahmenverträge	1.450.225
HP03	Beschaffung Gemeinkostenmaterial	
HP04	Lieferanten betreuen	78.550
HP05	Fertigungsauftragsbearbeitung	336.290
HP06	Fertigungsauftragssteuerung	789.345
HP07	Fertigungsauftragsplanung	761.724

Aufgaben:

1) Ermitteln Sie die Prozesskosten und die Prozesskostensätze für die Kostenstelle Einkauf (EIN001) der *Tuner GmbH.*
2) Bestimmen Sie die Prozesskoeffizienten der Teilprozesse des Hauptprozesses "HP03 Beschaffung Gemeinkostenmaterial".
3) Ermitteln Sie den Prozesskostensatz für den Hauptprozess "HP03 Beschaffung Gemeinkostenmaterial" mit Hilfe der Prozesskoeffizienten.
4) Ermitteln Sie die Prozesskosten des Hauptprozesses "HP03 Beschaffung Gemeinkostenmaterial" der *Tuner GmbH.*

Lösung	6.II.2

Aufgabe 1)

Lösung siehe nachfolgende Seite.

Ermittlung des Umlagesatzes in Prozent für leistungsmengenneutrale (lmn) Prozesskosten der Kostenstelle Einkauf (EIN001) der *Tuner GmbH*:

$$\text{lmn-Umlagesatz (\%)} = \frac{\text{lmn - Prozesskosten}}{\text{lmi - Prozesskosten}} \cdot 100$$

$$= \frac{90.000 \text{ EUR}}{960.000 \text{ EUR}} \cdot 100 = 9{,}3750\ \%$$

Beispiel zur Ermittlung der Prozesskosten und Prozesskostensätze des Teilprozesses "TPE04 Rahmenverträge abschließen":

Ermittlung des lmn-Umlagesatzes (EUR) des Teilprozesses "TPE04 Rahmenverträge abschließen":

$$\text{lmn-Umlagesatz (EUR)} = \text{lmi-Prozesskosten} \cdot \text{lmn-Umlagesatz (\%)}$$

$$= 30.000 \text{ EUR} \cdot 0{,}09375 = 2.812{,}50 \text{ EUR}$$

Ermittlung der Gesamtprozesskosten (EUR) des Teilprozesses "TPE04 Rahmenverträge abschließen":

$$\text{Gesamtprozesskosten} = \text{lmi-Prozesskostensatz} + \text{lmn-Umlagesatz}$$

$$\text{Gesamtprozesskosten} = 30.000 \text{ EUR} + 2.812{,}50 \text{ EUR} = 32.812{,}50 \text{ EUR}$$

Ermittlung des Prozesskostensatzes (gesamt) des Teilprozesses "TPE04 Rahmenverträge abschließen":

$$\text{Prozesskostensatz} = \frac{\text{lmi - Prozesskosten}}{\text{Prozessmenge}}$$

$$= \frac{32.812{,}50 \text{ EUR}}{30 \text{ Rahmenverträge}} = 1.093{,}75 \text{ EUR/Rahmenvertrag}$$

Kostenstelle: Einkauf (EIN001) *Tuner GmbH*

Perioe: 12

Kostensumme: 1.050.000 EUR

Teilprozesse		Cost Driver		Kapazität	Prozesskosten					Prozess-kostensatz
				Mann-jahre	gesamt	lmi	lmn	lmn-Umlage-satz	gesamt nach lmn-Umlage	gesamt
Nr.	Bezeichnung	Anzahl der	Menge	MJ	EUR	EUR	EUR	EUR	EUR	EUR
TPE01	Einzelbestellung Serienmaterial	Bestellungen	4.500	3,00	300.000	300.000	0	28.125,00	328.125,00	72,92
TPE02	Abruf über Rahmenverträge	Abrufe	2.500	0,80	80.000	80.000	0	7.500,00	87.500,00	35,00
TPE03	Bestellung Gemeinkostenmaterial	Bestellungen	3.000	2,60	260.000	260.000	0	24.375,00	284.375,00	94,79
TPE04	Rahmenverträge abschließen	Rahmenverträge	30	0,30	30.000	30.000	0	2.812,50	32.812,50	1.093,75
TPE05	Lieferantenpflege	Lieferanten	50	0,70	70.000	70.000	0	6.562,50	76.562,50	1.531,25
TPR06	Bestelländerungen durchführen	Bestelländerungen	2.000	1,00	100.000	100.000	0	9.375,00	109.375,00	54,69
TPR07	Reklamationen abwickeln	Reklamationen	600	0,50	50.000	50.000	0	4.687,50	54.687,50	91,15
TPR08	Eilbestellungen	Eilbestellungen	1.000	0,70	70.000	70.000	0	6.562,50	76.562,50	76,56
TPN09	Abteilung leiten			0,90	90.000	0	90.000			
		Summe:		10,50	1.050.000	960.000	90.000		1.050.000,00	

Aufgabe 2)

Lösung siehe Seite 384.

Beispiel zur Ermittlung des Prozesskoeffizienten des Teilprozesses Wareneingang/Erfassung (TPWE02) als Teilprozess des Hauptprozesses "HP03 Beschaffung Gemeinkostenmaterial" der *Tuner GmbH*:

Ermittlung des Prozesskoeffizienten des Teilprozesses TPWE02:

$$\text{Prozesskoeffizient} = \frac{\text{Prozessmenge des Teilprozesses "TPWE02"}}{\text{Prozessmenge des Hauptprozesses "HP03"}}$$

$$= \frac{2.500}{2.000} = 1{,}25$$

Aufgabe 3)

Lösung siehe Seite 384.

Beispiel zur Ermittlung des Prozesskostensatzes des Teilprozesses Wareneingang/Erfassung (TPWE02) als Teilprozess des Hauptprozesses "HP03 Beschaffung Gemeinkostenmaterial" der *Tuner GmbH* mit Hilfe des Prozesskoeffizienten:

Ermittlung des Prozesskostensatzes des Teilprozesses TPWE02:

$$\text{Prozesskostensatz (EUR)} = \text{Teilprozesskostensatz (TPWE02)} \cdot \text{Prozesskoeffizient}$$

$$\text{Prozesskostensatz (EUR)} = 9\ \text{EUR} \cdot 1{,}25 = 11{,}25\ \text{EUR}$$

Aufgabe 4)

Lösung siehe nachfolgende Seite.

Beispiel zur Ermittlung der Prozesskosten des Teilprozesses Wareneingang/Erfassung (TPWE02) als Teilprozess des Hauptprozesses "HP03 Beschaffung Gemeinkostenmaterial" der *Tuner GmbH* mit Hilfe der Prozesskosten und der Prozessmenge des Hauptprozesses:

Ermittlung der Prozesskosten (gesamt) des Teilprozesses TPWE02:

Prozesskosten (EUR) = Prozesskostensatz (TPWE02) • Prozessmenge "HP03"

Prozesskosten (EUR) = 11,25 EUR • 2.000 = 22.500 EUR

Ergebnis:
Die Prozesskosten für den des Hauptprozesses "HP03 Beschaffung Gemeinkostenmaterial" betragen 1.007.416 EUR (siehe Tabelle S. 384).
Die Prozesskosten der Hauptprozesse HP01 bis HP07 in Höhe von 5.122.000 EUR (siehe nachfolgende Tabelle) entsprechen der Summe der Gemeinkosten des Bereichs Logistik, die nach traditionellen Verfahren der Vollkostenrechnung verrechnet wurden (siehe Tabelle S. 377).

Bereich: Logistik		*Tuner GmbH*
Hauptprozesse		Hauptprozesskosten
Nr.	Bezeichnung	EUR
HP01	Beschaffung Einzelbestellungen	698.450
HP02	Beschaffung über Rahmenverträge	1.450.225
HP03	*Beschaffung Gemeinkostenmaterial*	*1.007.416*
HP04	Lieferanten betreuen	78.550
HP05	Fertigungsauftragsbearbeitung	336.290
HP06	Fertigungsauftragssteuerung	789.345
HP07	Fertigungsauftragsplanung	761.724
Gesamt		5.122.000

Bereich: Logistik		Periode: 12				*Tuner GmbH*	
Hauptprzess: HP03							
Cost Driver Menge: 2.000 Bestellungen							
Teilprozesse des Hauptprozesses (HP03)						Hauptprozess (HP03)	
KSt-Nr.	Bezeichnung	TP-Nr.	Prozess-menge	Teil-prozess-kostensatz EUR	Prozess-koeffizient	Prozess-kosten-satz EUR	Prozess-kosten (gesamt) EUR
EIN001	Bestellung Gemeinkostenmaterial	TPE03	3.000	94,79	1,50	142,19	284.370
EIN001	Bestelländerungen durchführen	TPR06	2.000	54,69	1,00	54,69	109.380
EIN001	Reklamationen abwickeln	TPR07	600	91,15	0,30	27,35	54.690
EIN001	Eilbestellungen	TPR08	1.000	76,56	0,50	38,28	76.560
WE002	Warenannahme	TPWE01	2.500	120,00	1,25	150,00	300.000
WE002	Wareneingang/Erfassung	TPWE02	2.500	9,00	1,25	11,25	22.500
WP003	Warenüberprüfung	TPWP01	2.800	27,57	1,40	38,60	77.196
IBT005	Transport in das Lager	TPIBT01	2.200	7,89	1,10	8,68	17.358
LAH004	Ware einlagern	TPL01	2.200	29,71	1,10	32,68	65.362
					Summe:	503,71	1.007.416